U0206659

本书受到广西一流学科（培育）建设项目（桂教科研〔2018〕12号）：百色学院马克思主义理论一流学科（培育）资助。

生态文明视域下
建设美丽左右江革命老区
对策研究

张泽丰◎著

中国社会科学出版社

图书在版编目（CIP）数据

生态文明视域下建设美丽左右江革命老区对策研究／张泽丰著.
—北京：中国社会科学出版社，2020.10
ISBN 978-7-5203-6998-5

Ⅰ.①生… Ⅱ.①张… Ⅲ.①生态环境建设—研究—广西
Ⅳ.①X321.267

中国版本图书馆CIP数据核字(2020)第151221号

出 版 人 赵剑英
责任编辑 黄 晗
责任校对 王玉静
责任印制 王 超

出 版 中国社会科学出版社
社 址 北京鼓楼西大街甲158号
邮 编 100720
网 址 http://www.csspw.cn
发 行 部 010-84083685
门 市 部 010-84029450
经 销 新华书店及其他书店

印 刷 北京君升印刷有限公司
装 订 廊坊市广阳区广增装订厂
版 次 2020年10月第1版
印 次 2020年10月第1次印刷

开 本 710×1000 1/16
印 张 18.25
字 数 264千字
定 价 99.00元

目　录

第一章

绪　　论

2018年5月，习近平总书记在全国生态环境保护大会提出“要加快构建生态文明体系”，并从生态文化体系、生态经济体系、目标责任体系、生态文明制度体系、生态安全体系五大生态体系进行详细阐述。本书结合左右江革命老区的实际，从生态文化、生态经济、目标责任体系、生态文明制度和生态安全五个方面展开系统研究，探索美丽左右江革命老区建设的文化之美、富裕之美、责任之美、制度之美、安全之美。同时结合左右江革命老区美丽城市建设、美丽乡村建设、美丽老区区域合作机制等展开深入研究，探索美丽左右江革命老区建设新路径。

第一节　研究目的和意义

一　研究的目的

改革开放40多年来，我国社会主义建设事业已经取得了举世瞩目的伟大成就，国民经济实现了跨越式发展，工业化和城市化快速推进，综合国力迅速提升，由一个百业待兴的国家建设成为“世界第二大经济体、制造业第一大国、货物贸易第一大国、商品消费第二大国、外资流入第二大国。”[①] 这些成就的取得，往往以牺牲环境为代价。为了尽快摆脱贫穷落后的面貌，我国长期依赖廉价劳动力和大量消耗资源、能源的粗放型经济发展模式，在经济发展的同时，生态和环境问题日益突出。我国是世界上最大的能源生产国和消费国，据2018年版的《BP世界能源统计年鉴》，2017年中国一次能源消费总量为3132.2百万吨油当量，美国为2234.9百万吨油当量，欧盟为1689百万吨油当量；中国一次能源消费总量位居世界第一。在一次能源消费结构中，中国、印度的煤炭占比均超过50%[②]。2016年我国单位GDP能耗是世界能耗强度平均水平的1.4倍，是发达国家平均水平的2.1倍，是美国的2.0倍，日本的2.4倍，德国的2.7倍，英国的3.9倍[③]。2011年我国化学需氧量、二氧化硫、氮氧化物排放量均居世界第一位，分别达到2499.9万吨、2117.9万吨和2404.3万吨，且远超环境容量[④]。这说明我国在生态文明建设上任务还十分艰巨。

生态和环境问题越来越引起党和政府的高度重视。党的十八大提出“把生态文明建设放在突出地位”，并把生态文明建设融入“经济建设、政治建设、文化建设、社会建设各方面和全过程”，提出要“努力建设美丽中国，实现中华民族永续发展”[⑤]，这是美丽中国首次作为执政理念被提出。2015年党的十八届五中全会上，美丽中国被纳入“十三五”规划。2016年第十二届全国人民代表大

---

① 习近平：《在庆祝改革开放40周年大会上的讲话（2018年12月18日）》，人民出版社2018年版，第4页。

② 崔晓利：《中国能源大数据报告（2019）——我国能源发展概述》，http://www.es-cn.com.cn/news/show-733894.html。

③ 新疆维吾尔自治区发展改革委员会网站：《2010—2016年我国单位GDP能耗情况》，http://www.xjdrc.gov.cn/info/11504/14497.htm。

④ 中共中央组织部党员教育中心编：《美丽中国——生态文明建设五讲》，人民出版社2013年版，第4页。

⑤ 胡锦涛：《坚定不移沿着中国特色社会主义道路前进 为全面建成小康社会而奋斗——在中国共产党第十八次全国代表大会上的报告》，《人民日报》2012年11月18日第1版。

会第四次会议开幕式上，李克强总理提出“要持之以恒，建设天蓝、地绿、水清的美丽中国”[①]。在党的十九大报告中，习近平总书记指出“必须树立和践行绿水青山就是金山银山的理念，坚持节约资源和保护环境的基本国策，……，形成绿色发展方式和生活方式，坚定走生产发展、生活富裕、生态良好的文明发展道路，建设美丽中国，为人民创造良好生产生活环境，为全球生态安全作出贡献”[②]。这充分表明了党和政府坚定不移推进生态文明建设以及美丽中国建设的意志和决心。

从“温饱”到“环保”，从“生存”到“生态”，从“金山银山”到“绿水青山”，人们越来越向往美好生活，而建设美丽中国则体现了党和国家对人民群众美好愿景的现实回应。[③] 2012 年 12 月，四川大学美丽中国研究所发布《“美丽中国”省区建设水平（2012）研究报告》和《“美丽中国”省会及副省级城市建设水平（2012）研究报告》，掀起了社会各界关注美丽中国研究的浪潮。为了建设美丽中国，全国各省、自治区、直辖市纷纷从促进美丽地方做起，将“建设美丽中国”的战略任务结合地方实际具体化，并提出了一系列政策措施。如广西壮族自治区决定从 2013 年起在全区全面开展为期两年的“美丽广西·清洁乡村”活动，浙江省委十三届五次全会提出“建设美丽浙江、创造美好生活”的新的战略部署（简称“两美浙江”），云南提出“把云南建设成为中国最美丽省份”，天津市于 2013 年启动包括清新大气、清水河道、清洁村庄、清洁社区和绿化美化五个方面的“美丽天津一号

① 李克强：《政府工作报告——2016 年 3 月 5 日在第十二届全国人民代表大会第四次会议上》，《人民日报》2016 年 3 月 18 日第 1 版。

② 习近平：《决胜全面建成小康社会 夺取新时代中国特色社会主义伟大胜利——在中国共产党第十九次全国代表大会上的报告》，《人民日报》2017 年 10 月 28 日第 1 版。

③ 高世楫：《建设美丽中国，在实现中国梦的进程中推动构建人类命运共同体》，《中国国家博物馆馆刊》2018 年第 12 期。

工程”，等等。

左右江革命老区是中国共产党在土地革命战争时期最早创建的革命根据地之一，是百色起义的策源地。1929 年 12 月 11 日，邓小平、贺昌、陈豪人、张云逸、韦拔群、李明瑞等同志在广西百色组织领导武装起义，建立了中国工农红军第七军，成立了右江苏维埃政府和百色县临时苏维埃政府。这是在南昌起义、秋收起义、广州起义的影响和鼓舞下，中国共产党在广西少数民族地区实行“工农武装割据”的一次光辉实践。根据 2015 年 3 月 20 日中华人民共和国国家发展和改革委员会批复的《左右江革命老区振兴规划（2015—2025 年）》，左右江革命老区的范围设定为：以百色为代表的左右江革命老区为核心，范围包括广西壮族自治区百色市、河池市、崇左市全境以及南宁市部分地区；贵州省黔西南布依族苗族自治州全境，黔东南苗族侗族自治州、黔南布依族苗族自治州部分地区；云南省文山壮族苗族自治州全境。具体规划范围包括广西百色市、河池市、崇左市全境，南宁市隆安县、马山县；贵州黔西南州全境，黔南州都匀市、荔波县、独山县、平塘县、罗甸县、长顺县、惠水县、三都县，黔东南州黎平县、榕江县、从江县；云南省文山州全境。共覆盖 3 个省（区）所辖 8 个市（州）59 个县（市、区），规划总面积 17 万平方公里[①]。但为了研究的方便，本书所指的左右江革命老区为百色市、河池市、崇左市、云南省文山壮族苗族自治州和贵州省黔西南布依族苗族自治州。

在革命战争时期，左右江革命老区各族人民团结一心，抛头颅、洒热血，支援革命，为中国革命、民族解放和边疆稳定做出了巨大的牺牲和重大的贡献。中华人民共和国成立以后，从 20 世纪

① 中华人民共和国国家发展和改革委员会：《国家发展改革委关于印发左右江革命老区振兴规划的通知》，http：//zfxxgk. ndrc. gov. cn/web/iteminfo. jsp？ id = 310。

50—60年代的援越抗法和援越抗美，到70年代末至90年代初的对越自卫还击和防御作战，左右江革命老区人民一直处在支前参战的最前沿，为中国革命和维护国家主权、领土完整作出了突出贡献。[①]但由于自然、地理条件以及战争等因素，左右江革命老区经济、文化发展还相对比较落后，环境治理还有待加强。老区人民迫切需要通过政府扶持和自身努力来改善贫穷落后的面貌，建设美丽左右江革命老区无疑也是老区人民最大的期盼。

国务院批复同意实施《左右江革命老区振兴规划（2015—2015年）》后，左右江革命老区发展面临新的发展机遇；党的十八大将生态文明建设纳入中国特色社会主义事业“五位一体”总体布局，“美丽中国”成为我国各族人民追求的新目标，建设“美丽老区”的企盼也在逐渐变为现实。

二　研究的意义

左右江革命老区位于中国西南地区少数民族聚居区、资源富集区、跨省交界区、边疆地区、喀斯特地貌集中区、国家深度贫困地区、珠江水系发源地。建设美丽左右江革命老区，既有其必要性与可行性，也面临机遇与挑战。

建设美丽左右江革命老区存在以下五个“特殊点”。

第一，具有特殊的政治意义。首先，左右江革命老区是西南边疆唯一的一块红色根据地，老区人民为中国革命的胜利、国家主权和领土的完整作出了巨大牺牲和极大贡献，但该区也是我国西南地区贫困面最广、贫困程度最深和脱贫难度最大的地区，建设美丽左右江革命老区是老区人民的深切期盼。其次，左右江革命老区的红色资源能吸引更多的国内外党政干部、群众接受革命教育，加强爱

---

① 庾新顺：《左右江革命老区振兴发展的若干思考》，《传承》2016年第12期。

国主义情感教育、民族精神教育等，建设美丽左右江革命老区可以与红色资源保护和红色文化继承相结合，不断强化红色资源的教育功能与时代价值。因此，建设美丽左右江革命老区具有特殊的政治意义。

第二，具有特殊的生态脆弱性。左右江革命老区境内多是贫瘠的大石山区和丘陵山区，喀斯特地貌约占50%，不少地方石漠化已经相当严重，水土流失、工程性缺水问题严重，加上农作物的种植对地表的破坏，生态十分脆弱，环境承载力十分有限。由于左右江革命老区经济落后，在资金、技术、人才方面都相对缺乏，发展方式仍然十分粗放。主要表现为：以高耗能产业为主；对自然资源开发和利用程度不高，很多产业仍停留在以产品初级加工为主的阶段，产业链较短、技术含量不高，资源开发与环境治理矛盾突出，是生态文明建设的重点和难点地区。

第三，具有特殊的民族文化。左右江革命老区是少数民族聚居区，少数民族人口约占总人口的73%。其中百色、河池、崇左三市壮族人口占总人口的85%左右，其他民族人口占比较小，其中，汉族人口占总人口的10%，瑶族人口占总人口的4%，还有苗族、仡佬族、毛南族、彝族等民族。作为少数民族聚居区，民族文化的继承与发展是美丽左右江革命老区建设的一个重要部分，建设美丽左右江革命老区有利于传承民族文化和促进民族团结。

第四，具有特殊的地理区位。一方面，左右江革命老区位于左江、右江和红水河流域的大部分地区，是珠江水系的上游，良好的生态有利于整个珠江流域的可持续发展。另一方面，左右江革命老区是边疆地区，拥有1331.5公里中越边境线，与越南9个县（市）接壤，美丽左右江革命老区建设有利于边疆的稳定。

第五，具有特殊的资源特点。左右江革命老区地处我国26个国家级重点成矿区带之一的南盘江—右江成矿带[①]，煤炭、水、铝、锰、锡、铟等资源十分丰富。百色、河池、崇左都位于桂西资源富集区，广西锰矿资源储量的82%集中在河池和百色，广西铝土矿资源储量的96%集中于百色，广西锡矿资源储量的67%集中于河池[②]，黔西南州煤炭资源是“西南煤海”的重要组成部分，已探明储量75.28亿吨，远景储量190多亿吨，位列贵州省第三。文山州被誉为“有色金属王国中的王国”，锡、锑、锰矿储量分别居全国的第二、第三、第八位。《左右江革命老区振兴规划（2015—2025年）》把百色定为左右江革命老区的中心城市。作为中心城市，百色是左右江革命老区红色资源和少数民族最集中的城市，也是矿产资源最集中的城市。百色目前发现矿产57种，其中探明储量的矿产共31种，已开发利用的矿产为22种；据初步勘查，铝土矿远景储量可达10亿吨以上，占全国总储量的30%左右，有“中国铝都”之称；金矿（金属量）可达400吨，煤6亿吨，锰5000万吨，石油3000万吨，铜（金属量）15万吨，锑15万吨，镓4万吨，水晶1000吨，石灰石10亿立方米以上，矿产资源潜在价值约3000亿元。[③] 为了发展经济，左右江革命老区长期走粗放式发展道路。矿产资源的无序开发将会对自然环境构成一定的破坏，生态保护难度极大。

因此，在生态文明视域下来研究美丽左右江革命老区建设具有以下五个方面的意义。

第一，左右江革命老区是中国共产党在土地革命战争时期最早

---

① 《关于设立左右江革命老区矿产资源勘查专项基金的建议复文摘要》，中华人民共和国自然资源部网站，http：//www.mnr.gov.cn/gk/jyta/jydf/2016/201609/t20160906_1997165.html。

② 《广西壮族自治区矿产资源总体规划（2016—2020年）》，https：//wenku.baidu.com/view/2f8ef0ced5d8d15abe23482fb4daa58da0111c8b.html。

③ 《广西壮族自治区百色市矿产资源简介》，中国选矿技术网，2017年04月12日，https：//www.mining120.com/tech/show-htm-itemid-28386.html。

创立的革命根据地之一，也是第一个在少数民族地区建立的根据地。在革命战争年代，左右江革命老区各族人民抛头颅、洒热血，为中国革命、民族解放和边疆稳定作出了巨大的牺牲和重大的贡献。因此，建设美丽左右江革命老区，具有很强的政治意义。

第二，根据特殊的地质和地理条件，可以摸索出一条在生态脆弱的大石山区、矿产资源富集区建设美丽左右江革命老区的新路径。

第三，建设美丽左右江革命老区，有利于推进中越边境地区的合作，兴边富民与巩固国防，有利于民族团结和边疆稳定，有利于繁荣少数民族文化，也为广西“两区一带”① 的开发与发展作出新的贡献，为新时代广西的发展提供强有力的支持。

第四，美丽左右江革命老区建设有助于《左右江革命老区振兴规划（2015—2025 年）》目标的实现。就战略定位来说，《左右江革命老区振兴规划（2015—2025 年）》提出建设“生态文明示范区”“著名红色文化及休闲旅游目的地”等，把生态环境放在突出地位。就功能分区来说，《左右江革命老区振兴规划（2015—2025 年）》提出“依据区域总体功能定位和资源环境承载能力、开发密度和发展潜力，将本区域划分为城镇工矿发展区域、河谷平坝农业区域、生态综合治理区域、生态保护涵养区域四类地区”，特别凸显了生态文明建设与美丽左右江革命老区的发展理念。就城镇体系来说，《左右江革命老区振兴规划（2015—2025 年）》提出“彰显自然景观、建筑风格、民族风情和文化品位特色，选择区位好、基础优、潜力大的镇，建设一批特色城镇”。《左右江革命老区振兴规划（2015—2025 年）》在第五章“特色优势产业”中，提出了特色

① “两区一带”是指：广西北部湾经济区（南宁、北海、钦州、防城港 + 崇左、玉林）、桂西资源富集区（百色、河池等）和西江黄金水道（柳州、来宾、贵港、南宁、梧州、百色、崇左等）。

农业、文化旅游业、健康服务业发展规划；在第六章“城乡协调发展”中，提出了“建设美丽幸福乡村”“提高城镇承载能力”；特别是第七章提出了左右江革命老区生态文明建设规划，其内容包括“实施生态重点工程”“建立健全生态补偿制度”“发展低碳循环经济”和“加强生态环境保护”四个方面。这些都与美丽左右江革命老区建设理念、内容相同和相近的，在具体目标上具有一致性。因此，建设美丽左右江革命老区有助于《左右江革命老区振兴规划（2015—2025 年）》目标的实现。

第五，建设美丽左右江革命老区有利于整个珠江流域的生态文明建设。左右江革命老区国家自然保护区、森林公园密集，森林覆盖率达 58.7%，是左江、右江、红水河三者汇聚之地，是珠江水域的源头，是国家生物多样性的重要宝库，维系着珠江下游特别是粤港澳地区的生态安全。左右江革命老区生态环境的好坏，直接影响整个珠江流域，因此，在生态文明视域下建设美丽左右江革命老区，有利于珠江水系的整体生态。

第二节　研究综述

一　关于生态文明的研究

环境问题的日益严重，特别是现代工业的快速发展对自然生态的恶劣影响，引起了让人们对生态文明问题的高度关注。20 世纪 60 年代初，美国海洋生物学家雷切尔·卡逊的《寂静的春天》揭示了农药污染对自然生态的影响，美国经济学家K. 波尔丁第一次提出“循环经济”理论。1972 年罗马俱乐部发布了关于世界趋势研究的报告——《增长的极限》，该报告对工业文明发展模式的不可持续性进行了批判，引起世界各国的普遍关注。该报告认为，世界人口增长、工业发展、粮食生产、资源消耗和环境污染五个基本因素的运行方式都表现为指数增长而非线性增长模式，全球人口的增长将会因为粮食短缺和环境破坏于21世纪某个时段达到极限，如果目前人口和资本的快速增长模式继续下去，世界就会面临一场“灾难性的崩溃”。2003年，英国能源白皮书《我们能源的未来：创建低碳经济》第一次提出了“低碳经济”的概念。

改革开放之初，面对严峻的生态环境形势，邓小平同志提出了“绿化祖国”的战略思想，在这一战略思想的指导下，我国森林资源持续增长，成为21世纪以来全球森林资源增长最快的国家。[①] 2007年，党的十七大确立了生态文明建设的战略目标，学者们对生态文明建设的探索和思考进入了一个新的阶段。党的十八大召开后第一次提出“美丽中国”的概念，党的十九大提出“中国特色社会主义进入了新时代”，并且对美丽中国进行了进一步深入阐述，提出美丽中国建设的“四大举措”，包括“推进绿色发展”“着力解决突出环境问题”“加大生态系统保护力度”“改革生态环境监管体制”四个方面。由此可见，生态文明建设是实现美丽中国的必要条件和重要途径之一。

国内学者对生态文明的研究也成为热点，从现有的研究成果来看，主要集中在以下三个方面。

（一）生态文明的内涵特征指标体系研究

内涵方面：不少学者研究生态文明相关内容时，都先阐述了它的基本内涵，所以有关内涵的阐述非常多。其中有代表性的观点是，伍瑛认为生态文明是指人类在开发利用自然的时候，从维护经济、社会和自然系统的整体利益出发，尊重自然，保护自然，致力于现代化的生态环境建设，提高生态环境质量，使现代经济社会发

---

① 马洪波、张壮：《从“绿化祖国”到“美丽中国”的嬗变——改革开放40年中国生态文明建设回顾与展望》，《社会治理》2018年第12期。

展建立在生态系统良性循环的基础之上，有效解决人类经济社会活动的需求同自然生态环境系统供给之间的矛盾，实现人与自然的共同进化。[①] 薛晓源认为生态文明包含两个层面的含义：一是理论层面，包括人类保护自然环境和生态安全的文化、意识、法律、制度、政策等；二是维护生态平衡和可持续发展的科学技术、组织机构和实际行动。[②] 秦书生认为其基本内涵包括三个方面，分别是生态思维观念、生态经济方式及生态文明制度保障。[③] 魏华、卢黎歌认为习近平生态文明思想具有丰富的内涵，具体包括“五观”，即以“生命共同体”理论为基础的生态自然观、以“两座山”理论为核心的生态价值观、以“像对待眼睛与生命一样”为理念的生态义利观、以“绿色发展、和谐共生”为目标的生态发展观和以“文明兴衰”理论为要义的生态社会观。[④]

生态文明的特征研究方面：伍瑛认为生态文明的特征包括人与自然和平共处与协调发展、社会物质生产向“生态化”发展、消费趋向文明三个方面。[⑤] 陈俊研究习近平生态文明思想，认为其具有生成的继承性、观点的创新性、内涵的系统性、目标的战略性、功能的协调性、方法的实践性等理论特征。[⑥] 魏华、卢黎歌认为习近平生态思想的主要特征包括超越性（超越西方生态伦理学的思想局限）、针对性（聚焦中国经济社会发展的主要矛盾）、引领性（引领中国共产党生态文明思想的新发展）、综合性（汇聚马克思自然

---

① 伍瑛：《生态文明的内涵与特征》，《生态经济》2000 年第 2 期。

② 薛晓源：《生态风险、生态启蒙与生态理性——关于生态文明研究的战略思考》，《马克思主义与现实》2009 年第 1 期。

③ 秦书生：《社会主义生态文明建设研究》，东北大学出版社 2015 年版，第 11 页。

④ 魏华、卢黎歌：《习近平生态文明思想的内涵、特征与时代价值》，《西安交通大学学报》（社会科学版）2019 年第 3 期。

⑤ 伍瑛：《生态文明的内涵与特征》，《生态经济》2000 年第 2 期。

⑥ 陈俊：《习近平新时代生态文明思想的理论特征》，《广西社会科学》2018 年第 5 期。

观及中国传统生态观的智慧）四个方面。[①]

生态文明的指标体系方面：不少学者对生态文明建设进行了评价，建立了一系列完整的指标体系。如关琰珠等拟定的生态文明指标体系包括32项指标。这32个指标分成总体层、系统层、状态层、变量层四个层次和资源节约系统、环境友好系统、生态安全系统和社会保障系统四大类，如图1—1所示。[②] 齐岳等结合绿色治理背景，遵循协调性、实用性、科学性原则，利用层次分析法构建了包括经济、社会、环境三个分目标的生态文明评价指标体系。[③]

张黎丽等就SO_2排放与生态文明的关系建立指标体系，认为"SO_2排放强度在西部生态文明建设指标体系中是最富代表性的大气环境质量评价指标，且采用灰色层次分析法计算得到该指标的权重最大。另外，采用LEAP模型对设定的三个规划时段中SO_2排放量和SO_2排放强度指标值的预测，得到2015年西部SO_2排放强度可以满足生态文明建设评价指标的要求"[④]。有的学者专门针对西部地区设立生态文明指标体系进行研究。如张清宇等对西部地区的生态文明建设指标进行了全面、系统、层次化的设计，构建了西部地区生态文明建设评价指标体系[⑤]。

（二）生态文明的制度研究

生态文明建设离不开强有力的制度作保障。学者的研究集中体现在生态文明与其他相关制度的关系、生态制度的发展历程、生态

① 魏华、卢黎歌：《习近平生态文明思想的内涵、特征与时代价值》，《西安交通大学学报》（社会科学版）2019年第3期。

② 关琰珠、郑建华等：《生态文明指标体系研究》，《中国发展》2007年第7卷第2期。

③ 齐岳、赵晨辉等：《生态文明评价指标体系构建与实证》，《统计与决策》2018年第24期。

④ 张黎丽、田伟利等：《西部生态文明指标体系中SO_2排放强度的研究》，《西南农业大学学报》（社会科学版）2010年12期。

⑤ 张清宇、秦玉才等：《西部地区生态文明指标体系研究》，浙江大学出版社2011年版。

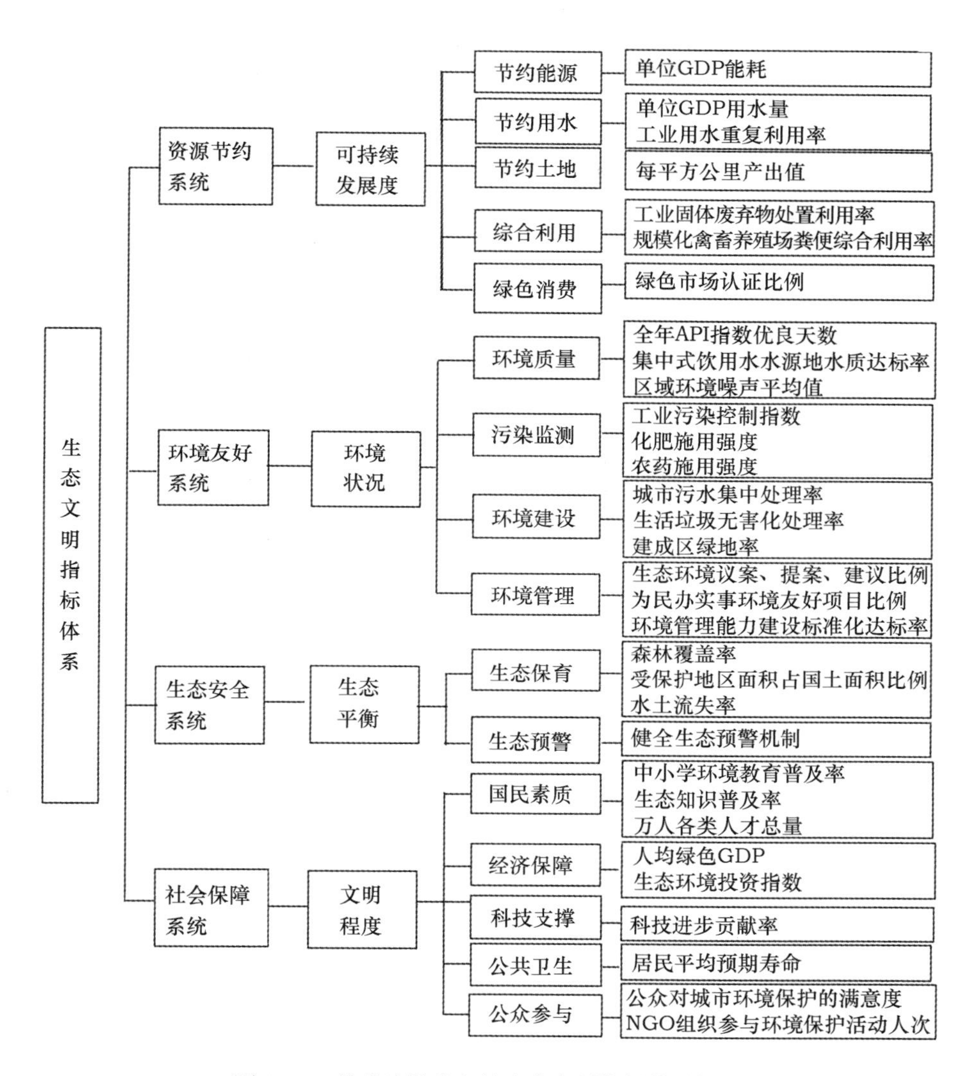

图1—1 关琰珠等建立的生态文明指标体系框架

资料来源：关琰珠、郑建华等：《生态文明指标体系研究》，《中国发展》2007年第7卷第2期。

文明中的某种制度研究等方面。在生态文明和其他相关制度建设的关系方面，曹天生把生态文明和政党制度建设联系起来，认为当代中国政党制度建设的理想境界是达到生态文明的高度[①]；李斌提出深化产权制度改革促进生态文明建设[②]。在我国生态制度的发展历程方面，魏彩霞梳理了改革开放以来我国生态文明制度建设的历程，把这个过程分成起步阶段（1978—1992 年）、发展阶段（1992—2002 年）、完善阶段（2002—2012 年）、成熟阶段（2012 年至今）[③]。在生态文明中的某种制度研究方面，郑颖对建设生态文明税收制度进行了研究[④]；李茂春就生态补偿法律制度进行了研究[⑤]；祝孟叶就生态文明审计制度建设进行了研究，认为从领导干部自然资源资产离任审计入手，确定合适的路径展开审计，最终确定责任，展开问责，能促进生态文明建设[⑥]。

（三）生态文明的建设路径研究

生态文明的建设路径是学者们研究的热点，大部分研究都集中从生态教育与理念、行为方式与社会参与、生态工程建设、生态政策与制度建设等方面去归纳生态文明的建设路径。张桥飞、秦迪从加强生态教育、实施生态工程、完善政策法律体系、尊重群众主体地位等方面提出我国生态文明建设的路径。[⑦] 唐叶萍、郭大俊提出通过“贯彻科学发展观，树立以有限发展观为哲理依据的思维方式；建立以天人合德为价值基础的生产方式和生活方式，形成生态文明的行为方式；以市场经济为运作机制，完善法律制度，保障生态文明的发展”等方式[⑧]实现生态文明。岳云强、祝杨军从分析思

---

① 曹天生：《论中国政党制度的生态文明建设》，《江苏工业学院学报》2009 年第 1 期。

② 李斌：《深化产权制度改革促进生态文明建设》，《人民日报》2019 年 4 月 22 日第 9 版。

③ 魏彩霞：《改革开放以来我国生态文明制度建设历程及重要意义》，《经济研究导刊》2019 年第 6 期。

④ 郑颖：《对建设生态文明税收制度的研究》，《国际税收》2008 年第 7 期。

⑤ 李茂春：《生态文明视野下的生态补偿法律制度探析》，《辽宁行政学院学报》2009 年第 11 期。

⑥ 祝孟叶：《基于国家治理角度的生态文明审计制度建设研究》，《市场研究》2019 年第 2 期。

⑦ 张桥飞、秦迪：《我国生态文明建设的路径探析》，《当代生态农业》2006 年第 Z1 期。

⑧ 唐叶萍、郭大俊：《实现生态文明的路径思考》，《求索》2008 年第 6 期。

想教化路径的价值入手，提出了实现生态文明的理论熏陶、历史教育、横向比较教育和实地教育四条路径。[①] 宋颖提出新常态下全面推进中国的生态文明建设应该遵循政府主导、市场引导、法律保障和社会参与的基本路径[②]等。

二 关于美丽中国的研究

（一）美丽中国的理论研究

这里的理论研究包括理论渊源、内涵、实现途径等方面。

从理论渊源方面来说，唯物史观认为，人、自然和社会相互作用、相互联系，彼此内在地构成有机的不可分割的整体。[③] 美丽中国思想强调人与自然和谐共处，人与社会和人与自我的和谐共生。有学者从马克思经典著作中去寻找美丽中国建设的理论渊源。如冯东亮认为马克思在《1844 年经济学哲学手稿》《关于费尔巴哈的提纲》《资本论》等著作中论述了人与自然的关系，强调人与自然的和谐共生[④]。王丽莎提出建设美丽中国的理论渊源有马克思和恩格斯的生态哲学意蕴、生态马克思主义的理论借鉴、中国传统文化中的生态思想。[⑤]

从内涵方面来说，美丽是一个美学名词，本意是好看、漂亮，使人的各种感官极为愉悦。美丽中国是党的十八大提出的新概念。关于美丽中国的内涵，不同的学者有不同的表述。马先标主要从生态环境的角度来认识美丽中国，他认为，美丽中国的含义就是美好

---

① 岳云强、祝杨军：《论生态文明实现的思想教化路径》，《前沿》2008 年第 12 期。

② 宋颖：《新常态下中国生态文明建设的路径与对策分析》，《生态经济》2018 年第 12 期。

③ 孙民：《唯物史观视域中的“美丽中国”建设》，《信阳师范学院学报》（哲学社会科学版）2019 年第 2 期。

④ 冯东亮：《马克思生态思想对美丽中国建设的启示》，《赤峰学院学报》（哲学社会科学版）2018 年第 12 期。

⑤ 王丽莎：《建设美丽中国的理论渊源探究》，《山西高等学校社会科学学报》2018 年第 2 期。

和谐的中国，是在生态环境领域，让中国美好和谐起来，让中国生态环境美丽起来。[①] 但不少学者认为，美丽中国不仅包括生态环境领域，还包括其他方面。如周生贤认为，美丽中国包括“五美”，即美丽中国是时代之美、社会之美、生活之美、百姓之美、环境之美的总和，环境之美只是其中的一部分……其价值体现了经济、环境、美学价值的统一和共赢，美丽中国是科学发展的中国，是可持续发展的中国，是生态文明的中国。[②] 孙丽霞认为美丽中国包括“四美”，即生态文明的自然之美、科学发展的和谐之美、温暖感人的人文之美、实现永续发展的责任之美。[③] 许瑛强调人与自然的和谐发展，认为美丽中国除了生态文明基础上人文美、社会美、环境美的综合，还要在人与自然和谐的基础上更好更快地发展。[④] 王春益和周生贤提出的“五美”理念基本相同，认为美丽中国体现的是时代之美、生活之美、百姓之美、社会之美、环境之美，是全社会共同参与、共同建设和共同享有的事业。[⑤] 全国首家“美丽中国”研究机构——四川大学美丽中国研究所的美丽中国建设水平评价课题组在周生贤提出的“五美”基础上对美丽中国进行了深入研究。课题组认为，“美丽中国”概念是美学概念、生态学概念和社会学等多学科概念的统一，是学术概念与治国理念的高度统一，是时代趋势、人民呼声与集体智慧的统一。其基本点有三个：一是突出生态文明建设；二是强调生态文明建设融入经济、政治、文化、社会建设；三是凸显“美好生活”这一奋斗目标。因此，美丽中国是环境之美、时代之美、生活之美、社会之美、百姓之美的总和，是世界视野、国家高度和百姓感受的统一，是中国价值、中国目标和中

① 马先标：《美丽中国的含义及其建设问题探讨》，《环境与可持续发展》2018 年第 6 期。
② 周生贤：《建设美丽中国走向社会主义生态文明新时代》，《环境保护》2012 年第 23 期。
③ 孙丽霞：《谈“美丽中国”建设的内涵和实现途径》，《商业经济》2013 年第 10 期。
④ 许瑛：《“美丽中国”的内涵、制约因素及实现途径》，《理论界》2013 年第 1 期。
⑤ 王春益主编：《生态文明与美丽中国梦》，社会科学文献出版社 2014 年版，第 1 页。

国道路的统一（见图1—2）。[①]

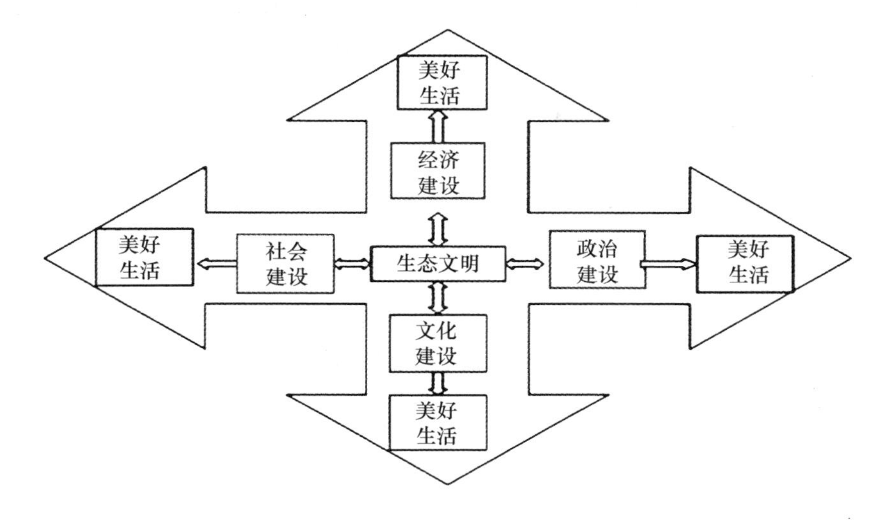

图1—2　“美丽中国”概念模型

资料来源：《“美丽中国”省区建设水平（2016）研究报告（简本）》，http：//media. people. com. cn/n1/2016/1226/c40628 –28976798. html。

该课题组还从生态、经济、政治、文化、社会五个维度建立了美丽中国的评价指标体系，并依据该评价指标体系对2016年列入评价的31个省（市、区）的综合建设水平指数进行了测算，结果综合得分排前十的省（市）依次为江苏省、北京市、浙江省、山东省、安徽省、四川省、福建省、陕西省、湖南省、山西省。

从实现途径方面来说，建设美丽中国的本质是在人与自然和谐的基础上更好更快地发展，需要通过将生态文明融入政治、经济、文化、社会建设，通过多种途径来实现。[②] 刘於清从达成共识、转变经济发展方式、推动科技与技术发展以及强化制度建设四个方面

① 《“美丽中国”省区建设水平（2016）研究报告（简本）》，http：//media. people. com. cn/n1/2016/1226/c40628 –28976798. html。

② 许瑛：《“美丽中国”的内涵、制约因素及实现途径》，《理论界》2013年第1期。

来谈如何实现美丽中国建设，强调美丽中国建设首先要提高认识，形成生态文明的价值共识，调整人的心态是实现美丽中国的思想基础；其次，转变经济发展方式是实现美丽中国的重要手段；再次，推动科技创新与绿色技术发展是实现美丽中国的科技支撑；最后，强化生态文明制度设计是实现美丽中国的制度保障。[①]

（二）从美丽中国的某个侧面展开研究

美丽中国的内容十分宽泛，它涉及制度、法制、国土治理、教育等多个方面。制度方面，孙秀艳认为，美丽中国建设离不开制度建设。[②] 张海梅认为，制度建设的重点包括建立绿色生产和消费的法律制度、健全环境治理体系、健全生态补偿制度、改革生态环境监管体制四个方面。[③] 法治方面，李晓兰、魏丽莹认为，美丽中国建设离不开法治建设，通过全面掌握依法治国的基本格局，探索出一条具有美丽中国特色的法治路径，对我国早日建设成为富强民主文明和谐美丽的社会主义现代化强国有着重要的意义。[④] 邓博认为，当前生态文明立法疏而不密、环保部门监管形强势弱、生态司法保护难堪重任、公众参与监督阻塞不畅的制度障碍制约了美丽中国的实现。只有科学立法，形成完善法制保障；严格执法，大幅提高执法效能；强化司法，保障公众环境权益；倡导守法，形成环保社会氛围，才能实现美丽中国梦。[⑤] 国土治理方面，黄贤金认为，美丽中国建设离不开国土管制，国土空间是美丽中国的载体性质，可从自然资源统一管理体系、国土空间融合机制、国土空间治理体系、绿色发展共享机制以及生态资本富民机制等方面，提出支撑

① 刘於清《“美丽中国”的价值维度及实现路径》，《桂海论丛》2014 年第 1 期。

② 孙秀艳：《建美丽中国靠制度先行》，《人民日报》2012 年 11 月 26 日第 17 版。

③ 张海梅：《建设美丽中国必须加强生态文明制度建设》，《南方日报》2018 年 3 月 5 日。

④ 李晓兰、魏丽莹：《美丽中国建设的法治路径研究》，《牡丹江师范学院学报》（哲学社会科学版）2018 年第 6 期。

⑤ 邓博：《实现美丽中国梦的法治路径》，《生态经济》2015 年第 5 期。

美丽中国的国土空间用途管制新机制。[①] 美丽中国建设具有教育功能，李文砚认为建设美丽中国是人们对自然和非自然的理解尊重和敬畏，高校应该抓住第一课堂、第二课堂和第三课堂，加强生态文明教育。[②]

（三）美丽中国结合各省、市、县等行政单元展开研究

各省市在落实美丽中国战略时，都是结合各区域的实际情况来制定具体的方案，学者们的研究成果很多也是结合地方实际展开的。如李鸣认为美丽广西管理机制包括法律机制，道德机制，目标管理机制，综合决策统筹协调机制，投入机制，市场机制，电子网络机制，促进企业成长机制，规划、工程、人才培育机制，社会政府评价监督机制，激励惩罚机制十一个方面，共 32 个指标。[③] 钱明辉等提出统一战线在美丽云南建设中发挥了很大的作用，为进一步推进美丽云南建设，统一战线可以从以下三个方面发挥独特的作用：第一，在美丽云南宣传上义不容辞、一马当先；第二，在“四大关系”认识处理上，深刻内化践行在先；第三，在“十大工程”建设中，技术领路，智慧护航。[④]

（四）美丽乡村、生态城市研究

美丽乡村、生态城市是美丽中国建设的重要内容。在美丽乡村方面，纪志耿认为美丽乡村建设必须坚持整体谋划、分类推进、渐进实施、引领带动、人文关怀、改革创新“六个取向”。[⑤] 坚持乡

---

① 黄贤金：《美丽中国与国土空间用途管制》，《中国地质大学学报》（社会科学版）2018 年第 6 期。

② 李文砚：《“美丽中国”背景下的高校思想政治教育价值取向》，《池州学院学报》2014 年第 1 期。

③ 李鸣：《“美丽广西”管理机制研究》，《改革与开放》2016 年第 9 期。

④ 钱明辉、钱朝琼、桂石见：《略论统一战线在美丽云南建设中的独特优势和作用》，《云南社会主义学院学报》2014 年第 4 期。

⑤ 纪志耿：《当前美丽宜居乡村建设应坚持的“六个取向”》，《农村经济》2017 年第 5 期。

村景观科学规划[①]，也需要与乡村旅游耦合发展[②]。孔祥智、卢洋啸基于建设生态宜居乡村的产业发展模式差异，美丽乡村建设根据其发展的侧重点划分并归纳为五种建设模式，即非农产业带动型、农产品加工业带动型、农业旅游业融合带动型、一二三产业融合带动型和种植结构优化带动型。[③] 关锐捷认为总体上要做到注重“五生”，实现“五美”，即注重生产能力提升，实现产业美；注重生态环境改善，实现环境美；注重生活方便舒适，实现生活美；注重生命美丽精彩，实现人文美；注重生产关系变革，实现和谐美；注重科学规划引导，实现建设美。[④] 在生态城市建设方面，早在20世纪80年代，随着我国可持续发展战略的实施，我国开始注重生态城市研究和建设实践。1986年“首届全国城市生态科学研讨会”举行；1995年国家环保总局大力倡导生态示范区建设；2006年，江苏省张家港市、常熟市、昆山市、江阴市被命名为国家生态市，上海闵行区被命名为国家生态区，浙江省安吉县为国家生态县。[⑤] 蔡书凯、胡应得认为，从我国生态城市目前的总体格局来看，城市间分离严重，中部地区城市明显占优，而西部地区城市生态环境堪忧，亟须建立系统完整的生态文明制度体系，统筹规划，积极稳步推进生态城市建设，用制度保护生态环境，努力走出一条生态与经济社会良性发展的美丽中国之路。[⑥]

---

① 张馨文：《美丽乡村建设视角下乡村景观规划研究》，《大众文艺》2019年第2期；田韫智：《美丽乡村建设背景下乡村景观规划分析》，《中国农业资源与区划》2016年第9期。

② 何成军、李晓琴、曾诚：《乡村振兴战略下美丽乡村建设与乡村旅游耦合发展机制研究》，《四川师范大学学报》（社会科学版）2019年第2期。

③ 孔祥智、卢洋啸：《建设生态宜居美丽乡村的五大模式及对策建议——来自5省20村调研的启示》，《经济纵横》2019年第1期。

④ 关锐捷：《美丽乡村建设应注重“五生”实现“五美”》，《毛泽东邓小平理论研究》2016年第4期。

⑤ 王爱兰：《加快我国生态城市建设的思考》，《城市》2008年第4期。

⑥ 蔡书凯、胡应得：《美丽中国视阈下的生态城市建设研究》，《当代经济管理》2014年第3期。

综上所述，学者们对生态文明建设、美丽中国建设越来越关注和重视，也取得了一定的研究成果。但是目前的研究也存在一定的局限性。主要表现在：第一，绝大部分的研究都是以国家、省、市、县等行政区划单元来展开研究的，左右江革命老区涉及不同的行政区划，目前鲜有打破行政区划限制，从区域协调整合整体上来进行的研究。第二，鲜有学者针对民族地区，结合区域多民族特点和区域特色来展开相关的研究。

第三节 主要研究内容和研究方法

一 主要内容

1. 系统分析本书研究的目的和意义，把握研究的动态、内容、方法以及创新点等。这是本书的第一章的内容。

2. 系统分析生态文明的演化过程，探讨生态文明的内涵和主要特征、美丽左右江革命老区建设的相关理论，美丽中国、美丽城市、美丽乡村之间的相互关系，生态文明对美丽左右江革命老区建设的促进机理等。这是本书第二章和第三章的内容。

3. 美丽左右江革命老区生态文化建设研究。立足左右江革命老区少数民族文化和红色文化特色，探寻在民族文化、红色文化基础上的生态文化建设。主要阐释生态文化的含义与特征，以壮族文化为例，分析左右江革命老区的民族文化与生态文化的关系，包括万物崇拜、“竜”文化、“那文化”、干栏文化、布洛陀文化与生态文化的关系。最后分析红色文化对生态文化的促进作用。这是本书第四章的内容。

4. 美丽左右江革命老区生态经济研究。左右江革命老区面临生态文明建设在自然、地理条件上的不利情况，生态经济建设难度大；生态文明建设离不开经济发展做基础，左右江革命老区加快经济发展，需要用超常规的生态经济发展模式来摆脱“生态脆弱—生活贫困”的恶性循环。本章重新审视左右江革命老区的传统发展思路，利用循环、低碳、绿色经济理论，重点分析该区域发展生态经济模式的战略依据、内涵以及战略途径，并从生态农业和生态工业两个方面系统分析生态经济的发展路径。这是本书第五章的内容。

5. 美丽左右江革命老区的目标责任体系研究。从目标责任制、目标责任体系的内涵特征入手，分析广西、云南、贵州在生态文明目标责任体系方面的实际情况，指出当前左右江革命老区在生态文明建设中目标责任体系方面的主要不足。这是本书第六章的内容。

6. 美丽左右江革命老区生态制度建设研究。首先分析生态制度含义、特征，其次系统分析美丽左右江革命老区的生态制度建设情况。目前认为左右江革命老区的合作主要侧重于经济发展方面，特别是涉及交通、产业园区、重大项目等方面，生态建设方面的合作明显滞后，相关的制度建设也是如此。这是本书第七章的内容。

7. 美丽左右江革命老区生态的安全研究。首先分析生态安全的含义、特征和分类，然后结合该区域的喀斯特地貌与石漠化、矿产资源富集、快速的城市化进程、企业生产方式与污染排放、生态灾害、动植物物种减少等因素，系统分析这些因素对美丽左右江革命老区的生态安全的影响。这是本书第八章的内容。

8. 美丽左右江革命老区的建设路径。首先，提出美丽左右江革命老区建设的总体思路。其次，提出美丽左右江革命老区建设的五个关键，即从生态文化、生态经济、目标责任体制、生态制度、生态安全五个方面提出美丽左右江革命老区建设的路径。最后，从美丽左右江革命老区与美丽乡村建设、美丽左右江革命老区与绿色城镇建设、美丽左右江革命老区建设与区域合作等方面系统提出美丽左右江革命老区建设的路径。这是本书第九章的内容。

二 研究方法

1. 经验总结法

在充分调研和查阅大量文献的基础上，总结分析现有生态文明建设模式及有效经验，深入探讨建设中存在的问题和有待改进的方面。

2. 比较研究法

通过对比美丽左右江革命老区和其他区域，对比广西、贵州、云南在生态文明制度建设等方面的不同，以及美丽左右江革命老区内部不同区域在自然、地理、资源、经济、文化等方面存在的差异和在生态文化、生态经济和生态安全等方面的做法，探求美丽左右江革命老区建设的路径。

3. 文献资料法

本书通过检索有关美丽中国建设和生态文明建设的论文、著作，并加以整理、归纳，认真分析、提炼在此研究上的一些先进经验并进行借鉴，为进一步完善美丽左右江革命老区的建设路径打下基础。

4. 实地调查法

通过田野调查，采用抽样的方法选出3—5个有代表性的地区进行问卷调查；同时深入访谈，掌握第一手资料，再深入政府相关部门和相关企业搜集资料，通过点面结合，找出美丽左右江革命老区建设的难点、重点，存在的主要问题，以及路径、特色等。争取做到理论探索和应用研究相结合、个案研究和普遍研究相结合、文献检索和田野考察相结合，使得研究结果更有代表性。

第四节 创新之处

全书的创新主要体现在三个方面：一是结合生态文明建设的相

关理论与革命性、边疆性、民族性，大石山区、资源富集区、珠江水系的上游等特征展开研究，揭示美丽左右江革命老区的建设路径。二是突破行政区划，把美丽左右江革命老区作为一个整体，研究其区域合作与利益协调机制。三是从生态文化、生态经济、目标责任、生态文明制度和生态安全五个方面展开系统研究，探索美丽左右江革命老区建设的文化之美、富裕之美、责任之美、制度之美、安全之美，结合左右江革命老区美丽城市、美丽乡村、区域合作机制等展开深入研究，探索美丽左右江革命老区建设的新路径。

第二章

生态文明的内涵与特征

人类从原始社会到现在依次经历了原始文明、农业文明、工业文明三种形态，进入 21 世纪后，人类将进入第四种文明形态——生态文明。在人类文明的演化进程中，人与自然的关系也经历了完全依赖自然—改造自然—征服自然—和谐自然的转变。本章首先系统分析了原始文明—农业文明—工业文明—生态文明的演化过程，以及每种文明形态下人与自然的关系。然后深入探讨了生态文明的内涵及其主要特征。

第一节　人类文明的演化

“文明”一词最早源于中国古代文献《易经》中“见龙在田，天下文明”一语，其初始含义是“文采光明，文德辉耀”及与“野蛮”相对的“有文化的状态”[①]。根据人类学和考古学的定义，文明是指人进化脱离了动物与生俱来的野蛮行径，用智慧建立了公平的规则社会。人类的文明历史并不很长，如果从文字的发明算起，最早不过七八千年，其时间跨度只占人类史的几百分之一而已。随着人类社会的不断演化，人类文明出现了不同阶段。从总体

① 《辞源》（修订本），商务印书馆 1998 年版，第 1358 页。

上来说，依次经历原始文明、农业文明、工业文明、生态文明四个阶段，人类文明的第四个阶段是生态文明，本节主要分析前三种文明形式。

一 原始文明

原始文明是人类文明的第一阶段。人类从动物界分化出来以后，经历了几百万年的原始社会，通常把这一阶段（包括原始社会和奴隶社会早期）的人类文明称为原始文明。在原始文明时期，虽然人类心智的发展已经与动物界有了质的区别，会制造骨器、石器、弓箭等简单的劳动工具，并懂得利用这些劳动工具来获取其所需的生活资料，而且还学会了取火来驱寒、驱赶野兽和烤熟食物等，但总的来说，人类的生产力水平还很低，在强大的大自然面前，人类几乎与其他自然生物毫无区别，不得不完全屈服于自然界。具体表现在，只能依靠群居集体生活来抵抗来自自然界的各种伤害，只能通过采摘或渔猎的方式直接从自然界中获取所需的物质生活资料来维持自身的生存与发展。在原始文明时期，人类主要依赖自然界提供的现成食物，而获取自然界现成食物的方式就是运用自身的四肢和感官或者借助简单的劳动工具进行采摘和渔猎。其中采摘是向自然索取现成的植物性食物；渔猎则是向自然索取现成的动物性食物。相对而言，渔猎往往比采摘更为困难和复杂，单靠人体自身的器官难以胜任，必须更多地制造和运用体外工具（作为运动器官延伸的体外工具）。[①] 原始人类经常忍受饥饿、疾病、寒冷和酷热的折磨，受到野兽的侵扰和袭击，生存环境十分恶劣。在原始社会的长期发展历史中，人类为了生存不断改进生产工具，发展社会组织，提高思维能力，并且取得一系列重大的发明创造，从中结

① 李祖扬、邢子政：《从原始文明到生态文明——关于人与自然关系的回顾和反思》，《南开学报》1999 年第 3 期。

晶出生态智慧[1]，石器、弓箭、火是原始文明的重要标志。

在原始文明下，人类在大自然面前完全被主宰，只能屈服于自然界，也在不断改变自己去顺应自然界。马克思在谈到古代人类和自然界的关系时指出，“自然界起初是作为一种完全异己的、有无限威慑力和不可制服的力量与人们对立的，人们同自然界的关系完全像动物同自然界的关系一样，人们就像畜生一样慑服于自然界，因而，这是对自然界的一种纯动物式的意识（自然宗教）”[2]。在原始文明时期，由于人类认识上的局限，大自然被视为某种神秘的超自然力量的化身，被原始人类所崇拜和敬畏，也就产生了原始宗教，以慰藉心灵、解释自然。像万物有灵论、巫术、图腾崇拜等不同形式的原始宗教，就是在此基础上产生的自然崇拜。正如恩格斯所说，“在原始人看来，自然力是某种异己的、神秘的、超越一切的东西。在所有文明民族所经历的一定阶段上，他们用人格化的方法来同化自然力。正是这种人格化的欲望，到处创造了许多神”[3]。

在漫长的原始文明时期，原始人类的生产生活（狩猎、制作简单的劳动工具等）可能破坏到某一特定地区的生态环境，也可能因为火的使用导致植被的焚毁，但是由于原始人类的数量非常少，人口的密度极低，对自然界的破坏能力十分有限，当这一群人离开之后，该地区的生态环境很容易恢复过来。因此，原始人类对自然环境几乎没有什么影响[4]。

可见，原始文明实际上是以自然为中心的“绿色原始时代”。人类与生态环境保持着原始共生的关系，大自然被原始人类所崇拜和敬畏。在原始文明下，人类几乎完全依赖于大自然赐予的物质条

---

① 蒋颖：《原始文明中的自然中心生态伦理研究——以梭罗和克罗农对印第安人的研究为例》，《昆明理工大学学报》（社会科学版）2016 年第 1 期。

② 《马克思恩格斯选集》（第 1 卷），人民出版社 2012 年版，第 161 页。

③ 《马克思恩格斯全集》（第 20 卷），人民出版社 1971 年版，第 672 页。

④ 秦书生：《生态文明论》，东北大学出版社 2013 年版，第 2 页。

件，人类与自然的关系总体是和谐的。

二 农业文明

农业文明是人类文明的第二阶段。在原始文明末期，人类对自然界的适应能力逐步得到了加强，人口数量也在逐渐增加，为了生存，不得不出现过度狩猎和过度采摘的情况，导致人类活动的局部地区生物多样性降低，食物来源也越来越有限。为了解决自身的食物需求，只有通过不断迁徙来寻找新的食物来源地。与人类不断迁徙带来的风险相比，引进另一种生产和生活方式十分有效，那就是采集种子开垦荒地集中种植农作物或者圈养繁殖动物来获得食物，这种做法产量高，收获也更加容易。这就有效地解决了人类因为食物缺乏而面临的生存危机，人类从食物的采摘渔猎者转变为食物的生产者。获得食物方式的转变，改变了人与自然的关系，使得人类不再依赖自然界提供现成的食物，而是通过创造条件，使自己所需的植物和动物得以繁衍，并改变某种属性和习性，使自然界的人化过程得到进一步发展，① 人类文明也开始从原始文明逐渐转型为农业文明，进入人类文明的第二阶段。

大约距今10000年前，农业（包括种植和畜牧）几乎同时出现在中亚、西亚、东亚以及美洲。中国是世界三大农业起源地（中国、西亚和美洲）之一。中国早期农业在黄河流域起源，后发展到中国北部，作物主要有稷（粟、小米）、水稻、黍（黄米）、麻、豆（菽），家畜主要有猪、鸡、狗等。在西亚（两河流域的新月沃地）起源的作物有小麦、大麦、洋葱、胡萝卜等，家畜有牛、羊、马、绵羊、山羊等；在美洲起源的作物有玉米、马铃薯、南瓜、西红柿、豆类等。玉米、南瓜、豆子，在印第安人的传说里被叫作

① 张敏：《论生态文明的当代价值》，中国致公出版社2011年版，第22页。

"农业三姐妹"。值得注意的是，所有的家畜都是在欧亚大陆起源的[①]，美洲的农业是无畜农业。

因此，在农业文明时期，在物质生产方式上，人类不再依赖自然界提供的现成食物，而是从自然生态系统的食物链上解放出来，由采摘渔猎向以利用和改造自然为主要特征的农耕或畜牧转变，使人类具有主动管理食物的能力，提高了人类的生存能力；在使用工具上，由原始的粗加工工具向更高级的技术产品转变，代表性的成就是青铜器、铁器、陶器、文字、造纸、印刷术等，特别是铁器的出现使人改变自然的能力产生了质的飞跃。在农业文明时期，人们对自然力的利用已经扩大到若干可再生能源（畜力、水力等）上。农业文明时期主要的生产活动是农耕和畜牧，但在社会分工上，农业文明出现了体脑分工，有了专门的脑力劳动者，有了用文字记载的历史和自然知识，生产能力和生产效率也得到了很大的提升，人类的精神生产在可持续发展系统中占据了一定领域。

此外，由于铁器等劳动工具的使用和畜力的广泛使用，农民也开始肆意开垦良田、兴修水利，甚至修建运河。在过去数千年的时间里，中国南方地区开挖沟渠治理水患，在河流下游筑水坝，修运河，开垦广阔的稻田，为中国灌溉农业的发展，奠定了物质基础，发展出灿烂的中华文明。当然，限于当时的认识水平，在农业文明时期，人们由于对自然生态规律的无知和生态保护意识的相对缺乏，认为自然界可以无限索取。为了获取更多的自然资源，人们通过大面积的砍伐森林、过度开垦草地来获得耕地；为了满足人口对食物的需求，往往采取了盲目耕种和过度放牧的方式。这种缺乏环境保护意识的开发一定程度上导致了土壤和耕地的退化，甚至导致了土地的沙漠化和盐碱化。土地收成逐年下降，被迫弃耕荒芜，肥

---

① 常杰、葛滢等：《生态文明中的生态原理》，浙江大学出版社 2017 年版，第 3 页。

沃的土地成了不毛之地。人们对地表的破坏打破了原来的生态平衡，引起了气候的变化，降雨量也逐年减少。

在人类文明史上有一个重要问题容易引起大家关注，那就是除中华文明外，古埃及文明、巴比伦文明、古希腊文明、哈巴拉文明和玛雅文明都经历了兴盛—辉煌—毁灭的过程。不少学者认为这些文明的毁灭与人类生产和生活导致环境恶化密切相关。人类为了发展农业和畜牧业，往往通过过度砍伐和焚烧森林来开垦土地，过度使用土地，土地退化十分严重，千里沃野逐渐沦为山穷水尽的荒凉之地并消失在茫茫的沙漠和戈壁之中。就拿埃及文明来说，4000 多年前的古埃及曾是世界著名的古文明发达国家。当时尼罗河两岸雨水充沛，草美树绿，牛羊成群，气候宜人，很适合牧业发展。但随着人口的不断膨胀，牧业规模的不断扩大，植被不断被破坏，水土流失加剧，最终导致沃土沙化、贫瘠荒芜，强大帝国因此趋于没落。古巴比伦灭亡的一个主要的原因是，由于其城市的发展和人口的增加导致耕地和木材供不应求，于是通过滥伐森林、开荒种农作物来解决。结果导致农田沙化，进一步造成粮食不足，形成恶性循环，从而引起了国家的内乱和外族入侵。我国古代也有过度开发破坏生态的情况。如秦汉时期，我国西北地区的气候逐渐变干燥，不适宜开荒种地，而此时却对该区域进行大规模的农业开发，加剧了西北地区气候变干燥的程度并导致生态环境持续恶化，使之再也恢复不到原来的状态。恩格斯在《劳动在从猿到人的转变中的作用》一文中描述了古代农业社会中的生态破坏行为。恩格斯说，“美索不达米亚、希腊、小亚细亚以及其他各地的居民，为了想得到耕地，把森林都砍完了，但是他们做梦也想不到，这些地方今天竟因此成为不毛之地，因为他们使这些地方失去了森林，也失去了积聚和储存水分的中心”[①]。

针对农业文明时期出现的滥伐、滥采、滥捕、滥杀等破坏自然资源和生态的现象，我国有些古代学者、思想家意识到了自然资源破坏存在的严重问题，萌发了人与自然和谐共生的思想。许多古籍（如《孟子》《荀子》《管子》《礼记》《吕氏春秋》），都阐述了保护自然资源和生态的意义。在中国古籍《六韬·虎韬》的“神农之禁”中说，“春夏之所生，不伤不害。谨修地理，以成万物。无夺民之所利，而农顺之时矣”。《逸周书·大聚解》中说，“但闻禹之禁，春三月，山林不登斧，以成草木之长；夏三月，川泽不入网罟，以成鱼鳖之长”[②]。这些思想都体现了古人的生态智慧。

总之，在农业文明时期，人类摆脱了对自然界的完全依赖，逐渐形成了以农业为主导的人工自然体系。农业文明时期，人类虽然对自然界也存在一定程度的破坏，而且这种破坏从未停止，处于一种和谐又对立的关系，但整体上还是平衡的。这是因为受到当时生产力和科学技术条件的限制，人类改造世界的能力还非常有限，人类对自然环境的影响还是局部的、表层的，虽然破坏已经具有一定的规模，但是尚未造成巨大的生态危机。可以说，在农业文明时期，人类尚处于认识和改造、利用自然的幼稚阶段。[③]

三　工业文明

工业文明是人类文明的第三阶段。工业文明是人类进入 18 世纪后才开始的，它起源于 18 世纪开始的工业革命，以蒸汽机、内燃机的发明为主要标志，以机械动力代替人力、畜力为主要特征，以机器大工业为主要生产方式，是人类文明的第三阶段。在工业文

① 恩格斯：《自然辩证法》，《马克思恩格斯选集》（第 4 卷），人民出版社 1995 年版，第 383 页。

② 《逸周书·大聚解》，https：//ctext. org/lost – book – of – zhou/da – ju/zh。

③ 张敏：《论生态文明及其当代价值》，中国致公出版社 2011 年版，第 23 页。

明时期，封建社会已经结束，资本主义的生产方式已经确立，机器化生产和规模化生产使得物质文明相对发达，生产力与科学技术都得到了长足进步。因此，工业文明是以工业大生产为主要生产方式，以人类征服自然为主要特征。工业文明是人类运用科学技术来控制和改造自然界并取得空前胜利的时期。

在工业文明时期，由于科学技术的迅猛发展，机械化设备的大量投入使用，人类征服自然的力量也达到极致。马克思和恩格斯在《共产党宣言》中写道："资产阶级在它的不到一百年的阶级统治中所创造的生产力，比过去一切世代创造的全部生产力还要多，还要大。自然力的征服，机器的采用，化学在工业和农业中的应用，轮船的行驶、铁路的通行，电报的使用，整个大陆的开垦，河川的通航，仿佛用法术从地下呼唤出来的大量人口——过去哪一个世纪料想到在社会劳动中蕴藏有这样的生产力呢？"[①] 从蒸汽机技术到化工技术，从电动机到原子能利用技术，人类大规模地利用各种自然资源，广泛利用各种自然力特别是高效化石能源，通过机械化的社会大生产为人类提供数以万计的、各种各样的、原本自然界没有的物质生活资料和技术产品，极大地提高了人类的生活水平，建立了包括农业以及一切传统产业在内的庞大人工技术体系，使人对自然的人化过程达到了前所未有的程度，深入到自然界的各个领域，并向地球外的自然界发展，在短短数百年的时间里，创造出了人类数百万年发展中所有物质成果的总和都无法比拟的成就[②]，每一次科学技术革命都推动社会生产力的巨大进步和人类主体意识的大幅度增强。人类通过科学技术的广泛运用，似乎完全征服了整个自然界，成了主宰地球的唯一物种。这个阶段，农业在科学技术的推动

---

① 《马克思恩格斯选集》（第1卷），人民出版社1995年版，第277页。

② 赵成：《生态文明的兴起及其对生态环境观的变革——对生态文明观的马克思主义分析》，博士学位论文，中国人民大学，2006年。

下也发生了巨大的改变。以达尔文进化论为基础的遗传育种、以李比希矿物营养学说为基础的化学肥料和以动力机械理论为基础的农业机械三项技术把工业化成果和农业很好地结合起来，出现了“现代农业”，提高了农业的劳动生产率。[①]

同时，工业文明也使得地球资源的消耗与污染急剧加速，使得资源、生态和人口等问题也出现了前所未有的大危机。主要表现是大气污染严重，温室效应加剧，淡水资源紧缺，臭氧层变薄，资源开始枯竭，土地资源退化，森林面积不断减少，物种逐渐减少，全球性的生态危机开始出现，人类生存面临巨大危机。就时间段来说，在20世纪之前，环境问题仍然是局部性的、行业性的，尚未能引起人们的关注和警觉[②]，但是到了20世纪，随着工业化和城市化进程的迅速加快，高投入、高消费、高耗能成了工业文明的发展模式，环境遭到极大破坏，污染成了工业化国家普遍面临的社会问题，甚至在某种程度上威胁到了人类的生存。

例如，英国由于工业革命产生了大量的污染物，但是环境治理的问题却没有引起足够重视，空气污染十分严重，有“雾都帝国”之称。由于空气严重污染，导致肺部感染为特征的呼吸道疾病流行，严重影响了英国国民健康。英国政府不得不通过关闭大批污染企业来改善空气污染问题，一度直接影响到英国的可持续发展，以致曾经称雄于世界的工业帝国落后于美国和苏联。特别是1952年12月5—8日的伦敦烟雾事件，死亡人数较常年同期增加4000多人，事件发生的1周内，因支气管炎、肺结核、心脏衰竭、冠心病死亡的人数分别是平时同类病死亡人数的9.3倍、5.5倍、2.8倍、2.4倍，事件后的两个月里，死亡人数又增加了8000多人。此外还

① 姜春云主编：《偿还生态欠债——人与自然和谐探索》，新华出版社2007年版，第322页。

② 秦书生：《社会主义生态文明建设研究》，东北大学出版社2015年版，第3页。

有美国的洛杉矶光化学烟雾事件、日本四日市哮喘事件、日本熊本县的水俣病事件、切尔诺贝利核泄露事件、三哩岛核泄露事故、阿拉斯加港湾漏油事件、博帕尔毒气事件等，是人类挥之不去的“阴影”，给人类工业文明的发展造成了严重的负面影响。有文献资料表明，全球每年向大气中排放6亿—7亿吨有害物质①，严重影响了人类的生存与健康；世界自然基金会发布报告，全球有10条大河面临最严重的干涸威胁②。因此，在工业文明时期人与自然的对立成为危机。

表2—1　　世界八大公害事件

时间	事件名称	原因	后果
1930年12月	比利时马斯河谷烟雾事件	排放工业有害废气和粉尘	一周内近60人死亡
1948年10月	美国多诺拉烟雾事件	排放二氧化硫等有毒有害物质	造成5911人暴病
20世纪40年代初	美国洛杉矶光化学烟雾事件	汽车尾气	多人眼睛红肿、咽喉疼痛、呼吸道疾病恶化乃至思维紊乱，肺水肿，百人死亡
1952年12月	英国伦敦烟雾事件	冬季燃煤引起的煤烟性烟雾	4天时间4000多人死亡，两月后又有8000多人死亡
1961年	日本四日市哮喘事件	石油冶炼和工业燃油产生的废气	哮喘病大流行，死亡十几人
1968年	日本爱知县米糠油事件	生产米糠油时管理不善，造成多氯联苯混入米糠油	受害者达1.3万人，数十万只鸡死亡

① 雷学军：《大气碳资源及CO_2当量物质综合开发利用技术研究》，《中国能源》2015年第5期。

② 《世界自然基金会发布报告：全球十大河流面临最严重干涸危险》，《节能与环保》2007年第4期。

续表

时间	事件名称	原因	后果
1956 年	日本水俣病事件	工厂排放含有甲基汞的废水，水体、鱼虾和贝类及其他水生物受到污染	甲基汞中毒患者 283 人，其中有 60 余人死亡
1955—1977 年	日本富山县痛痛病事件	饮用了含镉的河水和食用了含镉的大米，以及其他含镉事物引起痛痛病	确诊患者为 258 人，其中死亡人数达 207 人

资料来源：笔者根据相关资料整理。

总之，在工业文明时期，人类对自然生态和环境恶化的认识不足，往往把更多的精力放在掠夺资源、追求经济利益上。对于日益恶化的环境问题，在工业文明的框架内，也只是采取“头痛医头，脚痛医脚”的做法，不能从根本上解决问题。工业文明时期依赖浪费资源、污染环境、生态破坏的粗放式发展来获得巨大的物质财富，其发展模式以对自然资源的掠夺和对环境的巨大破坏为主要特征，是不可持续的。

由此可见，当人类的活动和行为违背大自然的发展规律、资源消耗超过自然界的承载能力、污染排放超过环境容量时，就会导致人类与自然关系的失衡，造成人与自然之间的不和谐，人类的生存就会受到巨大威胁，必须寻找一条新的发展道路，建设一种新的文明形态。因此，面对目前日益恶化的环境问题，人类需要反思过去的生产方式，重新审视人与自然的关系。

第二节　生态文明的内涵

生态文明有多种含义，学者们界定的角度各不相同，观点也各不相同。

总体说来，生态文明包含广义的生态文明和狭义的生态文明两层含义。

从广义上来说，生态文明是指人类在改造客观物质世界的同时，积极改善和优化人与自然、人与人、人与社会的关系，在建设人类社会生态运行机制和良好生态环境的过程中，所取得的物质、精神、制度等方面成果的总和，是以人与自然、人与人、人与社会和谐共生、良性循环、全面发展、持续繁荣为基本宗旨的社会形态。[①] 生态文明是继原始文明、农业文明和工业文明之后的一个新的更高层次的文明形态，即原始文明—农业文明—工业文明—生态文明。生态文明是建立在教育、知识、科学技术高度发达基础上的文明形态，强调自然界是人类生存与发展的基石，明确人类社会必须在生态基础上与自然界发生相互作用、共同发展，人类的经济社会才能持续发展。[②]

广义的生态文明是在原有的文明（主要是工业文明）模式不可持续甚至威胁人类生存的情况下，为人类更好地适应社会发展的需要而产生的一种新的文明模式，是人类对人与自然关系的重新审视、重新定位和深刻反思。生态文明让人类摆脱了为追求经济利益而盲目工业化所导致的环境恶化威及人类生存的不利境况，它以解决人与自然之间的矛盾，实现人与自然以及人与人的和谐共处与和谐发展为核心，以实现社会的可持续发展为目标，以生产方式和生活方式的生态化改造为手段，同时配套相应的社会调控制度，以人的思维观念和思维方式的生态转变为精神动力和智力支持[③]，反映了人类由敬畏自然、征服自然到与自然和谐共处的发展趋势。

---

① 姜春云：《跨入生态文明新时代》，《光明日报》2008 年 7 月 17 日第 7 版。

② 傅晓华：《论可持续发展系统的演化——从原始文明到生态文明的系统学思考》，《系统辩证学学报》2005 年第 3 期。

③ 赵建军：《如何实现美丽中国梦 生态文明开启新时代》，知识产权出版社 2013 年版，第 16 页。

生态文明作为工业文明之后的一种全新的、更高级的、高度复杂的社会形态，包含了生态环境层面、物质层面、技术层面、机制和制度层面以及思想观念层面五大方面的重大变革[①]，也体现为在文化价值、生活方式、社会结构、生产方式上与其他文明存在明显的区别。在文化价值上，生态文明要求树立符合自然规律的价值需求、规范和目标，使生态意识、生态道德、生态文化成为具有广泛基础的文化意识；在生活方式上，生态文明以满足自身需要又不损害他人需求为目标，践行可持续消费；在社会结构上，生态文明将生态化渗入社会组织和社会结构的各个方面，追求人与自然的良性循环[②]；在生产方式上，生态文明注重绿色生产和循环利用，追求经济社会的可持续发展。

从狭义上说，生态文明仅仅指一种新的文明形式，是相对于物质文明、精神文明、政治文明、制度文明等文明形式而言的，体现了人及其社会在处理自然关系上所达到的文明程度[③]，其核心是实现人与自然和谐相处、人与自然协调发展。

从 1962 年蕾切尔·卡逊《寂静的春天》一书的出版，到 1972 年德内拉·梅多斯等《增长的极限》中均衡发展概念的提出，以及同年联合国人类环境会议《人类环境宣言》中“七点共同看法和二十六项原则”的确立；从 1987 年世界环境与发展委员会关于人类未来的报告《我们共同的未来》中可持续发展理念的提出，到 1992 年联合国环境与发展大会《21 世纪议程》中各国政府、联合国组织、发展机构、非政府组织和独立团体规划的人类活动对环境

---

① 陈瑞清：《建设社会主义生态文明，实现可持续发展》，《内蒙古统战理论研究》2007 年第 4 期。

② 陈瑾：《重视生态文明建设中的伦理维度》，《中国社会科学报》2015 年 5 月 25 日 A06 版。

③ 张平、康健：《生态文明视域下的湖南城市发展战略研究》，浙江工商大学出版社 2013 年版。

产生影响的各个方面的综合行动蓝图，人类越来越意识到生态文明建设的重要性。随着我国经济的快速发展和环境污染问题的日益突出，我国党和政府把生态文明建设提高到国家战略的高度。胡锦涛同志在党的十七大报告中继“物质文明”“精神文明”和“政治文明”之后，又明确提出了“生态文明”。习近平同志生态文明思想具有丰富的内涵，包括以“生命共同体”理论为基础的生态自然观、以“两座山”（绿水青山与金山银山）理论为核心的生态价值观、以“像对待眼睛与生命一样”为理念的生态义利观、以“绿色发展、和谐共生”为目标的生态发展观和以“文明兴衰”理论为要义的生态社会观。[①]

党的十八大报告中强调“把生态文明建设放在突出地位，融入经济建设、政治建设、文化建设、社会建设各方面和全过程”，提出“五位一体”的总布局，即我国特色社会主义建设包括经济建设、政治建设、文化建设、社会建设和生态文明建设五大内容。“五位一体”总布局是一个有机整体，五个方面是相辅相成、相互促进、相互影响的，其中“经济建设是基础，政治建设是保证、文化建设是灵魂、社会建设是支撑、生态文明建设是基础”。相对于其他四个方面的建设，生态文明建设直接与自然环境相关联，它是其他建设的自然载体和环境基础，不能以牺牲环境为代价来进行社会主义现代化建设。除了“五位一体”总体布局，生态文明建设还是“四个全面”（全面建成小康社会、全面深化改革、全面依法治国、全面从严治党）战略布局的重要内容。党的十九大报告特别强调“必须树立和践行绿水青山就是金山银山的理念”。

综上，生态文明的含义可以表述为：为了人与自然和谐共处和人类社会的永续发展，人类在保护和建设美好生态环境，实现人与

---

① 魏华、卢黎歌：《习近平生态文明思想的内涵、特征与时代价值》，《西安交通大学学报》（社会科学版）2019 年第 3 期。

自然和谐发展的过程中，所取得的物质成果、精神成果和制度成果的总和；生态文明是贯穿经济建设、政治建设、文化建设、社会建设各方面和全过程的系统工程，反映了一个社会的文明进步状态。

第三节　生态文明的主要特征

一　自然性和伦理性

从人与自然界相互关系的历史演变来看，可以把人类社会依次概括为“敬畏自然”“征服自然”“与自然和谐相处”三个阶段。在原始文明时期，由于力量太过弱小，人类完全被自然界所控制，只能完全依赖顺从自然界。原始文明也是初始的低层次的文明形式。农业文明与原始文明相比，是人类的一大进步，虽然人类能够发挥主观能动性，但受当时技术条件的影响，改造自然的力量仍然相对弱小，而且农业和畜牧业都是一种严重依赖自然条件的产业。因此，农业文明也是一种较低层次的文明。工业文明时期，工业革命导致了器械化大生产，科学技术在生产中被大量运用，生产力的发展速度前所未有，人类创造的社会财富超过过去所有时代的总和，这些财富的获得，几乎都是以自然资源的获得为基础的。如制造蒸汽机所需的钢材来源于对自然界的铁矿石的冶炼与加工，蒸汽机生产的产品也是对自然界物品的加工。工业革命时期，人类在征服自然的同时，忽视了对自然环境的保护，破坏了自然生态，打破了生态平衡，具有伟大而残酷的双重性质，自然界也对人类进行了报复。这说明工业文明时期，自然界并没有真正被征服。

生态文明与以往的农业文明和工业文明一样，离不开人类对自然界的改造。人类仍然需要从自然界获取所需要的物质和产品，去发展社会生产力。随着对人与自然关系认识水平的提高，生态文明突出了自然生态保护和环境保护的重要性，强调人类在改造和利用自然的过程中，务必与自然环境相互依存、相互促进；倡导人类对物质财富的追求和享受必须建立在尊重自然规律的基础上，既满足当前自身需要，又要着眼长远，使人与自然协调发展。从这个角度来说，生态文明的建立具有自然性。

生态文明也体现着伦理性。所谓生态文明的伦理性，是指人类在处理自身及其周围的动植物、环境和大自然等生态环境的关系时所形成的一系列道德规范。人类与自然生态活动中一切涉及伦理性的方面构成了生态伦理的现实内容，包括合理指导自然生态活动、保护与合理使用自然资源、保护生态平衡与生物多样性、对影响自然生态与生态平衡的重大活动进行科学决策以及人们保护自然生态与物种多样性的道德品质与道德责任等[①]。生态文明是生态伦理的实践升华，生态正义是生态文明的伦理升华。生态正义主张在人与自然、人与人、人与生物之间建立一种平等的价值理念，妥善协调环境、经济、社会三者之间的相互关系；或者说，人们在利用和保护自然、生态和环境的过程中，期求享有的权利和承担的义务[②]，集中体现了环境道德的本质要求，决定了生态伦理的基本内容和基本价值倾向[③]。

生态文明一定程度上要求人类把道德责任范围从人与人之间扩展到整个自然界。在生态文明社会，人类的生产和生活方式将以生态化作为价值诉求，生态文明、生态行为、生态理念等将内化为人们自觉的行动。人类只有树立正确的生态理念，摆正自己在大自然中的道德地位并自觉控制自己的生态道德行为，尊重大自然并友善地对待大自然时，人类与大自然的关系才会走向和谐，从而实现生态伦理的真正价值，人类与自然之间的和谐关系将得到巩固和加强。

---

① 陶国富：《重视生态伦理建设》，《人民日报》2006年4月14日第15版。

② 李永华：《论生态正义的理论维度》，《中央财经大学学报》2012年第8期。

③ 田启波：《生态文明的四重维度》，《学术研究》2016年第5期。

二　整体性和和谐性

辩证唯物主义系统观认为，整体与部分是辩证统一的，整体居于主导地位，统率着部分，整体对事物的发展起决定作用，具有部分不具备的功能，这要求我们树立全局观念，立足整体，统筹全局；另外，整体是由部分构成的，部分是整体的构成要素和组成部分，但是整体不是部分的简单相加，而是部分的有机整合，部分与部分也是相互影响、相互制约的，这要求我们重视部分的作用，通过搞好局部，用局部的发展来推动整体的发展。

地球上的所有生命包括人类在内都是相互影响、相互制约的，与地球共同构成一个有机生态整体。人类的衣食住行，都离不开这些生态系统的强大支撑。如果人类一旦不考虑自然生态的承载力，一味索取与破坏，就会打破生态系统的整体性特征，从而导致一系列的全球性危机。因此，生态文明建设不能片面化，务必放在整个地球生态系统中去谋划，从整体性、全球性来考虑问题。

生态文明与物质文明、精神文明、政治文明等文明形态也相互影响，密不可分；生态文明对物质文明、精神文明、政治文明等文明形态具有整合和重塑作用，构成人类文明的一个整体。建设生态文明意味着将生态理念、人与自然和谐发展的理念、可持续发展的理念等渗入经济社会发展的方方面面，实现群体之间、代际间的环境公平与正义，推动人与人、人与自然、人与社会的和谐发展。

生态文明建设的和谐性应体现为自然生态与社会发展的共生，人造景观与自然生态的协调，多元文明潜化于整个生态文明建设之中。生态文明其本质是一种自然和谐与社会和谐相统一的可持续的文明，它强调人与自然、人与人、人与社会以及现在与未来之间发展的和谐，是人类遵循人、自然、社会和谐发展这一客观规律而取得的物质、精神、制度成果的总和。

三 可持续性

人类社会的可持续性是指一种人类社会可以长久维持的过程或状态，是指人类的经济活动和社会发展不能超出自然资源和生态环境的承载力。人类社会的持续性包括生态可持续性、经济可持续性和社会可持续性三个相互联系、不可分割的部分。生态可持续是生态文明建设的基本要求，是经济可持续和社会可持续的基本保障。

在原始文明时期，由于人类的力量非常的弱小，生产力极端低下，虽然也会给自然生态造成局部的破坏，但是破坏程度小，恢复起来很快，人与自然界整体来说是和谐的，也是可持续的。但是这种可持续是建立在原始的、人类生存面临极大威胁的基础之上的。人作为一种有智慧的高等生物，肯定会不断谋求更优越的生存条件和生产条件。于是，原始文明之后，出现了农业文明和工业文明等文明形式。就农业文明和工业文明而言，都主要是通过过度获取自然资源（包括可再生的和不可再生的资源）和排出废物（其中包括生产产生的废物和生活产生的废物等）来破坏生态环境的。特别是工业文明时期，贪婪的资本与强大科技的紧密结合，使自然界变成服从于人类物欲的对象，毫无节制地索取资源和毫无底线地排放废物最终导致了严重的生态危机。因此，农业文明和工业文明都是不可持续的。也有学者认为，农业文明和工业文明之所以不可持续，主要是因为人类生态系统和生物生态系统有结构上的差异。生物生态系统有植物、动物和微生物三元结构。其中，植物是生产者，动物是消费者，微生物是分解者，它们相互耦合，形成生产、消费、分解三个环节构成的无废弃物的闭合的物质循环。因此，生物生态系统可以几百年、几千年、几万年维持下去。但是人类生态系统，到目前为止却只有二元结构，人类是超级生产者、超级消费者，但不是超级分解者。人类文明可持续进化成为全球问题的根源即在于此（见图2—1）。

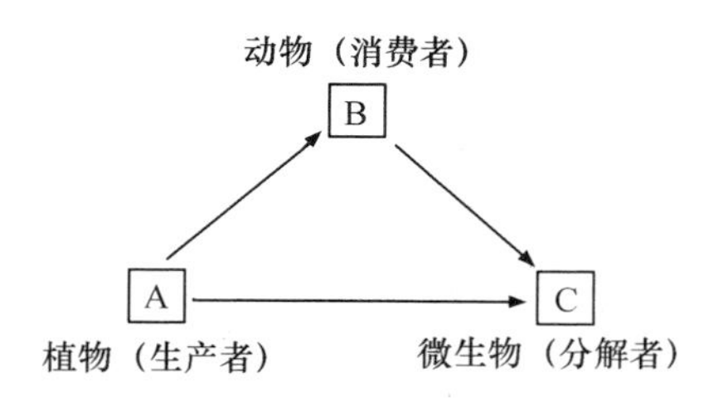

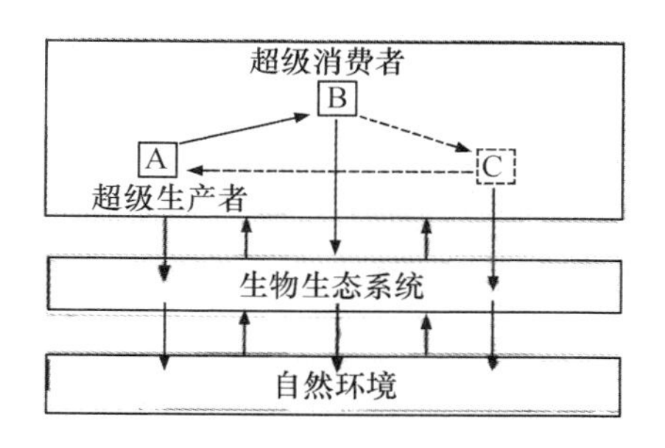

图2—1　生物生态系统与进化不完整的人类生态系统

资料来源：闵家胤：《生态文明：可持续进化的必由之路》，《未来与发展》1999年第3期。

生态文明的可持续性也体现为循环与再生。自然生态系统能够保持稳定与发展，其内部的循环再生机制是一个很重要的原因。首先，从元素方面来说，生态系统中的各种化学元素（基本元素是O、H、C、N，占生物整体量的99%以上；其他元素主要是Ca、Mg、P、K、S、Na等），这些物质通过生态系统中食物链网各级营养级传递和转化，构成了物质流动，形成物质循环，包括生物个体的新陈代谢（生物小循环），生产者、消费者、分解者及环境之间的物质循环（营养循环或生物循环），以及生物圈层之间的物质循环（生物、地球、化学循环）三个层次。其次，从循环经济方面来说，生态文明强调社会经济系统与自然生态系统和谐共生，强调循环经济“减量化、再利用、再循环”（3R）的理念，讲究生产过程中“废物”的再次利用，要求打破传统的“自然资源—产品—消费—废弃物”单一路径经济发展模式，形成“自然资源—产品—消费—再生资源”的循环经济发展模式，实现“低开采、高利用、低排放”发展，实现经济效益、生态效益、社会效益三者的最大化，是集经济、技术和社会于一体的系统工程（见图2—2）。

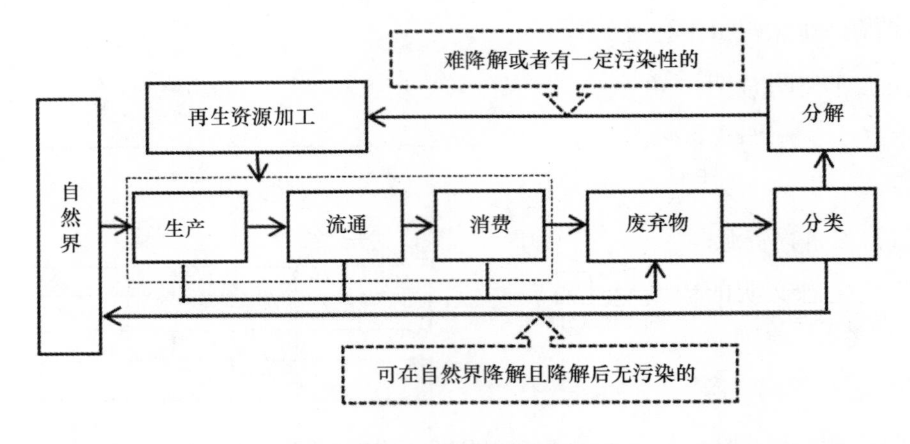

图2—2 循环经济示意

资料来源：笔者绘制。

生态文明是一种可持续的文明，是人类文明在经历原始文明、农业文明和工业文明后重新使人类与自然相互依赖、相互利用、彼此和谐的关系得以持续，在更高的层次上促进人类社会发展的更高层次的文明形态。人类只有追求生态文明，按照生态文明的要求指导人类的生产与生活，才能与自然、社会发展相适应，使经济建设与资源、环境相协调，实现人与自然和谐发展，从而真正实现人类社会的可持续发展。

四 平等性与多元化特征

生态文明的平等性首先体现在人与自然的平等关系上。在生态文明时期，人类了解自然，利用自然，也尊重自然，体现了人与自然的平等，这是原始文明时期、农业文明时期、工业文明时期所不具备的。原始文明时期，人类力量弱小，对自然界的了解和一般动物并无多少区别，人类对大自然充满敬畏，处于弱势地位。农业文明时期，人类既不了解自然，也不懂得尊重自然；一方面依赖土地资源进行耕种，另一方面却乱砍滥伐，疯狂破坏自然环境，可以这样说，破坏程度较小主要由当时落后的生产力和科学技术所限制。在工业文明时期，人类把自己的发展建立在掠夺自然资源的基础之上，人类期待主宰自然、驾驭自然，把人类凌驾于自然之上，丝毫没有对自然的尊重，也缺乏对自然将会报复人类的深刻认识，由此导致自然矿物资源即将耗尽、生态圈失衡，以及自然环境的过度污染等。

生态文明的平等性也体现在国家之间、民族之间、区域之间、现在与未来之间的平等关系上。工业文明是少数国家凭借经济、技术和科技上的优势，以不断加深对大多数落后国家的奴役、剥削为前提建立起来的。他们拥有大量的殖民地和半殖民地，在经济、政治、军事、文化上追求霸权主义和强权政治，坚持用不合理的国际政治经济格局和弱肉强食的游戏规则来维护本民族的发展，毫无平等性可言。在生态文明时期，人类掌握了先进的科学技术，已经了解自然，了解人与自然界相互影响的关系，在利用自然的同时，也尊重自然，维护整个生态系统的完整性和稳定性，维护生态平衡，注重众生平等；生态文明着眼于全人类平等发展，在资源开发、环境治理、生态保护方面注重全球合作，注重各个国家之间、各民族之间、各个区域之间的和平发展与和平共处；生态文明既要考虑当代需求，又要考虑未来发展，要在代内公平的基础上，追求代际公平，实现占有社会产品和自然资源的数量、质量与承担生态责任之间的统一。[①]

多元化共存是生态文明最基本的特征之一。大量的事实证明，生物群落与环境保持动态平和稳定的能力，是同生态系统物种及结构的多样、复杂性呈正相关的[②]，稳定的生态系统离不开多元共存。在自然生态系统中，各物种之间由于食物链的关系构成了一个相生相克相互制约的整体，维持着整个生态系统的稳定。在人类生态系

① 张敏：《论生态文明及其当代价值》，中国致公出版社 2011 年版，第 47 页。

② 杨小波、吴庆书等编著：《城市生态学》，科学出版社 2000 年版，第 19 页。

统中，人类只有正确处理自身与自然界其他生物之间的关系，才能使人类生态系统平衡发展。作为自然界唯一具有智慧的生物和处于食物链顶端的生物，在利用自然的同时，应控制好自身发展和注重自然界生态系统的整体平衡，不能因为人类自身的过度发展或对某些物种的过度猎杀，而导致其他生物物种的消失灭绝，更不能因为人类的存在导致地球生态系统被破坏。目前，地球仍是适合人类生存和发展的唯一星球，因此，人类要积极保持生物物种的多样性，共同维护地球生态大系统的平衡与完整。同样，在社会生态系统中，生态文明也要求建构多元化共存的模式。不同民族、不同地域、不同种族、不同宗教、不同文化传统、不同社会制度、不同社会发展水平都不能作为弱肉强食的依据，世界各国、各民族都应该在平等相待、相互尊重、互惠互利、和平共处的基础上共同发展，实现人类社会文明多样性的统一。

第 三 章

生态文明视域下美丽左右江革命老区建设相关理论分析

习近平总书记在党的十九大报告中把坚持人与自然和谐共生作为基本方略，进一步明确了建设生态文明、建设美丽中国的总体要求。建设美丽左右江革命老区是在美丽中国战略下结合左右江革命老区实际提出来的，是美丽中国战略在左右江革命老区的具体实践。建设美丽中国既包括美丽城市建设，也包括美丽乡村建设。本章主要阐述美丽左右江革命老区建设的相关理论，包括“天人合一”的哲学思想、可持续发展理论、循环经济理论、科学发展观和“两山论”等。同时就美丽中国与生态文明、美丽乡村、美丽城市之间的关系展开研究，探求生态文明对美丽左右江革命老区建设的促进机理。

第一节　生态文明视域下美丽左右江革命老区的理论基础

一　“天人合一”的哲学思想

“天人合一”的哲学思想是我国传统文化的重要思想。“天人合一”的哲学思想强调天人的和谐统一，是我国古代哲学的主要基调[①]，这里的“天”并不是指自然界的天，更多地被表述为人格化、神格化了的自然界，甚至包括整个客观世界；这里指的“人”，也不是指个体的人，而是指被框定在礼制秩序中的抽象化了的社会人。《易经》中强调天、地、人三才之道，天、地、人三者并立，人在中心地位。《周易·系辞下》云：“易之为书也，广大悉备，有天道焉，有人道焉，有地道焉。”《周易·乾》云：“夫大人者，与天地合其德，与日月合其明，与四时合其序，与鬼神合其吉凶，先天而天弗违，后天而奉天时。”这些思想都强调了天、地、人三者相互对应、相互联系，体现了“天人合一”思想。

“天人合一”的哲学思想集中体现在我国古代儒家、道家、佛家等流派的思想体系中。

“天人合一”思想的集大成者是以孔子、孟子为代表的儒家。孔子讲求“仁民爱物”，孔子说：“天何言哉？四时行焉，百物生焉，天何言哉？”他以“天命”建立人间的尊卑礼法[②]，天命观是孔子思想的主要内容。“知天命、畏天命、顺天命”，渗透着敬天、知命、畏天命的“天命观”思想[③]。此外，《史记·孔子世家》中记载了：“丘闻之也，刳胎杀夭则麒麟不至郊，竭泽涸渔则蛟龙不合阴阳，覆巢毁卵则凤凰不翔”，强调人们对自然界万物都应该要持有仁爱同情的态度，并且要善待自然界，维持生态平衡，不能过度地捕猎动物，不能过度地砍伐树木。《孟子·尽心上》中提出“君子之于物也，爱之而弗仁；于民也，仁之而弗亲。亲亲而仁民，仁民而爱物”，意思是君子对于万物，爱惜它，但谈不上仁爱；对于百姓，仁爱，但谈不上亲爱，亲爱亲人而仁爱百姓，仁爱百姓而

---

① 张岱年主编：《中华思想大辞典》，吉林人民出版社1991年版。

② 中共中央组织部党员教育中心编：《美丽中国——生态文明建设五讲》，人民出版社2013年9月第1版，第19页。

③ 赵婧：《敬天、知命、畏天命——孔子“天命观”详析》，《信阳师范学院学报》（哲学社会科学版）2017年第1期。

爱惜万物。孟子从亲爱自己的亲人出发，推向仁爱百姓，再推向爱惜万物，这就形成了儒学的“爱的系列”，也体现了人与自然和谐统一、“天人合一”的思想。儒家的荀子、王夫之等人主张“天人交胜”的思想，主张人类在充分发挥人的主观能动性和运用自然规律的同时，要尊重自然规律，使得二者协调发展。如《荀子·天论》中提出“天行有常，不为尧存，不为桀亡”，明确提出“制天命而用之”的思想，要求人们尊重大自然发展规律，发挥主观能动性，按照大自然规律办事，体现了“天人合一”的思想。

虽然有很多儒家学者的论述体现了“天人合一”的思想，但真正第一次提出“天人合一”这一命题的是北宋哲学家张载，他以“天人合一”的观点解释《中庸》的“诚明”，他在《正蒙·乾称篇》提出，“儒者则因明致诚，因诚致明，故天人合一，致学而可以成圣，得天而未始遗人”。程颢在一定程度上继承了张载的思想学说，以“天地生物之心”为仁，提出“‘复其见，天地之心’，一言以蔽之，天地以生物为心”[①]，程颢将天人完全合一，认为“天人本无二，不必言合”，即“天人同体”。朱熹在《仁说》中认为，“天地以生物为心者也，而人物之生，又各得夫天地之心以为心者也。故语心之德，虽其总摄贯通无所不备，然一言以蔽之，则曰仁而已矣”。总之，儒家的“天人合一”思想是从天人整体观出发，将天道与人道贯通于一体，既体现为道德观、宇宙观，也体现为生态观。

道家强调“人法地、地法天、天法道、道法自然”。《道德经》是道学创始人老子的传世之作，这部只有5000字的典籍中，反映了老子辩证的哲学思想，特别是“道”与“德”的关系以及“天、地、人、道”四者的关系[②]。其中，《道德经》第四十二章曰，“道

---

① 《河南程氏外书》（卷三），《二程集》，中华书局2004年版，第366页。

② 姜春云主编：《偿还生态欠债——人与自然和谐探索》，新华出版社2007版，第327页。

生一，一生二，二生三，三生万物。万物负阴而抱阳，冲气以为和”，阴阳二气构成了客观世界的万事万物。《道德经》第二十五章云，“道大，天大，地大，人亦大。域中有四大，而人居其一焉。人法地，地法天，天法道，道法自然”，道在第一，天地由道而生，万物与人平等又相互联系，主张顺道而为，这里面已经含有人与自然和谐共处的“天人合一”思想。道家学派主要代表人物庄子在《庄子·达生》提出“天地者，万物之父母也”，《庄子·齐物论》记载“天地与我并生，而万物与我为一”。

中国佛家提出“佛性”是万物的本源。佛教认为不同众生虽有其差别性，但生命的本质是平等的，它还特别强调一切众生悉有佛性。《涅槃经》称，“一切众生悉有佛性。一阐提人谤方等经，作五逆罪，犯四重禁，必当得成菩提之道。须陀洹人、斯陀含人、阿那含人、阿罗汉人、辟支佛等，必当得成阿耨多罗三藐三菩提”[①]。从理论上肯定一切众生皆有佛性，即在成佛的原因、根据、可能性上是平等的。[②]

“天人合一”思想还被古人广泛应用到医学、天文学等方面。医学典籍《黄帝内经》主张“天人合一”，其中的“天人相应”学说就是这个思想。“天人相应”学说认为“天”是独立于人的精神意识之外的客观存在，与作为具有精神意识主体的“人”，有着统一的本原、属性、结构和规律。天文学方面则主要体现在“天地对应”“天地气交”“天地同律”等理论方面。

钱穆先生认为，“中国人是把‘天’与‘人’合起来看”，并将人们对天人关系的研究称作“中国文化过去最伟大的贡献”[③]。钱穆先生甚至认为，“中国文化的特质，可以‘一天人，合内外’

① 《大般涅槃经·卷36·迦叶菩萨品》，《大正藏》12册，第574页。

② 方立天：《中国佛教哲学的现代价值》，《中国人民大学学报》2002年第4期。

③ 钱穆：《中国文化对人类未来可有的贡献》，《中国文化》2019年第4期。

六字尽之”①。

“天人合一”在中国传统文化中，不仅是一个哲学命题、伦理原则，更是中华民族传统文化的核心价值，“天人合一”包含着对人与人之间关系的认知，更包含着对人与自然界关系的探索，是一种宇宙的、生态伦理的道德情怀，追求“天地人”的整体和谐②。人作为自然界的一部分，一方面必须依赖自然界生存，但同时也需要通过利用、改造自然来发展人类自身。所以人要尊重自然，敬畏自然，与天地万物和谐相处，同时又要不断探索自然界的发展规律，在遵守自然规律的基础上去改造自然界。所以，“天人合一”思想为人与自然的关系提供了一个正确的思想原则，在此思想的指导下，我们的哲人先贤们提出了许多保护自然资源、正确利用自然资源，使其可以持续发展的朴素观点。其中很多观点在今天仍然具有很强的实践性，值得我们去学习和借鉴。③

从一定意义上讲，“美丽中国”是对中国传统“天人合一”中“自然与人合一”思想的传承。“绿水青山就是金山银山”，人类只有尊重大自然，保护好生态环境，才能真正促进人类自身的健康发展，左右江革命老区也是西部生态脆弱地区，老区人民改变目前比较恶劣的生存现状和生活环境的愿望越来越强烈。左右江革命老区为中国革命做出了巨大的牺牲，我国中央和各级地方政府也非常重视老区的经济与社会发展。由于过去只看重经济效益，发展粗放，忽视了自然脆弱的环境承载力，忽视了环境保护，忽视了“天”“地”“人”三者的和谐，导致发展中出现了一系列生态问题。美丽左右江革命老区建设需要尊重自然规律以及全体人民共同参与、齐心协力，做到“天人合一”，“天人合一”思想对美丽左右江革

① 钱穆：《中国文化特质》，生活·读书·新知三联书店 1988 年版，第 29 页。

② 汤伟：《中国特色社会主义生态文明道路研究》，天津人民出版社 2015 年版，第 47 页。

③ 陈静：《“天人合一”思想与生态文明建设》，《唐山学院学报》2018 年第 5 期。

命老区的建设具有很强的理论与现实意义。

二　可持续发展理论

“可持续发展”的概念，第一次正式讨论是在1972年斯德哥尔摩举行的联合国人类环境大会上。1978年世界环境与发展委员会出版《我们共同的未来》报告，该报告对可持续发展下了一个各国广泛采纳的定义：既能满足当代人的需要，又不对后代人满足其需要的能力构成危害的发展。可持续发展不意味着停止或者放弃财富的增长，相反，它追求的是更好、更快、更健康的增长。如果从1972年斯德哥尔摩举行的联合国人类环境大会算起，全球可持续发展已经走过了将近50年的坎坷历程。

有学者认为，《我们共同的未来》报告对可持续发展概念的表述主要强调的是代际公平，但仅强调代际公平是远远不够的。可持续发展不仅要强调代际公平，也必须强调代内公平。人与环境相融的意识以及相应的新的环境价值观念和伦理道德，才是可持续发展的灵魂。可持续发展不能以掠夺另一群人赖以生存的环境资源来获得自己的发展。因此，其含义可调整为“可持续发展是不断提高人群生活质量和环境承载力的、满足当代人需求又不损害子孙后代满足需要能力的、满足一个地区或一个国家人群需求又不损害别的地区或国家人群满足需求能力的发展”①。

可持续发展理论虽然产生于20世纪80年代末90年代初，但其理念源远流长，中西方均有论述，《论语・述而》中就有“钓而不纲，弋不射宿”之说；《孟子・梁惠王上》也提出“不违农时，谷不可胜食也；数罟不入洿池，鱼鳖不可胜食也；斧斤以时入山林，材木不可胜用也。谷与鱼鳖不可胜食，材木不可胜用，是使民

① 叶文虎、甘晖：《文明的演化——基于三种生产四种关系框架的迈向生态文明时代的理论、案例和预见研究》（第一卷），科学出版社2015年版，第29—30页。

养生丧死无憾也。养生丧死无憾，王道之始也”[①]。《吕氏春秋·义赏》中记载了“竭泽而渔，岂不获得，而明年无鱼”。《淮南子·难一》云：“先王之法，不涸泽而渔，不焚林而猎。”可见，我国古代也是有可持续发展理念的。在西方，亚当·斯密和大卫·李嘉图分别从经济的可持续发展的乐观角度和悲观角度进行过阐释。[②]恩格斯在《劳动在从猿到人转变过程中的作用》一文中深刻地指出，“我们不要过分陶醉于我们对自然界的胜利。对于每一次这样的胜利，自然界都报复了我们。每一次胜利，在第一步确实取得了我们预期的结果，但是在第二步和第三步却有了完全不同的、出乎预料的影响，常常把第一个结果又取消了。美索不达米亚、希腊、小亚细亚以及其他各地的居民，为了想得到耕地，把森林都砍完了，但是他们梦想不到，这些地方今天竟因此成为不毛之地，因为他们使这些地方失去了森林，也失去了积聚和储存水分的中心”[③]。恩格斯的这些观点深刻反映了可持续发展的必要性。

1972 年 6 月 5—16 日，联合国在瑞典首都斯德哥尔摩召开了人类环境大会，通过了《人类环境宣言》和《人类环境行动计划》，成立了联合国环境规划署，并将每年的 6 月 5 日定为“世界环境日”。这次大会具有里程碑意义，因为这是人类历史上第一次专门召开世界性的会议来研究保护人类环境问题，标志着人类环境意识的觉醒，会上提出了“可持续发展”的概念并进行了正式讨论，引起各国政府的重视，但没有达成一致意见。1987 年 2 月，日本东京召开了第八次世界环境与发展委员会，会上通过了《我们共同的未来》这一报告，该报告第一次使用可持续发展的概念，并将可持续

---

① 罗慧等：《可持续发展理论综述》，《西北农林科技大学学报》（社会科学版）2004 年第 1 期。

② 马洪波：《西方经济理论中可持续发展思想的演进及启示》，《攀登》2007 年第 6 期。

③ 恩格斯：《自然辩证法》，《马克思恩格斯全集》（第 20 卷），人民出版社 1971 年版，第 519 页。

发展定义为“既能满足当代人的需要，又不对后代人满足其需要的能力构成危害的发展”。报告以“持续发展”为基本纲领，以丰富的资料论述了当今世界环境与发展方面存在的问题，提出了处理这些问题的具体的和现实的行动建议。1991 年 6 月，中国发起召开了“发展中国家环境与发展部长级会议”，41 个发展中国家的部长共同发表了《北京宣言》。《北京宣言》指出，难以持久的发展模式和生活方式造成了全球环境的迅速恶化，认为环境保护和持续发展将会是全人类共同关心的话题。1994 年 3 月，国务院第十六次常务会议审议通过《中国 21 世纪议程》，该议程共 20 章，78 个方案领域，主要内容包括可持续发展总体战略与政策、社会可持续发展、经济可持续发展、资源的合理利用与环境保护四大板块。1995 年，中共中央把可持续发展作为国家发展重大战略正式提出。

可持续发展包含“需要”和对需要的“限制”两个基础要素。可持续发展是经济、社会、资源和环境保护相协调的发展，即我们在发展经济，满足当代人的需要的同时，又要充分考虑到对环境的破坏，要充分保护好人类赖以生存的自然资源和环境，让我们的子孙后代能够永续发展和安居乐业。就可持续发展的思想观点而言，可以概括为以下四点：第一，纠正单纯注重经济增长，忽视环境资源保护的传统模式，强调在经济增长的同时要注重自然资源的合理开发与环境保护相协调；第二，强调人的需求不断满足，经济社会不断发展和人的生活水平不断提高，特别是对贫困人群需求的满足；第三，提倡伦理观念和公平性，主张只有一个地球，地球资源的可持续利用是每个国家的责任，国家与国家、地区与地区、当代与后代之间同样具有享用这些资源环境的权利；第四，发展不仅仅是一个经济增长过程，它也是一个自然、经济、社会系统趋向更均衡、和谐、更互补方向进化的过程。① 其理论基础有环境稀缺论、环境价值论、“时空公平”的区域层次性可持续发展观三个方面。其中对环境稀缺性的认识是可持续发展理论发展的基本前提。②

2013 年 4 月 25 日，习近平主席在中央政治局常委会会议上深刻指出：“如果仍是粗放发展，即使实现了国内生产总值翻一番的目标，那污染又会是一种什么情况？届时资源环境恐怕完全承载不了”。2013 年 5 月 24 日，习近平总书记在主持第十八届中共中央政治局第六次集体学习时指出，“在生态环境保护问题上，就是要不能越雷池一步，否则就应该受到惩罚”。这充分说明党和政府把可持续发展提高到了一个前所未有的新高度。2019 年 6 月，习近平主席在第 23 届圣彼得堡国际经济论坛全会上发表题为《坚持可持续发展　共创繁荣美好世界》的致辞，阐述了中国在可持续发展问题上的重要主张，提出“可持续发展是破解当前全球性问题的‘金钥匙’”。

左右江革命老区是全国典型的生态脆弱地区，环境承载力十分有限，但同时左右江革命老区也是一个资源富集区（特别是矿产资源），因此，在追求“金山银山”的同时如何做到保护好“绿水青山”是一个很现实也很严峻的问题。生态文明建设，既不是停止资源开发利用回到原始的生产生活方式上去，也不是延续工业文明发展模式——为了追求利润最大化，不惜以破坏资源、毁坏环境为代价的粗放式发展模式，而是要达到包括生态价值在内的经济、生态、社会价值的最大化，要遵循自然规律，尊重自然、顺应自然、保护自然，以资源环境承载能力为基础，建设生产发展、生活富裕、制度健全、生态良好的现代文明社会，谋求可持续发展。

---

① 陈月英：《可持续发展理论综述》，《长春师范学院学报》2000 年第 5 期。

② 罗慧等：《可持续发展理论综述》，《西北农林科技大学学报》（社会科学版）2004 年第 1 期。

三 循环经济理论

循环经济是自然生态规律（系统论、物质循环论）指导下的一种经济发展模式，[①] 是指在自然资源、人、科学技术三者并存的大系统内，从资源投入、企业生产到产品消费的整个过程中，把单纯依赖资源消耗来实现经济增长的线性增长模式转变为依靠生态型资源循环利用的经济增长模式。循环经济与传统经济的不同之处在于：传统经济是一种“自然资源—产品—污染排放”单向流动的线性经济，而循环经济则强调经济活动“资源—产品—再生资源”的反馈式流程，其特征是低开采、高利用、低排放[②]，从形式上看是封闭的物质循环流动型经济。

循环经济的思想萌芽可以追溯到环境保护运动兴起的 20 世纪 60 年代初。1962 年，美国生态学家蕾切尔·卡逊出版了一本科普读物《寂静的春天》（*Silent Spring*），在这本书中，蕾切尔·卡逊以寓言开头，向我们描绘了一个生机勃勃、环境优美的村庄像被施了魔咒一般陷入一片死寂，进而引出了因过度使用 DDT 为代表的化学农药对水源、土壤的污染以及由此引发的对动植物甚至人类自身的严重危害，指出人类用自己制造的毒药来提高农业产量是一种饮鸩止渴的做法。20 世纪 60 年代，美国经济学家 K. 波尔丁第一次提出循环经济理论。他认为传统的经济类似于牧童在辽阔的草原上漫无目的放牧一样，是一种对地球资源进行漫无目的的开发的“牧童经济”，这种发展模式不能再继续下去，需要把传统的依赖资源消耗的线形经济增长方式转变为依靠生态型资源循环的经济增长方式。他提出了一种新的经济发展理论——“宇宙飞船理论”（也叫太空舱经济理论），这是循环经济理论的早期代表。“宇宙飞船理

---

① 李梦娜：《循环经济理论研究》，《山西农经》2018 年第 21 期。

② 田玉川：《传统经济和循环经济的理论研究》，《山西农经》2019 年第 1 期。

论”提出主要是因为他当时受发射的宇宙飞船启发，认为太空中的宇宙飞船是一个密闭的系统，飞船内如果不能实现内部资源循环，会最终因资源耗尽而毁灭。他拿地球经济系统和宇宙飞船作比较，认为只有实现对资源循环利用的循环经济，地球经济系统才能得以永存。K. 波尔丁认为，如果地球经济系统要想不像宇宙飞船那样走向毁灭，就必须把过去那种“增长型”经济转变为“储备型”经济；把传统的“消耗型”经济转变为休养生息的经济；把注重生产量的经济转变为实行福利量的经济；把过去的“单程式”经济转变为既不会使资源枯竭，又不会造成环境污染和生态破坏，能循环使用各种物质的“循环式”经济。

循环经济的本质在于经济发展的可循环性，即在于加速经济由传统的依赖资源的线性经济增长模式转变为循环经济模式。循环经济有系统观、科技观、价值观、生产观四种视角。系统观方面，要把循环经济放在一个大的由人、自然资源和科学技术等要素构成的系统中去考虑。对人类社会的经济活动所发生的物质和能量的转换采取战略性、综合性、预防性措施，使人类经济社会的循环与自然循环相融合。科技观方面，要求用当前先进的生产技术、减量技术、替代技术、废旧资源再生再利用技术、“零排放”技术、共生链接技术等支撑经济发展。人类不仅要考虑自身对自然资源的开发和利用能力，而且还要考虑其技术对自然资源的修复能力；除了考虑人自身对自然的改造能力外，还要更多地考虑人与自然和谐共存的能力。价值观方面，不仅要考虑自然资源的利用价值，还需要考虑保护和维持能力。生产观方面，就是要在生产过程中改变传统的粗放生产模式，尽可能地节约自然资源和提高资源利用效率，充分考虑生态循环。

国内学者对循环经济的认识已经达成以下四个方面的共识：第一，确立了“3R”原则，即减量化原则（Reduce）、再利用原则

（Reuse）、资源化原则（Recycle）；第二，把循环经济视为环境与发展关系的第三阶段（第一个阶段是以牺牲环境为代价的线性经济发展模式阶段，第二阶段是对环境进行末端治理的阶段，第三阶段是循环经济阶段），它不同于以前传统的线性经济发展模式和末端治理模式；第三，从可持续生产的角度出发，对企业内部、生产之间和社会整体三个层面的循环进行整合；第四，从新型工业化的角度审视循环经济的发展意义，认为循环经济是经济、环境和社会三赢的发展模式。[①] 循环经济所遵循的“3R”原则的首要原则是减量化，减量化原则是从源头上预防和抑制环境污染和环境破坏的一种方法。减量化原则要求尽量厉行节约，尽量减少在生产和消费中的物质和能量消耗总量，因此又称减物质化。资源化原则是指将废物直接作为原料进行利用或者对废物进行再生利用，是对产品使用次数和多种使用方式的要求，要求产品能够尽可能多次以及尽可能多种方式地使用，是一种要求“变废为宝”的做法，要求物品经过消费变成废弃物后，通过技术处理能重新变成可以利用的资源。

循环经济理念1998年由同济大学的诸大建教授引入中国。目前，其理论研究与实践领域已经从废物回收利用逐步扩展到生产生活的各个方面。在实施路径方面，目前国内普遍接受的是“3+1”模型（“3”是指企业小循环、园区中循环、社会大循环，“1”是指再生资源产业）[②]。诸大建、黄晓芬认为，发展循环经济建设循环型社会，需要带动企业、公民、政府三个主体参与，对资源的输入端、使用过程、输出端的三个环节进行全过程管理，并且施行管制性政策、市场性政策和参与性政策，从而实现循环经济所追求的目标。他们建立了基于循环经济的“对象—主体—政策”模型，其中

① 诸大建、黄晓芬：《循环经济的对象—主体—政策模型研究》，《南开学报》2005年第4期。

② 陆学、陈兴鹏：《循环经济理论研究综述》，《中国人口·资源与环境》2014年第24期。

“对象”指对资源的输入端、使用过程和输出端三个环节进行全过程管理，“主体”指企业、公民和政府三方面，“政策”指施行管制性政策、市场性政策和参与性政策。[①] Su 等进一步归纳总结出中国循环经济的实践结构。[②]

表 3—1　　中国循环经济的实践结构

实践领域	微观尺度（单一对象）	中观尺度（共生联盟）	宏观尺度（城市、省、国家）
生产领域（第一、第二、第三产业）	清洁生产 生态设计	生态工业园 生态农业系统	区域生态产业网络
消费领域	绿色采购与消费	环境友好公园 废物交易市场	租赁服务 城市共生
废物管理	产品回收体系	静脉产业园区	
其他	政策与法律；信息平台；能力建设；非政府组织		

资料来源：Su B.，Heshmati A.，Geng Y.，et al.，“A Review of the Circular Economy in China”，转引自陆学、陈兴鹏《循环经济理论研究综述》，《中国人口·资源与环境》2014 年第 24 期。

左右江革命老区作为资源富集区，通过开发资源来发展经济是一条经济发展的重要途径，但是决不能走先污染后治理的老路。需遵循“3R”原则，并在资源的输入端、使用过程、输出端进行全过程管理，在保障经济稳步发展的基础上，不断提高资源的高效利用、循环利用和废弃物的无害化处理能力，注重转型发展，拉长产业链，提高产品科技含量，发展循环经济。

① 诸大建、黄晓芬：《循环经济的对象——主体——政策模型研究》，《南开学报》2005 年第 4 期。

② Su B.，Heshmati A.，Geng Y.，et al.，“A Review of the Circular Economy in China”，转引自陆学、陈兴鹏《循环经济理论研究综述》，《中国人口·资源与环境》2014 年第 24 期。

四 科学发展观

我国不少地方在长期的经济增长实践中，逐渐形成非理性发展观，主要表现为唯速度论、资源无限论、破坏难免论、环保包袱论、还债过早论、利益至上论等错误发展理念[①]，以牺牲生态和破坏环境为代价，盲目开发自然资源，且对产品生产、污染物排放、废物利用等方面缺乏有效的监管，虽然经济可能会得到高速发展，但忽视了环境保护，浪费资源，破坏了环境。

科学发展观是“坚持以人为本，全面、协调、可持续的发展观，促进经济社会协调发展和人的全面发展”。科学发展观的内涵极为丰富，涉及经济、政治、文化、社会发展各个领域，既有生产力和经济基础问题，又有生产关系和上层建筑问题；既管当前，又管长远；既是重大的理论问题，又是重大的实践问题。[②] 2003 年，胡锦涛同志在“七一讲话”中指出：“发展是以经济建设为中心、经济政治文化相协调的发展，是促进人与自然相和谐的可持续发展”[③]。2003 年 10 月，党的十六届三中全会明确提出科学发展观，即“树立和落实全面发展、协调发展和可持续发展的科学发展观”，“在经济社会协调发展的基础上促进人的全面发展”[④]。2004 年 1 月，胡锦涛同志在中纪委全会上所做的《在全党大力弘扬求真务实精神，大兴求真务实之风》重要讲话中指出：“坚持以人为本，树立和落实全面、协调、可持续的发展观”[⑤]。2004 年 3 月，胡锦涛

---

① 姜春云主编：《偿还生态欠债——人与自然和谐探索》，新华出版社 2007 年版，第 35—57 页。

② 温家宝：《提高认识，统一思想，牢固树立和认真落实科学发展观》，《人民日报》2004 年 3 月 1 日第 1 版。

③ 胡锦涛：《在“三个代表”重要思想理论研讨会上的讲话》，人民出版社 2003 年版，第 7 页。

④ 胡锦涛：《胡锦涛文选》（第 2 卷），人民出版社 2016 年版，第 143 页。

⑤ 胡锦涛：《科学发展观重要论述摘编》，中央文献出版社 200 年版，第 2 页。

同志在《中央人口资源环境工作座谈会上的讲话》中指出“坚持以人为本，全面、协调、可持续的发展观，是我们以邓小平理论和‘三个代表’重要思想为指导，从新世纪新阶段党和国家事业发展全局出发提出的重大战略思想”，从此，科学发展观的基本内涵正式被表述为“以人为本，全面、协调、可持续的发展观”[①]。2007年10月，党的十七大把科学发展观写入党章。党的十七大报告指出，科学发展观“第一要义是发展，核心是以人为本，基本要求是全面协调可持续，根本方法是统筹兼顾”[②]。2012年11月，党的十八大正式将科学发展观确立为党的指导思想，指出“科学发展观是中国特色社会主义理论体系最新成果，是中国共产党集体智慧的结晶，是指导党和国家全部工作的强大思想武器。科学发展观是同马克思列宁主义、毛泽东思想、邓小平理论、‘三个代表’重要思想一道，是党必须长期坚持的指导思想”[③]。2018年3月11日，第十三届全国人大一次会议第三次全体会议表决通过了《中华人民共和国宪法修正案》，郑重地将科学发展观和习近平新时代中国特色社会主义思想共同写入了《中华人民共和国宪法》，正式确立了其在国家政治和社会生活中的指导地位。

科学发展观是一个完整的思想体系，涉及内政外交国防、改革发展稳定、治党治国治军，涉及经济建设、政治建设、文化建设、社会建设和党的建设等[④]，其内容包括以人为本的发展观、全面发展观、协调发展观、可持续发展观四大方面。其具体表现是：第一，发展是科学发展观的第一要义；第二，以人为本是科学发展观的核心；第三，全面、协调、可持续是科学发展观的实现途径；第四，和谐是科学发展观的重要推动力；第五，和平是科学发展观的

---

① 韩振峰：《科学发展观内涵的十次重要拓展》，《理论探索》2012年第3期。

② 《十七大报告辅导读本》，人民出版社2007年版，第14页。

③ 《十八大报告辅导读本》，人民出版社2012年版，第8页。

④ 韩振峰：《十七大以来科学发展观研究新进展综述》，《探索》2012年第5期。

必要条件。[①]

科学发展观内容丰富，博大精深。根据韩振峰教授的观点，要想深刻理解和全面把握科学发展观的科学内涵、精神实质和根本要求，必须重点把握好集中体现科学发展观基本内容和精神实质的“十个基本点”，第一，马克思列宁主义、毛泽东思想、邓小平理论和“三个代表”重要思想是科学发展观形成的科学理论基础；第二，当代中国基本国情和阶段性特征，是科学发展观形成的现实依据；第三，科学发展观是在深刻分析当今时代特征和国际形势的基础上提出的；第四，科学发展观的历史地位是马克思主义中国化的最新成果，是中国特色社会主义理论体系的重要组成部分，是我国经济社会发展的重要指导方针，是发展中国特色社会主义必须坚持和贯彻的重大战略思想；第五，“发展中国特色社会主义”是科学发展观的理论主题；第六，科学发展观的第一要义是发展；第七，以人为本是科学发展观的核心；第八，全面协调可持续是科学发展观的基本要求；第九，统筹兼顾是科学发展观的根本方法；第十，科学发展观的落实途径是始终坚持“一个中心、两个基本点”的基本路线，积极构建社会主义和谐社会，继续深化改革开放，切实加强和改进党的建设。[②]

改革开放以来，我国经济增长速度虽然十分突出，但长期以粗放式发展为主，其特点是过分依靠增加生产要素量的投入来扩大生产规模实现经济增长。粗放式增长模式虽然刺激了经济，实现了经济高速增长，但是能源消耗较高，生产成本较高，产品质量难以提高，经济效益较低，甚至污染了自然环境。过去为了刺激经济增长，地方政府也出现唯 GDP 论政绩等错误的考核方式。其实我们不是为了发展而发展，不是为了 GDP 而发展，不是为了官员的所

---

① 炜熠：《科学发展观的基本内涵》，《政工研究动态》2007 年第 15 期。

② 韩振峰：《把握科学发展观的十个基本点》，《中国教育报》2008 年 11 月 11 日第 8 版。

谓“政绩”而发展，而是为了富裕人民、造福人民而发展。为此，习近平于2013年6月29日提出“再也不能简单以国内生产总值增长率来论英雄”[①]。确实，单一的GDP作为统计指标来衡量一切经济工作本身就存在内在缺陷，有很大的片面性。GDP它不能衡量社会成本、增长的代价和增长的方式，也不能衡量效益、质量和实际国民财富，不能衡量资源配置的效率，GDP它也不能衡量分配，GDP它更不能衡量诸如社会公正、快乐和幸福等价值判断。以单一GDP衡量政绩会出现生态破坏、资源浪费、结构失衡等一系列问题。

建立美丽左右江革命老区，各地方政府政绩不能以GDP作为唯一的、核心的指标来考量，要以科学发展观为指导，在发展经济的同时，更要考虑到生态的可持续、资源的可持续以及老百姓的获得感、幸福感。

五　“两山论”

“两山论”是指习近平提出的“绿水青山就是金山银山”，“我们既要绿水青山，也要金山银山；宁要绿水青山，不要金山银山，而且绿水青山就是金山银山”[②]。这里的“绿水青山”是指维系生态安全与物种平衡、保障生态调节功能、提供良好人居环境，包括水、大气、森林、土地等生态要素所形成的各种类型的生态系统[③]；这里的“金山银山”有两层含义，一是指生产力，二是指经济与物质财富。

“两山论”对美丽中国建设有着深刻的理论内涵与实践指导意

① 任仲文编：《深入学习习近平总书记重要讲话精神：人民日报重要文章选》，人民日报出版社2014年版，第26页。

② 任仲文编：《深入学习习近平总书记重要讲话精神：人民日报重要文章选》，人民日报出版社2014年版，第26页。

③ 曾贤刚、秦颖：《“两山论”的发展模式及实践路径》，《教学与研究》2018年第10期。

义，学者们纷纷对其内涵和两者之间的关系从不同视角展开深入研究。王永昌认为，“两山论”可从“绿水青山”的八大价值去理解，这八大价值是生命价值、经济价值、民生价值、政治价值、社会价值、文化价值、民族价值、人类价值。[①] 崔树芝从自然观的角度去研究“两山论”，认为习近平“两山论”的自然观全面阐释了生态文明时代人与自然的关系，既肯定了人文世界的独立价值——既要绿水青山，也要金山银山，又肯定了自然的优先性和本源性——宁要绿水青山，不要金山银山，并指出了人类文明的终极归属——绿水青山就是金山银山。[②] 林坚、李军洋从哲学的角度来思考“两山”之间的辩证关系，提出“六对关系”和“五种思维”。这六对关系是“绿水青山”包含“金山银山”，“绿水青山”可以转化为“金山银山”，“绿水青山”保障支撑着“金山银山”，“绿水青山”超越“金山银山”，人与自然是生命共同体，人类必须保护“绿水青山”；五种思维体现为辩证思维、系统思维、底线思维、战略思维、绿色思维[③]。“两山论”深刻揭示了发展与保护的本质关系，是绿色发展理念最接地气的表达。关于“两山”之间的实践路径问题，基于目前我国生态资源经济化与经济发展生态化并行的综合发展模式，曾贤刚、秦颖认为实践中的首要任务是完善市场化的生态补偿机制并建立多元生态环境共治体系，以实现两种模式齐头并进发展。[④]

“两山论”思想深邃而又形象生动地阐述了“绿水青山”与“金山银山”之间的辩证关系，其以马克思主义自然观为理论基础，同毛泽东思想、中国特色社会主义理论体系中的生态自然观既一脉

---

① 王永昌：《绿水青山何以就是金山银山——深入学习习近平同志大力推进生态文明建设的重要论述》，《光明日报》2016 年 11 月 12 日第 8 版。

② 崔树芝：《习近平“两山论”的自然观》，《中国环境报》2019 年 9 月 3 日第 3 版。

③ 林坚、李军洋：《“两山”理论的哲学思考和实践探索》，《前线》2019 年第 9 期。

④ 曾贤刚、秦颖：《“两山论”的发展模式及实践路径》，《教学与研究》2018 年第 10 期。

相承，又与时俱进[①]，是马克思主义认识论和方法论的有机统一，揭示了人类发展理念与价值取向关系变化的轨迹，是习近平中国特色社会主义思想的重要组成部分，体现了关于经济发展与环境保护双赢的理念，是我国生态文明建设的重要创新成果。

习近平高度重视生态文明建设，针对生态文明建设与可持续发展等问题，阐发了一系列思想深邃、生动形象的重要观点。其中“绿水青山就是金山银山”就是最有代表性的论述。2005 年 8 月，习近平同志（时任浙江省委书记）在浙江湖州安吉县余村调研时首次提出“绿水青山就是金山银山”的生态文明思想。2006 年 3 月，习近平在《浙江日报》“之江新语”专栏发表《从“两座山”看生态环境》一文，进一步阐述“两山”之间的关系：“在实践中对这‘两座山’之间关系的认识经过了三个阶段：第一个阶段是用绿水青山去换金山银山；第二个阶段是既要金山银山，但也要保住绿水青山；第三个阶段是认识到绿水青山可以源源不断地带来金山银山，绿水青山本身就是金山银山”[②]。2013 年 9 月 7 日，习近平在哈萨克斯坦纳扎尔巴耶夫大学演讲时提出，“我们既要绿水青山，也要金山银山。宁要绿水青山，不要金山银山，而且绿水青山就是金山银山”。2019 年 4 月，习近平同志在中国北京世界园艺博览会开幕式上的讲话中进一步强调“绿水青山就是金山银山，改善生态环境就是发展生产力”。“两山论”已经成为全党、全国、全社会走向社会主义生态文明新时代的共同意志和行动指南[③]。

习近平同志的“两山论”，进一步凸显了美丽中国建设的必要性，既立足当前，又着眼长远；既注重单独谋划，又注重相互转

---

① 赵红艳、何林：《“两山论”对马克思主义自然观的理论创新及实践意义》，《黑龙江社会科学》2018 年第 6 期。

② 习近平：《之江新语》，浙江人民出版社 2015 年版，第 186—187 页。

③ 张云飞：《科学把握“两山论”的丰富内涵和多重要求》，http://theory.gmw.cn/2019-06/26/content_32950646.htm。

化；既注重有机统一、相辅相成，又注重重点突出，分清主次。“两山论”强调在发展中保护，在保护中发展，为在美丽中国建设中遇到各种不协调问题提供了正确的解决思路，指引着美丽中国的建设方向。

左右江革命老区是典型的西部欠发达地区，同时也是资源富集区和生态脆弱区，面临发展经济与保护生态严重的矛盾冲突。“两山论”阐明了“青山绿水”和“金山银山”的辩证统一关系，为新时代美丽老区建设实现经济发展（金山银山）与环境保护（绿水青山）的双赢目标提供了理论指导。

第二节　美丽中国与生态文明、美丽乡村、美丽城市的关系

一　美丽中国与生态文明的关系

所谓美丽中国，就是把生态文明放在突出地位，并将其融入经济建设、政治建设、文化建设、社会建设的全过程，在注重自然环境优美的基础上，注重人与自然和谐发展之美、人与社会和谐统一之美，注重人类社会永续发展，是人类向往的“美好生活”，是国家美丽战略与个人美丽感受的和谐统一，是文化之美、富裕之美、责任之美、制度之美和安全之美的总和。美丽中国建设体现出人们对美好生活有着更高层次的追求与向往，这里的“美丽”，代表着人与自然和谐相处以及人与人之间的关系能够和谐完美的状态。美丽中国建设引起了党和国家的高度重视。党的十八大提出建设“美丽中国”之后，党的十八届五中全会把“美丽中国”纳入“十三五”规划。党的十九大报告提出加快生态文明体制改革，建设美丽中国，把美丽中国建设提到一个新的国家战略高度。

生态文明建设引起党和政府的高度重视，党的十七大报告第一

次明确提出生态文明。在党的十八大报告中，“生态文明建设”第一次与经济建设、政治建设、文化建设、社会建设四个方面并列起来，构成中国特色社会主义事业“五位一体”总体布局。生态文明建设战略地位的不断提升，标志着我们党对中国特色社会主义事业发展规律认识的进一步深化。[①]

具体说来，美丽中国与生态文明建设有如下关系。

第一，生态文明建设是建设美丽中国的重要手段和迫切要求。

从重要性上来说，建设美丽中国强调生态文明的突出地位。首先，从层次上来说，生态文明是工业文明之后的一种更高层次的文明形态，是建立在对传统文明深刻反思和对人与自然、人与社会重新审视的基础之上。其次，从内容上来说，生态文明是原始文明、农业文明、工业文明成果的扬弃与升华，是物质文明、精神文明、政治文明建设成果的继承与发展。生态文明建设不仅涉及生态环境本身，还涉及经济发展、科学技术、制度建设、文化建设、思想意识等多个方面，是一项长期而又复杂的系统工程，需要全体中华儿女共同奋斗和积极参与。因此，生态文明在所有文明形式里面层次最高、内容最广泛，生态文明建设无疑是建设美丽中国的重要手段和迫切要求。

生态文明与美丽中国建设之间的关系体现了一定的因果性。具体表现为资源危机、生态灾难、环境危机问题的解决和可持续发展方式的确立是当前生态文明建设所具有的本质特征，也是美丽中国建设的重要手段和迫切要求。没有生态文明建设，就不能有效解决人类所面临的资源危机、生态灾难、环境危机，人与自然和谐发展之美、人与社会和谐统一之美，注重人类社会永续发展就无法实现，实现美丽中国便无从谈起。加强生态文明建设是实现“美丽中

---

① 赵建军：《如何实现美丽中国梦，生态文明开启新时代》，知识产权出版社2013年版，第3页。

国”的先决条件和必由之路，规范生态文明行为和完善生态文明制度是实现“美丽中国”的重要保障。

第二，美丽中国是生态文明建设的目标指向。

从生态文明目标层次看，最终目标都为了建设美丽中国。生态文明建设一方面是低层次的目标，即为了解决当前生态建设中突出的发展不可持续的问题，为美丽中国建设打下坚实的基础，这是底线；另一方面是高层次的目标，即为了实现美丽中国与生态相关的所有目标。这里的低层次目标是高层次目标的基础。

从群众的现实需求来看，美丽中国建设成了老百姓的现实需要。改革开放以来，随着收入水平和生活水平的不断提高，人民群众越来越关注生活环境的舒适程度、身体的健康状况、生活的质量和子孙后代的发展。人民群众已经从“求温饱”转向“盼环保”、从“谋生计”变为“要生态”。从追求“金山银山”转向追求“绿水青山”。因此，只有重视生态文明建设，发展循环经济，实现可持续发展，才能进一步提高人民群众的幸福感。美丽中国的提出和建设过程无疑就是提高生活质量、加快生产发展、促进生态改善、增强幸福指数的实现过程。只有坚持环境保护基本国策，大力推动循环经济发展，积极倡导生态文明，构建资源节约型和环境友好型社会，才能早日建设好“美丽中国”，让民众真正过上幸福生活。[①]

从整个生态文明体系来看，美丽中国包括的内容与生态文明体系一一对应。生态文明体系包括生态文化体系建设、生态经济体系建设、目标责任体系建设、生态文明制度体系建设和生态安全体系建设五大方面，其目标分别体现为生态文明建设的文化之美、富裕之美、责任之美、制度之美和安全之美。而美丽中国是在注重自然环境优美的基础上，注重人与自然和谐发展之美、人与社会和谐统

---

① 杨文革：《浅谈以生态文明托起美丽中国》，《经济研究导刊》2013 年第 24 期。

一之美，注重人类社会永续发展，是文化之美、富裕之美、责任之美、制度之美和安全之美的总和。党的十八大将生态文明建设纳入中国特色社会主义事业“五位一体”总体布局，“美丽中国”成为中华民族追求的新目标。

从以上三方面的分析可以看出，美丽中国是生态文明建设的目标指向。

第三，美丽中国建设的推进促进生态文明建设。

党的十九大报告提出建设“美丽中国”的四项任务：一是推进绿色发展，二是着力解决突出环境问题，三是加大生态系统保护力度，四是改革生态环境监管体制。每一项都和生态文明建设息息相关。

生态文明与美丽中国都以良好生态和优美宜居的环境为基础，生态文明与“美丽中国”建设，都要求我们赖以生存的地球拥有更纯净的空气和更清洁的水源、更加宜居的城市和乡村。建设美丽中国与建设生态文明在方向上一致、进程上同步。美丽中国建设的推进有利于促进生态文明建设①。

由此可见，生态文明建设是美丽中国建设的重要内容，也是美丽中国建设的重要基础，美丽中国建好了，生态环境自然也变好了。所以说，美丽中国建设的推进有利于促进生态文明建设。

二　美丽中国与美丽乡村的关系

（一）美丽中国建设，美丽乡村是重点

按照地理学的分类，通常将有固定人口聚居的各类空间场所分为两种基本形式：乡村和城市。其中，乡村是人们以农业生产为主的聚落形式，它由农舍、牲畜棚圈、水井、田园绿地和狭窄道路等

---

① 苑秀芹：《生态文明与美丽中国梦》，《人民论坛》2014年第11期。

要素构成，人口相对稀少是基本特点，田园风光为其一大特色。从空间上来说，美丽中国建设的主战场是广大农村地区[①]，其理由如下。

第一，美丽中国建设，美丽乡村是底色。

首先，从土地面积、人口比例来说，全国目前可利用土地总量的75.31%[②]和居住人口的50.32%[③]都在农村地区，农村与城市相比，土地面积、人口比例都占优势。

其次，从自然条件与现实生态危机来说，农村普遍有肥沃的田地、星河密布的河流和湖泊、绵延的山岭、广袤的草地等风景，再加上清新的空气和相对原生态和慢节奏的生活等，具有美丽中国建设的自然条件，但是农村同时也是农药、化肥、牲畜粪便和垃圾污染的"重灾区"。农村生态环境的好坏，特别是城市周边的农村地区、郊区生态环境的好坏，影响到城市的生态。

最后，从乡村的重要地位来说，乡村是人类生态环境的"腹地"和"心肺"，乡村的山、水、林、田、湖、草构成了人类原生态环境之"根"，是各类动物的主要栖息地，具有本原性和基础性的作用。民以食为天，农业是人类衣食之源、生存之本，是一切生产的首要条件。农产品安全（特别是粮食安全）和农业的可持续发展关系到国家的前途和命运，从这点来说，美丽乡村建设是重中之重。

第二，农村基础设施落后、农民环保意识薄弱、农村经济落后等因素，使得美丽乡村建设难度大，需要国家大力扶持。

美丽乡村建设难度大的突出表现是农村垃圾清理、分类处理不

---

① 熊吉陵：《建设"美丽中国"的主战场在乡村》，《陕西行政学院学报》2016年第3期。

② 田光进、刘纪远等：《基于遥感与GIS的中国农村居民点规模分布特征》，《遥感学报》2002年第7期。

③ 人民网：《2014年中国国土资源公报》，http://politics.people.com.cn/n/2015/0422/c1001-26887069.html。

到位；农村厕所、畜禽场（圈、栏）卫生条件差、杂物成堆等；乡村水井、水塘、小河流、排水沟等污染严重；厕所、畜禽场（圈、栏）污水直排河道污染较多；部分农民环保意识不强，喜欢乱扔垃圾，对环境污染重视不够；农村经济相对落后，缺乏相应的资金来处理环境卫生、村容村貌等相关事情，基础设施相对较差。因此，美丽乡村建设离不开国家的大力扶持。

（二）美丽中国建设，美丽乡村是难点

从环境美化的角度看，城市已经对地表进行了“现代化”的加工，具有城市景观特色，而且按照城市规划已经进行了一定程度的美化，城市也已经拥有了一定面积的绿地、公园、胡泊等，但是我国广大农村地区大部分还是以一种原生态的自然景观为主。长期居住农村地区的农民，由于受思想观念、经济条件、行为习惯等因素的影响，加上政府部门在农村环境方面的管理相对松散，广大农村地区的环境治理很多以村民自我管理为主，整体上处于放任自流的状况，脏乱差景象随处可见。

从经济条件来看，现在农村人口的整体经济条件和生活水平远远比不上城市人口（按常住地分，2017 年中国人均可支配收入城镇居民为 36396 元，农村居民为 13432 元，城乡居民人均收入倍差达 2. 71），而且大部分青壮年都是背井离乡外出打工，农村人口“空心化”问题普遍严重。从人类生存的依存度来说，虽然农村人口和城市人口彼此相互依存，但耕地是土地资源的精华和人类生存的衣食源泉，是农业生产的基础和不可替代的生产资料，耕地对于拥有 14 亿多人口的中国来说，更具特别重要的战略意义，事关国家粮食安全和长治久安。如果农村出现大面积的污染，就会污染到粮食和周边整个土壤和江河湖泊，最终会影响到城市的环境安全和粮食安全。因此，美丽中国建设要把美丽乡村建设放在优先位置，美丽中国建设，应从美丽乡村开始。

（三）美丽中国建设，美丽乡村是热点

美丽乡村建设的重要性引起了专家学者的广泛共识，一方面，我们从专家学者撰写的相关专著、论文就可见一斑。如按篇名从知网检索“美丽乡村”得到的相关论文数量看，2007 年前篇数是个位数，2012 年前篇数是 2 位数，到 2016 年篇数是 3 位数，2017—2018 年的篇数是 4 位数，而且每年都是递增的。另一方面，我们也可以从专家学者的表述、访谈、报告当中看出来专家学者对美丽乡村建设的重视。2013 年 3 月，我国“杂交水稻之父”、中国工程院院士袁隆平为农业部“美丽乡村”创建活动题词：“没有美丽的乡村，就没有美丽的中国”。2015 年 8 月 5 日，《光明日报》发表文章《没有乡村的美就没有真正的中国美》。[①] 2017 年 12 月 17 日，中国国际经济交流中心总经济师、国务院研究室综合司原司长陈文玲在上海举办的第五届“中国梦·村镇梦”县市长论坛上指出，“美丽乡村是美丽中国的基础。没有美丽乡村就谈不上美丽中国，只是城市美丽谈不上美丽中国”[②]。

党和政府十分重视美丽乡村建设。党的十六届五中全会提出要按照“生产发展、生活富裕、乡风文明、村容整洁、管理民主”的要求，扎实推进社会主义新农村建设。党的十八大报告更是明确提出：“要努力建设美丽中国，实现中华民族永续发展”，随后 2013 年中央一号文件提出“美丽乡村”的奋斗目标。国家农业部于 2013 年启动了“美丽乡村”创建活动，并于 2014 年 2 月正式对外发布美丽乡村建设十大模式（产业发展型、生态保护型、城郊集约型、社会综治型、文化传承型、渔业开发型、草原牧场型、环境整治型、休闲旅游型、高效农业型），为全国的美丽乡村建设提供了

---

① 叶乐峰：《没有乡村的美就没有真正的中国美——部分地区农村环境综合整治见闻》，《光明日报》2015 年 8 月 5 日第 5 版。

② 陈文玲：《美丽乡村与乡村振兴战略之间的关系》，http：//www.findbest.cn/Item/1368.aspx。

范本和借鉴。习近平总书记十分重视美丽乡村建设，他就社会主义新农村建设和美丽乡村建设提出了很多新理念、新论断、新举措。习近平总书记说，“中国要强，农业必须强；中国要美，农村必须美；中国要富，农民必须富”，“小康不小康，关键看老乡”，“实现城乡一体化，建设美丽乡村，是要给乡亲们造福，不要把钱花在不必要的事情上，不能大拆大建，特别是要保护好古村落”。[①] 习近平总书记还提出了“乡村振兴战略”，并提出了“产业兴旺、生态宜居、乡风文明、治理有效、生活富裕”的总体要求[②]。

三　美丽中国与美丽城市的关系

美丽城市概念的提出源于党的十八大提出的建设美丽中国的口号。建设部原副部长仇保兴曾说过，“在先进国家历史上，往往都出现过一段时期的城市美化运动，而这个城市美化运动一般都在国家的城镇化率达到50%左右的时候出现”[③]。2011 年，中国城镇化率刚刚突破50%，中央就提出美丽中国的概念，美丽城市的概念也就应运而生。这里所说的美丽城市是建立在生态文明基础上的美丽城市，是“生态+宜居”的结合，是“自然外在之美+个人内在感受之美”的结合，它包括设计之美、布局之美、环境之美、社会之美。[④]

建设美丽城市的一个主要原因是大城市在发展过程中难免出现交通拥挤、住房紧张、能源紧缺、供水不足、环境污染、秩序混乱，以及物质流、能量流的输入输出失去平衡，需求矛盾加剧等

---

① 《关于全面深化农村改革加快推进农业现代化的若干意见》，人民出版社 2014 年版，第 27 页。

② 《中共中央关于乡村振兴战略的意见》，人民出版社 2018 年版，第 4 页。

③ 中国文明网：《六大转型推进新型城镇化建设》，http：//yz. wenming. cn/wmft/201106/t20110629_62451. html。

④ 李晓鹏：《新型城镇化战略下的“美丽城市”建设路径》，http：//www. cusdn. org. cn/news_detail. php？ id =264173。

“城市病”问题，有学者提出要缓解大城市的“城市病”需要发展特色小城镇。宋国学在其专著《功能型小城镇建设——中国经济发展之后的城镇化道路》中，系统地论述了功能型小城镇的建设路径。他认为，功能型小城镇就是比过去更突出其政治功能、社会功能、文化功能的小城镇。功能型小城镇如同大中城市一样，具有政治功能、经济功能、社会功能、文化功能、生态功能。经济功能比大城市单一些，可集中体现在支柱产业和特殊经济上，但它的政治功能和社会功能、文化功能应该与大城市处于同等水平。他所论述的功能型小城镇实际上和我国“城乡统筹、城乡一体、产业互动、节约集约、生态宜居、和谐发展”为基本特征的城镇化是基本一致的，也和美丽城市建设的要求是基本一致的。王丁宏、石贵琴等把生态城市定义为“一种经济高效、环境宜人、社会和谐的人类居住区”，其全部理论基础可以归结为四个方面，分别是城市生态系统理论、可持续发展战略、区域整体化发展和城乡协调发展理论、经济社会文化环境综合发展理论。其实，功能型小城镇也好，生态城市也罢，都包含在美丽城市的相关内涵中。美丽城市建设坚持走以人为本、四化同步、优化布局、生态文明、传承文化的新型城镇化之路，是新型城镇化基础上的城市化。因此，在美丽城市建设的过程中，一方面，通过美丽城市建设进一步扩大城市建设规模，提升城市形象，扩大城市空间，完善城市设施，也吸引了一定数量人口进城，提高了城市化率，促进了美丽中国建设；另一方面，通过美丽城市建设带动美丽小城镇建设（特别是卫星城镇），通过促进美丽城市和美丽小城镇的良性互动、互促共融来吸引和分流不少大城市人口与产业，缓解大城市的人口、就业、住房、交通压力等问题，促进了美丽中国建设。

（一）城市是美丽中国建设的主要阵地

城市化从人口学、地理学、经济学、社会学等角度有不同的定义。人口学把城市化定义为农村人口转化为城市人口的过程；从地理学角度来看，城市化是农村地区或者自然区域转变为城市地区的过程；经济学从经济模式和生产方式的角度来定义城市化；生态学认为城市化过程就是生态系统的演变过程；社会学家从社会关系与组织变迁的角度定义城市化。[①] 其中，人口城市化是城市化的实质，经济城市化是城市化的主要动力，地理空间的城市化是城镇化的依托保障，社会文明的城市化是城市化的最终表现。

1. 美丽城市和美丽中国建设在其理念上具有一致性

建设美丽中国离不开生态文明建设。提高生态质量，加强环境保护是建设美丽中国的重要举措，也是美丽中国建设重要的外在表现。加强生态文明建设，节约资源，提高资源效率，是重要的手段，也是内在要求。城市与农村相比，有着巨大的聚集效应和规模效应，也意味着更高的效率和更低的交易成本。美丽城市建设也是以良好的生态环境为基本的特征，而城市资源利用的高效和成本的节约是其本身具有的重要特征，也是城市发展的根本理念，而且随着城市化水平的提高会不断加以强化。不管是美丽中国，还是美丽城市，都在于追求更美好的幸福生活。因此，美丽中国建设和美丽城市建设理念上具有一致性。

2. 从空间上来说，美丽城市建设是美丽中国建设的重要组成部分

城市是中国的城市，中国是包含城市的中国，美丽中国建设也包括了美丽城市建设。虽然我国城市面积比农村面积小得多（2017年，中国城市建成区面积为146102平方公里[②]，占中国大陆面积的1.5%），但是城市一般占据了优越的地理位置，具有很强的区位优

---

① 中国科学院城市环境研究所：《城市与城市化》，http：//www.iue.cas.cn/kpjy/kpwz/200905/t20090531_1875262.html。

② 冯丽妃：《城市与农村建成区总面积已占国土面积1/48》，http：//news.sciencenet.cn/htmlnews/2019/5/425875.shtm。

势和更强的影响力；从人口上来说，城市是人居中心，我国城镇化率已经接近60%（见表3—2），而且我国城镇化率还在不断加速，这意味着美丽城市建设将会惠及更多的人口，从这点来说，美丽城市建设地位更加凸显。

表3—2　　2001—2018年中国城镇化率

年份	城镇化率（%）	年份	城镇化率（%）
2001	37.66	2010	49.95
2002	39.09	2011	51.27
2003	40.53	2012	52.57
2004	41.76	2013	53.73
2005	42.99	2014	54.77
2006	43.90	2015	56.10
2007	44.94	2016	57.35
2008	45.68	2017	58.52
2009	46.59	2018	59.58

3. 美丽城市建设也是美丽中国建设的重点

第一，工业污染主要集中在城市。由于城市的产业集聚性，城市是工业化程度最高的区域，是城市化的主要推动力，但也是污染产生的主要根源。工业化对城市化的推动作用，主要体现在工业化导致产业结构高度化和多元化，刺激并产生了服务经济的需求，促进企业的聚集三个方面。但是工业生产往往带来工业废弃物的集中排放问题，如废气、废水、废渣等，引起生态破坏和环境污染。产业集聚程度越高，产生的废物也就越集中，生态破坏和环境污染的情况往往更突出。而且城市的污染通过空气、河流等也会影响到周围的农村地区。

第二，城市作为人居中心和产业中心，同时也是资源消耗中心和“三废”排放中心。人口密度的增加一方面提高了交易效率，降低了合作成本，增加了市场需求，但是也增加了废物排放量，产生了交通拥堵、住房紧张、就业困难等问题。快速城市化，特别是一些特大城市快速膨胀所带来的种种问题和弊端，也引起了人们的高度关注、担忧和焦虑。其中，住房、交通、就业、教育、医疗等领域的矛盾以及空气质量差、环境污染重、社会治安乱等所谓的“城市病”，使人们感到生活在大城市并不幸福。[①] 这种快速城市化带来的种种弊端，需要推进美丽城市建设来解决。

第三，我国城镇化上升空间仍然很大，城镇化不断扩大仍然是未来一个时期的发展趋势。中国城镇化率的不断提高是经济发展的必然趋势。城镇化水平显著提高是我国改革开放 40 多年来的伟大成就之一，特别是北京、上海、天津、广州等一大批现代化城市以及沿海一系列开放城市的崛起。据国家统计局统计数据：2011 年，我国人口城镇化率达 51.27%，首次突破 50%。2018 年人口城镇化率为 59.58%。这个数字虽然有显著提升，但离发达国家近 80% 的平均水平还有不少距离。目前，我国正在民族复兴道路上阔步前进，可以预见我国未来城镇化率还会不断提高。从城市化率不断提高的发展趋势来看，美丽城市建设是重点。

第四，从城市所起的作用看，美丽城市是美丽中国的建设重点。城市一般具有政治、经济、文化、社会等多方面的功能。首先，城市是人口、生产和经济活动的聚集地。城市经济具有集聚性、产业结构高级化、开放性特征，是区域经济的核心组成部分，是区域经济增长的主要推动力量，在区域发展中具有举足轻重的地位。其次，城市通过产业与技术的集聚与扩散、产业结构的相互关

---

① 陈进玉：《城镇化添彩美丽中国》，《人民日报》（海外版）2012 年 12 月 25 日第 1 版。

联、资本的流动等成为带动周边区域经济发展的重要推动力量。最后，除了经济，城市还是一定地域的政治、文化中心，是人类根据自身需要在改造自然环境的基础上建立起来的人工生态系统，对人类社会的发展与进步所起的作用也十分突出。推进美丽城市建设，对城市自身乃至城市周边都会产生相当大的影响。

（二）城市具有生态文明建设的相关优势

首先，城市拥有生态文明建设与环境治理的相关技术、人才、装备、管理等方面的优势。城市人口比重大，消耗的资源和能源也相对越多，环境压力越大，出现环境问题的危害和影响也更大。因此，在环境治理方面，城市有一套比较成熟的做法，城市在技术、人才、装备上也有绝对的优势。一般而言，城市越大，对污染处理能力的要求越高。其次，城市对环境污染和废物排放进行集中处理，节约了资源，提高了效率，降低了成本。最后，城市是人工产物，城市有具体的规划设计，包括功能分区、城市绿化、建筑风格设计、公园布局等。这些既考虑了城市本身的功能需求、城市人口生产生活便利的实际需要、城市长远的发展，也考虑了城市的整体美观，和美丽中国建设的要求是一致的。

因此，城市化水平的逐步提高，是人类文明发展的必然结果，是经济发展水平的主要标志，也是我国经济社会发展的必经之路，美丽中国建设离不开城市的发展，离不开城市化水平的提高，当然更离不开美丽城市建设。我们不能为了生态文明建设远离城市化，而是应该坚持走以人为本、四化同步、优化布局、生态文明、传承文化的新型城镇化之路，把美丽城市建设和美丽中国建设相结合。

（三）城市病的存在进一步凸显了美丽城市建设的重要性

城市的快速发展促进了经济社会的快速发展，但是也带来了严重的城市病问题。这里所指的城市病，主要指由于城市人口、工业、交通运输过度集中而造成的各种弊病。它给生活在城市里的人带来了烦恼和不便，也对城市的运行产生了一些影响。[①] 主要表现为：城市规划和建设盲目向城市周边扩张，周边广大农村被“消灭”，大量耕地被占据，人地矛盾尖锐；人口膨胀，交通、就业、就学、就医、居住、治安等问题突出；追求规模，忽视功能，土地利用效率低下；资源短缺，绿地、用水、用电紧张；道路交通、公共服务等基础设施建设相对不足和落后，交通拥挤、道路堵塞、行车混乱问题突出；环境污染严重，特别是空气污染、河流、固体废弃物污染等，酸雨、光化学烟雾时有发生；城市历史文化遗产得不到良好的保护；城市建设中的人文问题、犯罪率问题突出等。城市病几乎是所有国家城市化过程中曾经或正在面临的问题。城市病需要政府多管齐下去缓解或消除。美丽城市建设不是一种“头痛医头”的修修补补，而是以城市生态文明建设和环境治理为基础，系统地针对城市发展中存在的问题，从城市发展目的、发展方式、运行方式等进行全面调整，能够较好地解决当前普遍存在的城市病问题。

四 美丽左右江革命老区建设与美丽乡村建设

（一）美丽左右江革命老区建设中美丽乡村建设是重点

“革命老区是共和国的摇篮”，是中国革命的丰碑，也是各族人民心中的圣地，没有革命老区，就没有中国革命的胜利。当时的中国是一个半殖民地半封建的农业大国，农民占总人口的绝大多数，他们深受封建主义、帝国主义、官僚资本主义“三座大山”的政治压迫和经济剥削，具有反抗压迫和剥削，要求自由和平等的革命性。因此，我国革命走的是农村包围城市最后夺取政权的革命道

① 宋涛、郭迷：《城市可持续发展与中国绿色城镇化发展战略》，经济日报出版社 2015 年版，第 24—36 页。

路，中国革命进行的长期武装斗争主要就是在中国共产党领导下的农民游击战争。广大乡村地区是革命的主阵地，中国革命主要依赖农民武装，农民群众是革命的主力军。正因为有千千万万的农民群众为革命抛头颅、洒热血，做出了巨大牺牲，才有了革命的最终胜利。左右江革命老区是土地革命时期邓小平、张云逸、韦拔群等革命前辈领导建立的革命根据地，是我国西南边疆少数民族地区最大的红色根据地，主要是依赖广大农民群众的浴血奋战才建立起来的，正因为有了左右江老区农民的浴血奋战才有了今天的左右江革命老区。从这点来说，美丽左右江革命老区建设需要把美丽乡村建设作为建设重点。

（二）农村已经成为美丽左右江革命老区建设征途上的巨大难题

当前，左右江革命老区农村像全国其他地方的农村一样，人口大量以农民工的形式流向城市（特别是广东等沿海省份），广大的农村地区出现了严重的“空心化”。当外出务工为他们收入的主要来源时，农业也就成了其“第二职业”，留守下来的老人、妇女和儿童成了农村劳动的主力军。在中西部贫困地区，几乎到处都有“光棍村”的存在，左右江革命老区也是如此，不少外出务工的女性为了摆脱贫困，选择嫁到条件较好的外地，有些自然条件比较恶劣的农村性别比例失调严重，有人口减少加剧的可能。据中国青年网消息，左右江革命老区广西东兰县东兰镇弄华村一共700多人，30岁以上仍未结婚的男子达50人。按当地习俗，22岁不结婚就已让父母“头疼”。按22岁口径统计，“光棍”达87人，约占成年男子的1/3。[①]

由于缺乏环境保护意识或者缺乏相关垃圾处理回收措施，村里

---

① 中国青年网：《广西一村庄约三成成年男子为光棍》，http：//d.youth.cn/shrgch/201506/t20150625_6786739.htm。

垃圾随意丢弃的问题比较突出，不少垃圾已经污染了河流和地下水源。广大的左右江革命老区农村农民收入水平不高，加上文化水平低，生态保护意识相对较弱，为了增加自己家庭的收入，往往采取了一些破坏生态环境和浪费资源的手段，如滥砍滥伐、私挖矿产、滥施化肥农药、捕杀保护动物等；有些乡镇企业，由于企业主缺乏可持续发展的观念，环境保护意识不强，加上资金缺乏、技术落后、缺乏监管等因素，工业废水、废气、废渣超标排放，污染了农村的空气、土地和水，使农作物产量下降、农作物受到污染。为了发展经济，左右江革命老区速生桉种植面积广大。速生按一般都是成批量统一种植，由于成长过快，种植密集会抑制其他植物生长；也由于集中砍伐，砍伐后露出光秃秃的泥土，容易造成水土流失；由于速生林会大量消耗地力和水分，不利于水源地涵养水土；由于施肥等因素，容易污染土壤和附近的水源。

过去，炊烟袅袅、绿洲田野、鱼虾成群、牛羊遍野是对农村景色的真实描绘，如今，部分农村垃圾遍地、臭气熏天、土壤污染、水土流失，干旱与洪涝灾害更是频繁发生，农村恶化的生态环境甚至影响到了城市的自然环境。目前，农业已超过工业成为我国最大的面源污染产业，总体状况不容乐观①，广大农村的问题也成了美丽左右江革命老区建设征途上的巨大难题。

（三）农业生产方式的转型升级能够大大促进美丽左右江革命老区建设

目前，我国西部地区农业生产还比较原始，部分地区还在很大程度上依赖牛马等畜力进行耕种，生产效率极为低下，如果维持这种原始状态，西部大开发、振兴西部就难以实现，机械化是我国西部地区农业现代化发展的必然路径。据《气候变化 2007：联合国

---

① 汤嘉琛：《农业污染超工业，美丽中国怎么建》，《经济研究参考》2015 年第 36 期。

政府间气候变化专门委员会第四次评估报告》，农业源温室气体排放占全球人为排放的13.5%。可见农业碳排放对生态文明建设的作用不可低估。左右江革命老区山地多，土壤石头多，土地碎片化且不平整，如果采用机械化生产，必然带来很大的能源消耗与低效。加上很多地方都采用漫灌等方式进行农业灌溉，可以说是一种“高碳农业”。如果由传统农业过渡为新型的有机、生态、高效的现代农业——低碳农业，则这种先进的现代农业生产方式能够大大促进美丽左右江革命老区的建设。

五 美丽左右江革命老区建设与美丽城市建设

（一）美丽城镇建设是左右江革命老区美丽城市建设的重要支撑

城镇介于城市和乡村之间，是连接城市和乡村的重要纽带。发展小城镇是中国城市化道路的战略选择。美丽城市建设离不开一批具有地方特色、民族特色、环境优美、生态宜居的美丽城镇的打造。城镇作为左右江革命老区的重要组成部分，在美丽左右江革命老区建设中发挥越来越重要的作用，是美丽城市的重要支撑。第一，城镇一般占据左右江革命老区各区域的优势地段。左右江革命老区本身以山区地形为主，平地较少，而且不少地方石漠化严重，自然条件比较恶劣，由于山高路陡、交通不便，不少农村经济社会发展主要依赖周围小城镇，与大城市联系并不十分紧密。因此，与全国其他地区相比，左右江革命老区的城镇地位相对更为凸显，城乡差距更大。第二，各地小城镇往往是城市的后花园，是城市人口旅游休闲的重要去处，是养老休闲产业发展的重要区域。特别是左右江革命老区处于亚热带地区，高温天气比较多，群山环绕的小城镇往往是避暑的好地方。第三，左右江革命老区的民族文化、红色文化等往往集中体现在一些特色小城镇。第四，在城市化的进程中人口一般是按农村—城镇—城市模式迁移，美丽城镇建设一定程度上提高了城镇人口综合素质，特别是在注重生态保护环境的素质方面，也有利于城市人口的素质提升。此外，美丽城镇建设也为美丽城市建设积累了经验。因此，美丽小城镇是左右江革命老区美丽城市建设的重要支撑。

左右江革命老区各市（州）城市化水平整体上低于广西、云南、贵州整体水平，更低于全国整体水平（见表3—3）。随着《左右江革命老区振兴规划（2015—2025年）》的进一步落实，国家“一带一路”倡议、西部大开发战略的进一步推进，可以预见未来相当长的一段时间，左右江革命老区各市（州）将会处于城市加速发展期。具体表现为城市面积迅速扩大，城市人口迅速增加，城市现代化程度提升，城市面貌也将发生巨大的变化。根据《左右江革命老区振兴规划（2015—2025年）》，左右江革命老区各市（州）都有具体、明确的定位（见表3—4）。各市定位目标的实现离不开一系列区位好、基础优、潜力大的特色城镇的支撑，根据《左右江革命老区振兴规划（2015—2025年）》，具体分为交通枢纽型、商贸物流型、旅游文化型、产业集聚型、沿边开放型五种（见表3—5）。特色城镇的发展进一步优化了城市层级结构，促进了中心城市的发展。

表3—3　　2018年常住人口城镇化率

区域	百色	河池	崇左	黔西南	文山州	广西	云南	贵州	全国
城镇化率（%）	37.06	38.18	39.24	46	41.97	50.22	47.69	47.52	59.58

资料来源：各政府官方网站。

表 3—4　　左右江革命老区各市定位

区域	定位
百色	左右江革命老区核心，全国红色旅游重点城市、区域性重要交通枢纽、成熟型资源型城市转型升级示范区、现代农业改革试验先行区、西南地区物流集散地
河池	桂西北区域中心城市，生态环保型有色金属产业示范基地、茧丝绸产业基地、长寿养生旅游目的地、生态环保健康产业城
崇左	中国—中南半岛经济走廊重要节点，参与泛北部湾合作的区域中心城市，面向东盟开放合作的桥头堡、区域性国际商贸物流中心
兴义	桂黔滇区域合作中心城市，生态宜居城市、区域性交通枢纽、商贸物流中心、旅游度假目的地、新能源城市、现代服务业开放试验区
都匀	衔接左右江革命老区与黔中经济区的重要节点城市，贵州南部的区域中心城市，具有浓郁民族特色的休闲旅游城市、商贸物流中心
文山	面向越南开放的重要门户城市，区域性交通枢纽，新型冶金化工基地、生物医药产业基地、商贸物流中心

资料来源：《左右江革命老区振兴规划（2015—2025 年）》。

表 3—5　　左右江革命老区特色城镇

特色定位	小镇名单
交通枢纽型	田东祥周、靖西新靖、田林潞城、宜州德胜、江州太平、扶绥、新宁、兴义顶效、普安江西坡，独山麻尾、罗甸红水河、榕江古州、西畴兴街、富宁剥隘
商贸物流型	田阳田州、右江四塘、那坡城厢、都安高岭、金城江河池镇、龙州县龙州镇、宁明城中、安龙德卧、望谟蔗香、独山城关、惠水和平、黎平高屯、砚山江那、丘北锦屏
旅游文化型	凌云加尤、西林那劳、乐业花坪、平果坡造、巴马县巴马镇、东兰县东兰镇、大新雷平、天等县天等镇、兴义南盘江、贞丰者相、荔波驾欧、三都三合、黎平肇兴、榕江三宝、从江丙妹、丘北双龙营、广南坝美
产业集聚型	德保足荣、平果新安、田阳百育、隆林平班、金城江东江镇、五圩镇、扶绥渠黎、江州濑湍、兴义清水河、兴仁巴铃、长顺威远、惠水长田、文山马塘、砚山平远
沿边开放型	宁明爱店、凭祥友谊、龙州水口、大新硕龙、靖西龙邦、岳圩、那坡平孟、富宁田蓬、麻栗坡天保、马关都龙

资料来源：《左右江革命老区振兴规划（2015—2025 年）》）。

（二）城市发展瓶颈多，一定程度上影响了美丽左右江革命老区建设

首先，左右江革命老区城市经济社会发展水平总体滞后，贫困问题突出。虽然老区城市资源禀赋丰裕，但生产方式相对粗放，产业结构比较单一，产业体系不健全，能源资源就地转化率低，高附加值产品少[①]，高污染、高能耗、资源型行业占比较高，给美丽城市建设带来了挑战。比如百色是以铝产业为主的城市，铝的冶炼加工容易造成空气污染。如2014年，百色市单位GDP的二氧化硫和氮氧化物排放强度均在广西14个市中排第二位，二氧化硫、氮氧化物排放强度分别是广西平均水平的2.6倍和1.9倍；主要污染物排放量位于广西前列。[②] 广西河池被誉有色金属之乡，矿产资源开采与加工给这座城市带来大量财富的同时，也给河池市带来了严重的环境污染问题。因此，左右江革命老区即使没有城市建设也面临极大的环境挑战。

其次，左右江革命老区各市（州）各城市普遍存在基础设施较差、交通不畅、规划不合理、公共服务体系不完善等问题，既影响了市容市貌，又给老百姓生产生活带来了很多不便，影响了美丽左右江革命老区建设。左右江革命老区属于西部欠发达地区，美丽城市建设需要很多资金、项目的投入，而各城市地方政府因为财力有限，难以维持。很多城市园林、公园、绿地与市政设施建设都处于相对滞后水平（见表3—6），美丽城市建设的难度较大。

---

① 庾新顺：《左右江革命老区振兴发展的若干思考》，《传承》2016年第12期。

② 《华南环保督查中心约谈百色市政府》，《中国环境报》2015年9月2日第1版。

表3—6　　2017年左右江革命老区部分城市绿化与市政设施情况

城市	绿化覆盖面积（公顷）	排名	园林绿地面积（公顷）	排名	公园面积（公顷）	排名	城市道路面积（万平方米）	排名	排水管长度（公里）	排名
百色	2176.27	9	1983.41	9	161.00	12	533.53	12	402.52	11
河池	1449.15	13	1202.79	13	250.62	11	822.58	9	812.53	6
崇左	1319.93	14	1100.18	14	158.67	13	321.58	14	308.46	14

资料来源：根据2018年《广西统计年鉴》整理（排名为广西14个地级市排名）。

第三节　生态文明对美丽左右江革命老区建设的促进机理

从人对“美”的影响的角度来看，“美”的产生也可以归结到以下三个方面。一是自然因素产生的美。指完全未受人类的活动影响或者影响程度很小，且能够通过感官感觉到的客观世界。即人只是享受美，并没有创造美。主要包括山、水、光、气、动植物等自然景观的巧妙组合产生的美景，如碧波荡漾的河川、千奇百怪的地貌、波涛万顷的海洋、神秘幽深的洞穴、层峦叠翠的森林、四季如春的气候等。人们通过视觉、听觉、嗅觉、味觉、触觉等途径产生精神和物质上的感受，而且这些因素很大程度上是不由人自己决定的。左右江革命老区是喀斯特地貌集中区，山的奇、峻、险，洞的秀，水的清使其在这方面具有独特的优势。二是人为因素制造的美。即人是制造美的主体，但是侧重于美的外在因素。主要包括人为景观的建造，包括梯田、特色村寨、观光农业、雕像、特色建筑等；也包括科学技术进步带来资源节约和技术进步，包括更低能耗的生产线等；还包括由此而形成的文化与制度等。这种人为景观一般都是建立在人类主观能动性的基础上，包括科学的规划设计、更先进的科学技术和某种特色文化积淀等。左右江革命老区是民族地区和革命老区，在这些特色景点的打造方面具有深厚的文化基础。左右江革命老区的民族文化体现了敬畏大自然、崇拜大自然和“天人合一”的理念，也具有一定的优势。三是内心产生的美。即人是制造美的主体，但是侧重于内在感受，包括个人的主观美的感受。

这三个方面并不是孤立的关系，而是相互影响相互促进的。“自然因素产生的美”和“人为因素制造的美”都是直接作用于内心的，也是依赖于人的内心去评判的；内心产生的美，也一定程度上会影响到对“自然因素产生的美”的保护与呵护，以及“人为因素制造的美”的层次和形式；“自然因素产生的美”为“人为因素制造的美”产生了大量的美的素材，是“人为因素制造的美”重要的源泉；而“人为因素制造的美”在一定的条件下逐渐转化为“自然因素产生的美”。

一　美丽左右江革命老区建设的五大方面

2018 年 5 月 18—19 日，全国生态环境保护大会在北京召开，习近平在全国生态环境保护大会上首次提出“要加快构建生态文明体系”，并详细阐述了生态文化体系、生态经济体系、目标责任体系、生态文明制度体系、生态安全体系五大生态体系。提出“要加快构建生态文明体系，即以生态价值观念为准则的生态文化体系，以产业生态化和生态产业化为主体的生态经济体系，以改善生态环境质量为核心的目标责任体系，以治理体系和治理能力现代化为保障的生态文明制度体系，以生态系统良性循环和环境风险有效防控为重点的生态安全体系”。[①]

美丽左右江革命老区建设，良好生态和环境优美是根本，民族文化和红色文化是优势，生态安全是基石。只有不断加大生态文明

---

① 习近平：《坚决打好污染防治攻坚战，推动生态文明建设迈上新台阶》，《人民日报》2018 年 5 月 20 日第 1 版。

建设的力度，才能更好地促进美丽左右江革命老区建设的成效。生态文明建设与经济发展联系十分紧密，相互促进、相互影响。一方面，环境的改造与建设离不开一定的经济条件做基础；另一方面，生态文明建设要求现有的经济生产方式不断进行绿色转型与升级。这些都离不开更多的完善的制度约束和政府责任。

因此，生态文明视域下建设美丽左右江革命老区可以概括成五大方面：美丽左右江革命老区的文化体系建设、经济体系建设、目标责任体系建设、制度体系建设和生态安全体系建设，这五个方面也是本书论述“建设美丽左右江革命老区”的重点。其中生态文化体系建设的目标体现为美丽左右江革命老区的文化之美，生态经济体系建设的目标体现为美丽左右江革命老区富裕之美，目标责任体系建设的目标体现为美丽左右江革命老区责任之美，生态制度体系建设的目标体现为美丽左右江革命老区建设制度之美，生态安全体系建设体现为美丽左右江革命老区建设安全之美（见图3—1）。

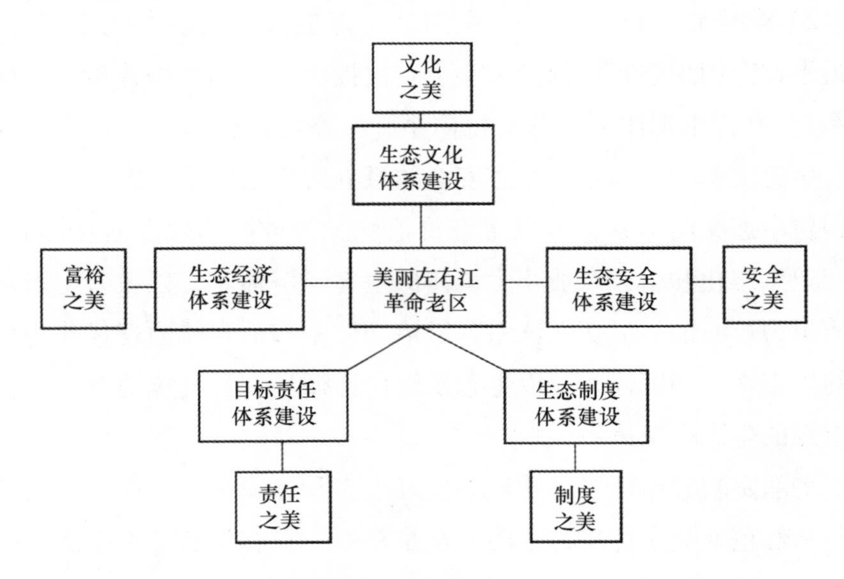

图3—1　生态文明视域下美丽左右江革命老区建设模型

资料来源：笔者自制。

二 生态文化建设促进美丽老区文化之美

首先，生态文化建设能够不断强化人们的生态价值观。良好的生态文化体系包括人与自然和谐发展，共存共荣的生态意识、价值取向和社会适应，生态文化体系建设是生态文明体系建设的灵魂，它为生态文明体系建设提供理念先导、思想保证、精神动力和智力支持。生态文化是推进生态文明建设的强大动力，是生态文明建设的一个重要组成部分。不断加强生态文化建设，会让人们进一步深入反思人与自然的相互关系，进一步强化人们爱护生态、保护自然的意识，进一步养成自身爱护生态的行为，从而促使人们进一步强化生态价值观。

其次，生态文化建设能促进民族文化的发展。左右江革命老区是少数民族聚居区，其民族文化具有很强的生态特征。通过左右江革命老区的生态文化建设，使生态文化与民族文化紧密结合，会进一步促进和强化民族文化中的生态环保理念，有助于民族文化的继承和发展。比如，壮族的“竜”文化，在生态文明建设中会不断强化对森林和树木的保护，进一步加大植树造林的力度，甚至考虑把民族习俗与村规民约相结合，使得生态文化和民族文化和谐统一起来，协同促进，共同发展。

最后，红色文化本身具有“低碳环保”特征。红色革命的目的是为了解放生产力，为中国谋幸福，为中华民族谋幸福，红色文化是中国共产党在领导中国革命的伟大斗争中凝聚而成的，在社会主义建设和改革开放新时期得到继承和发展的中国化马克思主义先进文化，是不怕流血、勇于牺牲、甘于奉献的集体主义文化，是为中国人民谋幸福、为中华民族谋复兴的爱国主义文化，是为人类求解放和自由的共产主义文化。[①] 生态文化以崇尚自然、保护环境、促进资源永续利用为基本特征。其目的是为了人类社会的可持续发展。总体上来说，我国红色文化和生态文化，都体现为社会进步、人民幸福这一个大主题，体现了目标的一致性。作为革命老区，红色文化传承是绿色经济发展的文化基因，绿色经济是红色文化传承的时代特色。[②] 在生态文化建设中，可以考虑与红色文化进行积极融合，相互促进，共同发展。

总之，美丽左右江革命老区建设离不开文化之美的打造。文化之美是美丽左右江革命老区的重要组成部分。而生态文化建设不仅能够很好地促进左右江革命老区的民族文化、红色文化发展，而且使其具有生态文化特征，凸显文化之美。

三　生态经济建设促进美丽老区富裕之美

生态经济体系是生态文明建设的物质基础，生态经济体系建设是构筑绿色化、生态化国民经济结构的保障。建设生态经济体系，必然要求推进产业生态化和生态产业化。左右江革命老区在经济发展中长期走粗放式发展道路，既浪费了资源，也对自然环境带来了一定程度的破坏，给生态文明建设带来了一定的难度。为了发展经济，左右江革命老区各地方政府立足于特色优势资源，走以资源引企业、兴产业、促就业的路子。在“以资源换产业”过程中，其结果往往是，当地矿产资源开采了，但产业链上的高技术、高附加值、绿色环保部分主要在外地，当地留下的主要是一些环境破坏严重、高污染、高能耗的产业，给生态文明建设带来巨大压力。由于一些城市发展主要依靠单一资源，其他产业支撑相对缺乏，如果转

---

① 中国文明网：《新时代要大力弘扬红色文化》，http：//www. wenming. cn/ll_pd/whjs/201905/t20190510_5108351. shtml。

② 韩旭：《让红色文化传承与绿色经济发展有效融合》，《人民论坛》2018 年第 29 期。

型升级跟不上，容易陷入“资源陷阱”，导致“矿竭城衰”。作为西部欠发达地区，发展是硬道理，不能以贫困和不发展来维持生态现状，也不能走以资源枯竭和破坏生态为代价的不可持续的发展之路，要通过经济的转型与升级来促进左右江革命老区的生态文明建设。

左右江革命老区发展生态经济可从以下两个方面入手。一方面推进传统工业的绿色转型。如河池积极推进锑银多金属回收综合循环经济，百色大力推进煤电铝一体化项目力促铝产业转型升级，崇左大力推进甘蔗循环经济项目等促使产业链向高技术、高附加值领域延伸等。另一方面大力发展节能环保、清洁生产、清洁能源绿色产业。可按照中国国家发展改革委、工业和信息化部、自然资源部、生态环境部、住房和城乡建设部、中国人民银行、国家能源局联合印发的《绿色产业指导目录（2019年版）》[①]结合左右江革命老区的实际发展相关产业。如清洁能源设施建设和运营（包括风力发电设施建设和运营、太阳能利用设施建设和运营、生物质能源利用设施建设和运营、大型水力发电设施建设和运营等）、生态农业（包括现代农业种业及动植物种质资源保护、绿色有机农业、农作物种植保护地、保护区建设和运营、森林资源培育产业、林下种植和林下养殖产业、森林游憩和康养产业等）、咨询服务等。

可以说，通过促进左右江革命老区产业转型升级和发展绿色产业，使左右江革命老区在人与自然和谐共处的基础上发展经济，成为美丽左右江革命老区经济发展的重要支撑，促进了美丽老区的富裕之美。

---

① 《关于印发〈绿色产业指导目录（2019年版）〉的通知》，http：//hzs. ndrc. gov. cn/newzwxx/201903/t20190305_930020. html。

四　目标责任体系建设促进美丽老区责任之美

生态文明建设离不开政府目标责任体系建设。生态文明建设的政府目标责任体系是指以生态文明建设为目标，对政府部门相关主体明确权责配置并实施问责的体制机制，是生态文明体制的组成部分。[①] 生态文明的目标责任体系建设是美丽老区建设的责任，也是动力，必须守住底线、划定红线、明确上限。

生态文明建设的目标责任体系促进美丽老区的责任之美主要体现在以下三个方面。第一，从发展理念上看，只有建立健全“以改善生态环境质量为核心的目标责任体系”，才能真正摆脱“唯GDP”发展理念，并通过合理配置权责和落实“问责”，促使各级政府把生态文明建设的各项工作落到实处，这样美丽老区建设才有实现的可能。第二，从党群、干群关系上看，正因为有了各级政府的目标与责任，人民群众才更进一步感受到党和政府的关怀和温暖，才能更进一步密切党群干群关系，这也是美丽左右江革命老区建设所必需的重要因素；正因为有了完善的政府目标责任体系，群众才可能更自觉地把美丽老区建设化为自觉行动。第三，从跨区域合作上看，左右江革命老区是一个跨省（区）的多行政区域组合而成的区域，其生态文明目标责任体系建设也需要三省（区）协同配合，共同参与。建设美丽左右江革命老区也到面临区域合作的问题。生态文明的目标责任体系的跨区域合作，为美丽老区建设的区域合作打下了坚实的基础。

因此，左右江革命老区生态文明的目标责任体系建设，促进了美丽老区的责任之美。

---

① 李江涛、王海燕等：《完善生态文明建设政府目标责任体系》，《学习时报》2018 年 12 月 5 日第 4 版。

五 生态制度建设促进美丽老区制度之美

生态文明建设是由理念、制度和行动构成的完整体系，它通过科学理念指引制度构建，通过制度规范和引导行动。其中，生态制度是指为了保护生态平衡所制定的要求大家共同遵守的办事规程和行动准则，包括为了保护生态环境而形成的法令、礼俗、规范等，其目的都是为了保护生态平衡，实现人与自然和谐相处。

习近平同志强调，“只有实行最严格的制度、最严密的法治，才能为生态文明建设提供可靠保障”①。因为建设美丽中国与建设生态文明在方向上一致、进程上同步，所以可以这样说，也只有实行最严格的生态制度，才能更好地为建设好美丽左右江革命老区提供制度上的保障。

此外，建设美丽中国，是在注重自然环境优美的基础上，注重人与自然和谐发展之美、人与社会和谐统一之美，体现出人们对美好生活有着更高层次的追求与向往。这也意味着建设美丽左右江革命老区需要要求更高的、更完备的，包括生态文明制度体系在内的制度体系来保障。

总之，生态文明制度体系建设有力地促进了美丽老区的制度建设，打造了美丽左右江革命老区的制度之美。

六 生态安全体系建设促进美丽老区安全之美

生态系统包括自然生态系统、人工生态系统和自然—人工复合生态系统。生态安全意味着避免生态系统对人类自身的威胁，让人类在生产、生活中更加安心、舒心；生态安全关系到整个生态系统的安全稳定，关系到人民身体健康，关系到国家可持续发展，关系

① 中共中央宣传部理论局编：《统一思想和推进工作的科学指南：学习习近平总书记一系列讲话文章选》，学习出版社 2013 年版，第 192 页。

到人类的毁灭与生存，是国家安全体系的重要基石。

左右江革命老区大部分地区山多路陡，自然灾害频繁，加上外来物种入侵、矿山开采破坏、企业污染物排放等因素，生态安全事件时有发生。生态建设的推进，生态安全是其中重要的内容之一，只有实现了生态安全，才能让人们对环境问题感到放心，美丽老区才有可能建成。左右江革命老区生态安全建设所面对的国土资源安全问题、水资源安全问题、环境安全问题和生物物种安全问题等同样也是美丽左右江革命老区建设所面临的主要安全问题。

总之，生态文明建设促进了美丽老区的生态安全，打造了美丽老区的生态安全之美。

第四章

美丽左右江革命老区与生态文化

2018年5月，习近平同志在全国生态环境保护大会上指出，生态文明建设“秉承了天人合一、顺应自然的中华优秀传统文化理念”，“我们应该遵循天人合一、道法自然的理念，寻求永续发展之路”。由此可知，生态传统文化对我国生态文明建设所产生的巨大影响。左右江革命老区是少数民族聚居区，其民族文化很多方面都与生态文化紧密相关，传承民族文化也是美丽左右江革命老区建设的重要内容。本章以壮族为例，在分析生态文化的内涵、分类与特征的基础上，系统分析万物崇拜、“竜”文化、“那”文化、干栏建筑文化、布洛陀文化与生态文化之间的紧密联系。

第一节 生态文化的内涵、分类与特征

一 生态文化的内涵

生态文化被称为生态文明体系的内核和生态文明建设的灵魂。良好的生态文化体系包括人与自然和谐发展，共存共荣的生态意识、价值取向和社会适应。[①] 生态文化有广义和狭义之分。广义的

① 学习中国：《习近平要求构建这样的生态文明体系》，http://www.chinanews.com/gn/2018/05-24/8521408.shtml。

生态文化被认为是一种生态价值观或者一种生态文明观，是一种自然生态和人文生态相统一的文化，是一种思想观念的总和，它反映了人与自然和谐的生存方式。余谋昌提出“生态文化广义理解是，人类新的生存方式，即人与自然和谐发展的生存方式；狭义的生态文化是指生态价值观指导下的社会意识形式，是一种文化现象”[①]。黄承梁认为，“生态文化，是用生态学处理人与自然的关系，旨在实现人与自然友好相处、和谐共生的文化”[②]。本书认为，生态文化是建立在生态学基础上的，立足于生态价值观念的传播与转化实践，最终目的是实现人与自然和谐发展的文化，是人统治自然的文化过渡到人与自然和谐的文化。

二 生态文化的分类

按照我国理论地理学家白光润的观点，生态文化包括自然环境影响下的物质文化、行为文化、精神文化等方面。其中自然环境影响下的物质文化主要是指农业生产方式、传统工艺、农作物、畜牧产品、初级制成品、建筑等；行为文化包括地域和生态影响下的特色的饮食文化、居住文化、服饰文化、礼仪方式、生活习俗等；精神文化包括与生态环境密切相关或者生态环境特色鲜明的文学艺术风格、宗教信仰等。天津社会科学院发展战略研究所的杨立新认为，生态文化的内容包括生态哲学文化、生态科技文化、生态伦理文化、生态教育文化、生态传媒文化、生态文艺文化、生态美学文化、生态宗教文化等要素，这些要素互相依存、互相促进，共同构成生态文化建设体系。[③] 实际上，生态文化的分类和文化本身的分类类似，可以从不同的空间进行分类，如中国生态文化、美国生态

① 余谋昌：《生态文明论》，中央编译出版社 2010 年版，第 10 页。

② 黄承梁主编：《生态文明简明知识读本》，中国环境科学出版社 2010 年版，第 289 页。

③ 杨立新：《论生态文化建设》，《湖北社会科学》2008 年第 1 期。

文化、日本生态文化、亚洲的生态文化等；可以从不同的时间进行分类，如原始生态文化、古代生态文化、近代生态文化、当代生态文化等；可以从不同的民族进行分类，如汉族生态文化、壮族生态文化、苗族生态文化等。

三　生态文化的特征

（一）生态文化是建立在生态学基础上的

生态学是研究生物体与其周围环境（包括生物环境和非生物环境）的相互关系的科学，它颠覆了传统的机械论自然观。因为机械论自然观认为人与自然是分离、对立的，自然界没有价值，只有人才有价值，这就为人类无限制地开发、掠夺和操纵自然提供了伦理基础。生态文化主要是用生态学的基本观点去观察现实事物，解释现实社会和处理现实问题，运用科学的态度去认识生态学的研究途径和基本观点，建立科学的生态思维理论。因此，生态文化是建立在生态学基础上的人与自然协调发展的文化。

（二）生态文化的首要任务是生态文化传播与转化实践

生态文化的目的就是通过多种传播手段和传播媒介，将生态意识与理念传给公众，让生态文化潜移默化地影响人们的行为，从而实现人与自然的和谐发展。通过生态文化建设，让人们逐步树立尊重自然、顺应自然、保护自然的生态价值观，只有大力倡导生态伦理和生态道德，提倡先进的生态价值观和生态审美观，注重对广大人民群众的舆论引导，在全社会大力倡导绿色消费模式，才能更好地引导人们树立绿色、环保、节约的文明消费模式和生活方式。只有当低碳环保的理念深入人心，绿色生活方式成为习惯，生态文化才能真正发挥出它的作用，生态文明建设就有了内核。[①] 所以，生

---

① 学习中国：《习近平要求构建这样的生态文明体系》，http：//www.chinanews.com/gn/2018/05－24/8521408.shtml。

态文化要求让生态理念深入人心，并且在实践中转化为人们的自觉行动，这是生态文化的首要任务。

（三）生态文化的最终目的是实现人与自然和谐发展

过去，人类的每一次进步似乎都是以消耗资源和破坏环境为基础的，同时人类遭遇了一次又一次惊心动魄的生态灾难，灾难过后逐步认识到人类的发展应该考虑自然承受力，应该考虑某些资源的有限性，应该考虑人与社会、人与环境、当代人与后代人的协调发展。于是人类开始反思自己的行为，重新审视人类对待自然的方式，重新认识人类与自然的关系。这种理念的产生以及传播就是一种生态文化，它是以生态学为基础，以生态价值观为导向的新的社会文化，其最终目的是实现人与自然和谐发展。

（四）从宏观视角来说，生态文化是一种全球性文化；从微观视角来说，生态文化因为不同的民族文化而体现出不同的特质

从宏观视角来说，生态文化是处理人与自然关系必须遵循的生态手段，在社会伦理道德价值上表现为中立特征，能为不同层次的价值主体共同接受，是人类共同的文化财富和智慧结晶，为人类提供保护和改善生态环境的共同的道德标准和价值准则。随着经济全球化与一体化进程的加快，各国在生态方面的沟通与合作也变得日益频繁。各国需要借鉴彼此在生态文化建设上取得的经验，相互学习，相互促进，共同发展。

从微观视角来说，由于不同的民族有不同的信仰，人们对人与自然界关系的理解有着不一样的视角，人与自然的互动关系也有不一样的形式，体现为具有民族特色的生态文化。

本书将着重从民族特色方面去阐述左右江革命老区的生态文化。

第二节　左右江革命老区的民族文化与生态文化

左右江革命老区是少数民族聚居区，2013 年年末总人口为 2261 万人，其中少数民族人口为 1650.5 万人，占区域总人口的 73%。[①] 因此，左右江革命老区的生态文化主要表现为具有少数民族特色的生态文化。在民族构成中，主要有壮、瑶、苗等少数民族和汉族，以壮族为主。

由于左右江革命老区民族构成以壮族为主，下面主要分析壮族的生态文化。

一　万物崇拜与生态文化

壮族没有统一的宗教，他们信仰万物有灵、灵魂不灭和供奉多神，崇拜自然、崇拜祖先、崇拜鬼魂等，并且产生了对灵魂和各种神灵崇拜的文化。在壮族人民心中，所有的动物、植物和无生命的自然物都具有生命和灵魂，而且这些灵魂能够给人们的生产和生活带来庇佑，特别是那些与自己生产和生活密切相关的自然物，如树木、河流、火、牛、鸟等。因此，壮族人民常常定期或不定期地对它们举行祭祀与膜拜，一般自然崇拜也就包括对山、水、木、石、风、雨、雷、电、日、月、星辰、五谷六畜、飞禽走兽，乃至虫、蛇、鼠、蚁等的崇拜，如左江流域的牛魂节、隆林各族自治县的彝族火把节、红水河流域的蚂拐节等。

一切神话都是由太阳神话派生出来的，人类塑造出的最早的神是太阳神。太阳光芒万丈，自身不断轮回，产生白天和黑夜，教人日出而作、日落而归，太阳也给世界万物的生长提供了能量。壮族

---

① 《让左右江革命老区尽快振兴发展》，《人民政协报》2014 年 9 月 5 日第 4 版。

先民自古就有崇拜太阳的传统。如壮族人把太阳纹饰做到铜鼓上；流传在壮族民间的创世史诗《布洛朵》、流传于云南文山州的神话故事《从宗爷爷造人烟》以及举行婚礼时演唱的《盘古歌》等都有关于神仙射太阳的叙述，这些都是壮族崇拜太阳的表现，壮族地区现今还流行着祭祀太阳的仪式。①

壮族的水崇拜大多是崇拜其生存所依赖的特定的河流和溪水，因为雨水的充沛与否直接影响农业生产。壮族人民通过拜水神来祈求风调雨顺，尤其是遇到旱灾。壮族认为龙住在水中，能生水和降雨。

壮族还崇拜土地和火。崇拜土地主要是祭祀田地；崇拜火主要是拜火塘，火塘中的火种要长期保留，不能亵渎火神，等等。

树木也是壮族崇拜的对象之一。壮族崇拜神树和神山。凡被奉为神树和神山的，禁止开荒、伐木、造坟等。上山砍树、开垦土地或狩猎，要先拜山神，祈求保佑。崇拜的树木主要是榕树、枫树和木棉树，因为榕树象征兴旺发达、子孙繁盛；枫树与壮族“吃乌饭”以及以乌饭为祭品的历史相关；木棉树开花鲜艳、结果众多，寓意子孙多。

动物崇拜方面，壮族视牛为有灵魂的动物。此外还有鸟崇拜，如《巫经》称乌鸦为“乌鸦小姑”，不准捕捉喜鹊、猫头鹰、燕子等。②

许多神话传说借助其教化功能传递着生态保护观念，表达了壮族先民尊敬自然、保护自然的伦理意识。如壮族神话《祖宗神树》讲述了这么一个故事：随着壮族先民的增多，大家分散到各地居住，但是担心分散之后子孙互不认识，于是到山中种了三种树，第

---

① 王永莉：《试论西南民族地区的生态文化与生态环境保护》，《西南民族大学学报》（人文社科版）2006 年第 2 期。

② 王永莉：《试论西南民族地区的生态文化与生态环境保护》，《西南民族大学学报》（人文社科版）2006 年第 2 期。

一个种了木棉，第二个种了大榕树，第三个种了枫树，以后凡是走过种了这三种树的村寨都是我们兄弟的子孙。[①] 这个故事也间接地表达了生态保护的伦理观念。壮族对自然的崇拜和相关神话故事所表现出来的对自然的敬畏与热爱，从信仰的层面协调了人与自然的关系，体现了“天人合一”的生态理念，保护了大自然，保护了生态。

生态文化要以人们树立尊重自然、顺应自然、保护自然的生态价值观为目的。壮族人民通过“万物崇拜”这种方式，倡导生态伦理和生态道德，倡导先进的生态价值观和生态审美观；通过加强对人民群众的舆论引导，倡导绿色消费模式，引导人们树立绿色、环保、节约的文明消费模式和生活方式。

二　“竜”与生态文化

“竜”在汉语里念 lóng，在壮语里念 Zhuan（音）。“竜”在壮语里是森林或树林的意思。在壮族的生态文化中，最显著的是“竜”文化。如果林中的大树被壮族村民看成村寨的保护树（俗称“竜树”），那么“竜树”周围的森林被视为“竜林”，“竜林”覆盖的山坡被叫作“竜山”。壮族人认为，“竜”能驱除疾病、瘟疫，预防自然灾害，有“竜”环抱的村寨，人能健康长寿，百姓衣食无忧。因此，壮族人自古十分重视生态，特别是喜欢植树造林，不论他们在哪里安家扎寨，首要的事情就是在那里植树造林。

“竜山”脚下流出的山泉是壮族从事水稻等农作物生产的首要条件——水源。壮族人按照“竜林”的物候变化进行播种、薅锄、收割、储藏等农事活动并制作自己的农历。[②]

---

① 唐凯兴等：《壮族伦理思想研究》，人民出版社 2016 年版，第 68 页。

② 刘亚萍、金建湘等：《壮族森林生态文化在发展当地旅游业中的传承与创新》，《林业经济》2010 年第 3 期。

壮族人民十分重视对“竜”的供奉，祭“竜”成了村寨发展的精神支柱和本民族群体团结的纽带。每到祭“竜”时，村寨各大家族共同出资购买供奉用品，族长负责祭“竜”仪式。在“竜”的管理上也十分严格，壮族禁止砍伐村寨的神树，若发现外族人来偷伐，采取罚钱、拖牛、拉马、抬猪、重新祭“竜”等方式进行惩罚。

在每个壮族村寨后山上茂密的森林里，都有高大的“竜树”，其中又分为太阳神树、始祖神树和寨神树。壮族称太阳神树为“塔稳”，称始祖神树为“布洛陀”，称寨神树为“梅奢”或“咪梅”。壮族村寨每年都要祭祀他们所敬畏的各种“神树”来祈求风调雨顺、四季平安、人畜兴旺，并给村民带来吉祥和生财好运等。[①]

正是因为壮族人民有崇拜森林、敬重“竜”的优良传统，所以壮族村寨附近古木参天，苍藤掩映，保护了自然生态，美化了生活环境，体现了古代“天人合一”的生态理念。

三 “那文化”与生态文化

“那文化”这一概念是由壮族著名学者王明富提出的。“那”在壮侗语族称“稻田”为“那”，故壮族稻作文化也称为“那文化”，“那文化”集中体现在稻作生产、农耕节日、崇拜、居住形式、饮食习惯、语言词汇等方面。田地是稻作民族心目中最宝贵的财富，也是人们崇拜的对象，人们生产和生活一切以田地为转移，依田定居，以田论人，用田取名，为田设神。

在珠江水系流域，分布着许多冠“那”的地名，其中以左右江、红水河、邕江流域最为密集。从广东省东部贯穿云南省西部，直至缅甸、老挝、泰国和印度，隆安县是这一区域“那”地名最为

① 刘亚萍、金建湘等：《壮族森林生态文化在发展当地旅游业中的传承与创新》，《林业经济》2010年第3期。

密集的地区（隆安县1232个自然屯中，就有133个以“那”命名）。2015年10月，隆安“那文化”入选中国重要农业文化遗产。[①] 隆安也被学术界誉为“那文化”之都。云南省文山壮族苗族自治州，至今保留着518个村落以“那”命名。

壮族人民早期以“那”的形状、性质命名自己的田地。如滥泥田称为那翁（“翁”为壮语音译，下同）；泉边的田称为那波；中间的田称为那江；土岭的田称为那雷；河边的田称为那达；水车灌溉的田称为那六；我们的田称为那楼；村寨田称为那班、那曼、那板；养马的田称为那马；工匠的田称为那昌；养鸭的田称为那毕；养水牛的田称为那怀[②]；干旱田称为那量，深水田称为那旦；长形田称为那力，圆形田称为“那满”；红土田称为“那滇”，沙土田称为“那赛”。动植物也以“那”命名。如水田里蚂蟥多叫“那兵”，田边长满芦苇叫“那窝”。壮族社会出现土司后，有的村又以“那”的归属命名村落。如土司分封给他的军队将士的田叫“那练”；分给他的工匠的田叫“那掌”；分给养马人的田叫“那马”；分给他的女儿的田叫“那少”或“那谢”。壮家人称土司、官人、皇族的田为“那宙”“那塞”“那洪”[③]。

中国是世界上最早发明水稻人工栽培的国家；最早发明水稻人工栽培的是江南越人的先民，江南越人是当今江南汉族和华南西南壮侗语诸族（壮族、侗族、布依族、傣族、黎族、仡佬族、水族、仫佬族、毛南族）的祖先，壮侗语诸族的先民对中国最早发明水稻人工栽培做出了重大贡献。[④] 他们以寻找水源开辟水田作为定居的

---

① 龚文颖：《隆安“那文化”入选中国重要农业文化遗产》，http：//gx. wenming. cn/whcl/201510/t20151027_2933519. htm。

② 刘昆：《“那”些地名，“那”些文化》，《光明日报》2015年4月16日第11版。

③ 王明富、赵时俊：《“那文化”：稻作民族历史文化的印记》，《文山师范高等专科学校学报》2009年第2期。

④ 梁庭望：《水稻人工栽培的发明与稻作文化》，《广西民族研究》2004年第4期。

根本条件，形成以壮族为主体的“那”文化[1]。壮族成为稻作农耕民族，水源、水坝、池塘、沟渠等成了壮族先民赖以生存的基础。为了保证水源，在壮族聚居区，一般都在周边种有涵水林以保持水的清洁与永续。为了保证食物的多样性及驯养畜力，壮族先民以水稻种植为中心，围绕水稻安排多种农作物以及禽畜生产，如栏养禽畜、役畜驯养、以田塘为依托的淡水鱼养殖以及田埂地头佐餐果蔬种植等。

壮族几乎所有的节日都与水稻结缘。稻米在壮族节日里的一个重要的作用是敬神（其他粮食是绝对不能敬神的）。稻米中，又以糯米最为高贵，所以重大节日，多用五色饭、粽子、糯米饭、糍粑敬神。此外，以大米制品馈赠亲友，如粽子、糍粑、米饼、月饼、糯米饭等。这些都是壮族“那文化”下产生的特有的文化现象。[2]

从上面的介绍我们可以看出，壮族民众的“那文化”构成了鲜明的生态文化形态，理由如下。

第一，“那文化”凸显了人与自然和谐共处的生态和谐，体现了“天人合一”的生态观。在“那文化”中，壮族及其先民在水稻种植和稻米食用的过程中，形成了据“那”而作、凭“那”而居、赖“那”而食、靠“那”而穿、依“那”而乐，以“那”为本的生产生活模式。讲究有山、有水、有田、有树，壮族村落与山、林、泉、田、河、湖结合得非常自然，形成了人与自然和谐的生态环境，而且懂得对水源林等生态资源给予特别的尊重与保护，使之成为在特定历史条件下的生态文化形态。

第二，水与稻的结合形成了较稳定的、有机统一的、内循环的

---

① 翟鹏玉：《“那”生态文化资本的历史运演及其对中国—东盟文化交流的作用》，《贵州民族研究》2005 年第 6 期。

② 梁庭望：《水稻人工栽培的发明与稻作文化》，《广西民族研究》2004 年第 4 期。

稻作文化。[1] 通过水稻生产与禽畜饲养以及鱼虾果蔬种植相结合，一定程度上构成了一种农业生态循环，可以看成一种比较低层次的循环经济。

第三，生态文化的首要任务是生态文化传播与转化实践，生态文化的目的就是通过多种传播手段和传播媒介，把生态意识与理念传给公众，让生态文化潜移默化地影响人们的行为，从而实现人与自然的和谐发展。壮族“那文化”中的自然崇拜体现了对自然的敬畏与热爱，形成了“公认的”规则与习俗，并形成了人们内心的自律（或自觉行动）。虽然有些受当时的认识水平所限，但是其中也包含了一些合理的成分。这种自律（或自觉行动）恰好也是当前生态文明建设中所需要的。

四　干栏式建筑与生态文化

干栏式建筑主要流行于中国西南地区，包括广西中西部、贵州西南部、云南东南部等；越南北部也有部分干栏式建筑。干栏式建筑是壮族传统建筑之一。由于受到地理环境和生产方式的影响，壮族先民的聚落往往选择在依山、傍水、近田的地方定居并建立村寨。而且，干栏式建筑根据不同的地理环境进行设计，形态多样，干栏则沿着田峒周围的山岭，依山势而建。

干栏式建筑的框架由竹木构成，下部有木柱构成底架，高出地面，底架采取打桩的方法建成。桩木打成后，架横梁、铺木板，然后立柱构梁架和屋顶，形成一种架空的建筑房屋。房屋完成后，分上下两层，楼下圈养牲畜和贮存物件；楼上住人，用木板或者竹片分隔成小间，是一家人饮食起居的地方；两层之间架有楼梯。后来又在两层的基础上增加半层阁楼，用来放置粮食或杂物等。总体而

---

① 陈桂秋：《城镇化过程中的广西壮族生态文化地方感研究》，《广西社会科学》2014 年第 2 期。

言，干栏式建筑除了能够遮风避雨外，还具有良好的通风透气性能。有考古专家认为，干栏式建筑源于先民（大约新石器时代早期）观察到鸟类在大树上筑巢栖身而获得灵感，于是选择粗大的树杈搭建窝棚栖身，即所谓的“巢居”。这种住宅起到了避雨遮阳、防潮避瘴气、防止野兽伤害等作用。

干栏式建筑形成了以干栏为载体，以构建技术、居室布局、居住习俗、信仰观念为内涵的干栏文化。自然环境和气候类型决定了居住建筑形式，“人们在居住生活的自然环境和气候条件下，自然会形成与之相适应的建筑形式及其文化类型，并且与其生产方式有着密切的联系，这是人类认识自然、顺应自然的结果”[①]。左右江革命老区属于亚热带季风气候，气候炎热、雨量充沛、土地潮湿，野兽虫蛇较多。干栏式建筑为适应南方山区潮湿多雨、地势不平的环境而营造，具有防潮、防兽虫蛇、防盗、防震和利于通风采光的特点，也具有利于围养牲畜、聚会或祭祀等多功能用途。干栏式房屋通常建筑在较高的坡地上，这样就不占用或少占用耕地，节省了耕地面积，这体现了壮族人对自然生态的认识[②]，体现了一定的可持续发展的理念，从某种意义上来说，也体现了壮族先民“天人合一”的理念。

生态文化的最终目的是实现人与自然和谐发展，壮族人民无数次与自然界的各种危险进行斗争，总结了经验，也汲取了教训，最后才设计出能够实现当时人与社会、人与环境协调发展的干栏式建筑，并形成一种独特的干栏文化。这种理念的产生以及传播就是一种生态文化，它是以生态学为基础，以生态价值观为导向的社会文化。

---

① 覃彩銮：《骆越干栏文化研究——骆越文化研究系列之二》，《广西师范学院学报》（哲学社会科学版）2017 年第 38 卷第 3 期。

② 叶宏、林凤婷：《文山“那文化”与壮族生态文明》，《红河学院学报》2014 年第 3 期。

五　布洛陀文化与生态文化

布洛陀是壮语的译音，指“山里的头人”“山里的老人”“无事不知晓的老人”等意思，也可以引申为“始祖公”。布洛陀是壮族先民口头文学中的神话人物，是公认的创世神、始祖神和道德神，其功绩主要是造天地、造人、造万物、造土皇帝、造文字历书和造伦理道德等。布洛陀文化包含了前面已经论述过的“万物崇拜”“那文化”等具有鲜明生态特征的民族文化，也体现在记载关于布洛陀神话传说的《布洛陀经诗》等壮族民间古籍中。

2006年5月20日，布洛陀口头文学经国务院批准列入第一批国家级非物质文化遗产名录。《布洛陀经诗》是壮族巫教的经文，是一部古老的壮族口传心授的长篇神话叙事诗歌，里面包含了布洛陀造天地万物、规范人间伦理道德、消灾祛邪、启迪人们祈祷还愿、追求幸福生活的故事，是布洛陀文化的核心内容。在《布洛陀经诗》中有专门关于稻作文化的内容，有关种植、饲养、射箭以及风俗习惯等壮族先民生活描述。如在《造谷》一篇中，记述了壮族先民犁田、耙田、耘田等情景。《布洛陀经诗》中的《造牛》《造猪》《造鸡》等篇章实际上反映了牲畜家禽逐渐被驯服、饲养及繁殖的过程①，这些都体现了布洛陀文化记载人类利用自然、改造自然与自然和谐共处的智慧，具有一定的生态文化意义。

麽教经典《麽经布洛陀》是一部古老而又宏伟的壮族史诗。《麽经布洛陀》至少在以下三个方面凸显了壮族先民的生态伦理意识：首先是万物皆有灵。《麽经布洛陀》认为万物同源、众生平等，自然界中的动植物甚至山川河流等都被认为是有生命的，而且都被人格化，它们和人一样有灵魂，有自己的喜怒哀乐，只是外形有不

---

①　谢多勇：《〈布洛陀经诗〉中的稻作文化》，《宁夏师范学院学报》（社会科学）2017年第4期。

同的表征而已。其次是“物我合一”“万物崇拜”的自然观。《布洛陀经诗》中几乎无处不表现出对日月星辰、风雨雷电、动物植物、山川溪河、火、石等大自然万物的崇拜。[①] 最后是敬畏生命。《布洛陀经诗》中的诸多咏唱，体现了对人类和非人类生命的敬畏和尊重，这种敬畏之情，一方面表现了对自然界的生物、非生物对人类的恩泽的感激，也描述了自然的惩罚给人类带来的恐怖情景。[②]

因此，可以说，布洛陀文化在一定程度上体现了古人“天人合一”的理念，体现了众生平等（含动植物甚至非生物）的生态观，体现了对自然界所有生命的敬畏如“万物崇拜”的理念，可以说，布洛陀文化和生态文化具有较大的一致性，具有很强的当代价值。

第三节 左右江革命老区的红色文化与生态文化

左右江革命老区地理位置特殊，自然环境优美，还具有丰富的红色文化资源。在美丽左右江革命老区建设的过程中，不仅应重视自然环境的保护与建设，还应深入挖掘特有的红色文化资源，通过红色文化来促进生态文化建设。

红色文化是中国共产党在领导中国革命的伟大斗争中凝聚而成的，在社会主义建设和改革开放新时期得到继承和发展的中国化马克思主义先进文化，是不怕流血、勇于牺牲、甘于奉献的集体主义文化，是为中国人民谋幸福、为中华民族谋复兴的爱国主义文化，是为人类求解放和自由的共产主义文化。[③] 红色文化包括红色物质文化和红色非物质文化。其中，红色物质文化表现为遗物、遗址等

---

① 梁庭望：《壮族原生型民间宗教结构及其特点》，《广西民族研究》2009 年第 1 期。

② 凌春辉：《论〈麽经布洛陀〉的壮族生态伦理意蕴》，《广西民族大学学报》（哲学社会科学版）2010 年第 3 期。

③ 中国文明网：《新时代要大力弘扬红色文化》，http：//www. wenming. cn/ll_pd/whjs/201905/t20190510_5108351. shtml。

革命历史遗存与纪念场所；红色非物质文化表现为红色革命精神。红色文化对生态文化建设而言也是一种重要资源。红色文化对生态文化的促进作用主要表现在以下四个方面。

第一，红色物质文化可以吸引后人瞻仰，开发红色旅游资源。红色旅游对于加强革命传统教育，增强爱国情感，弘扬和培育民族精神，带动革命老区经济社会协调发展，意义重大，而红色旅游往往离不开绿色生态的开发与建设。不少革命老区都是采取“红色资源吸引人，绿色资源留住人”的模式进行开发。此外，通过开发红色旅游能够促进地方经济发展，从而为绿色产业开发提供更多的资金支持。

第二，红色文化带来的红色旅游是一种把红色人文景观和绿色自然景观相结合，把革命传统教育与革命遗迹参观考察相结合，把革命理想信念教育和生态环保理念相结合的新型主题旅游，具有低能耗、低污染、低排碳的低碳产业的特征。

第三，红色非物质文化所表现出来的革命传统精神是一种百折不挠、坚韧不拔、严于律己、勇往直前的精神，是中国共产党领导人民在革命战争年代和社会主义建设时期形成的宝贵精神财富。而要加强生态文明建设，维持良好自然生态，离不开人的整体素质的提高，同样需要在环境保护面前坚忍不拔、顽强奋斗（如在湖泊污染治理、石漠化治理等方面）；需要养成良好的卫生习惯、遵守相应的环境保护相关规章制度；需要提高共同参与环境保护的意识等。这些都与红色革命精神相统一。

第四，红色文化和生态文化的最终目标也是一致的。红色文化是在革命战争年代，由中国共产党人、先进分子和人民群众通过红色革命共同创造并极具中国特色的先进文化，蕴含着丰富的革命精神和厚重的历史文化内涵，红色革命的目的是为了解放生产力，为中国谋幸福，为中华民族谋幸福。生态文化是以崇尚自然、保护环境、促进资源永续利用为基本特征。生态文化保护、传承与发展，其目的也是为人民创造良好生产生活环境，使经济建设与资源、环境相协调，走生产发展、生活富裕、生态良好的文明发展道路，保证一代接一代永续发展。二者体现了目标的一致性。

第五章

美丽左右江革命老区与生态经济

2014年3月，习近平同志在谈及贵州工作时指出，“要正确处理好生态环境保护和发展的关系”“让绿水青山充分发挥经济社会效益”[①]。习近平同志提出的“两山论”中的一个重要思想就是生态环境（“绿水青山”）与经济发展（“金山银山”）相结合，发展生态经济。美丽左右江革命老区建设离不开生态经济建设。左右江革命老区作为贫困地区，需要加快经济发展来改变贫穷落后的面貌，用超常规的生态经济发展模式来摆脱“生态脆弱—生活贫困”的恶性循环。本章运用循环、低碳、绿色经济理论，从生态农业和生态工业两个方面系统分析生态经济的发展路径。

第一节　生态经济的内涵与主要特征

一　生态经济的内涵

生态文明强调人的经济行为与经济发展不能以浪费资源、牺牲环境为代价来达到经济目的，而是应该以节约资源、保护自然环境为前提，做到人与自然相协调，做到可持续发展。因此，生

---

① 中国新闻网：《习近平：让绿水青山充分发挥经济社会效益》，http：//www. chinanews. com/gn/2014/03 －07/5926223. shtml。

态经济就是把资源节约、生态环境保护和经济发展有机结合起来，在生态系统的承载能力范围内，运用生态经济学原理和系统工程等方法，改变传统的“高耗、低效”的生产和消费方式，充分挖掘一切可利用资源和采取一切可利用的科学技术来发展生态高效的产业，促进人与自然的和谐发展。生态经济的出发点是生态系统的承载能力，方法是经济学方法和系统工程方法，途径是改变生产和消费方式，目的是实现人类发展与生态文明的和谐共存。美国著名生态经济学家莱斯特·R. 布朗认为“生态经济是有利于地球的经济构想，是一种能够维系环境永续不衰的经济，是能够满足我们的需求又不会危及子孙后代满足其自身需求的前景的经济”①。

基于我国目前资源和经济发展的现实，我国把资源和经济二者统筹起来，走生态资源经济化与经济发展生态化并行的综合发展之路。在2018年全国生态环境保护大会上，习近平总书记发表了重要讲话，他强调，“要自觉把经济社会发展同生态文明建设统筹起来，充分发挥党的领导和我国社会主义制度能够集中力量办大事的政治优势，充分利用改革开放40年来积累的坚实物质基础，加大力度推进生态文明建设、解决生态环境问题，坚决打好污染防治攻坚战，推动我国生态文明建设迈上新台阶”②。

二　生态经济的主要特征

（一）经济效率性

发展生态经济的主要目的是在经济发展进程中，不以消耗资源、破坏环境为代价，注重资源利用方式的“低耗”与“高效”，以技术进步为支撑，通过优化资源配置，最大限度地降低单位产出

---

① 王能应主编：《低碳理论》，人民出版社2016年版，第49页。

② 《改革开放与中国城市发展》（下卷），人民出版社2018年版，第1092页。

的资源消耗量，最大限度地降低“三废”排放，不断提高资源的产出效率、废物利用能力和社会经济的支撑能力，确保经济持续增长的资源基础和环境条件。

（二）可持续发展性

经济发展往往依赖于资源开发与利用，生态经济要求人们在经济发展中要注重后代的需求与发展，体现可持续发展性。对生态系统而言，主要体现为生态系统的稳定性。要想生态系统更好地满足自身的需要，就不得不对生态系统进行改造，需要人们不断地投入生产劳动（包括科学技术等）来维持其稳定性。在这种改造与维持活动中，更多地体现为当代人为了后代人的发展所付出的劳动或努力，给后代人留下更多的生存与发展空间，这是生态经济的可持续发展属性。

（三）区域共享性

生态经济要求在区域资源开发利用和区域经济发展中，不能损害其他区域满足其需求的能力。因此，生态经济要求在资源开发与利用上要牢固树立“一盘棋”的理念，考虑区域之间的利益共享，并有义务共同维护资源环境的安全。

第二节　左右江革命老区生态经济分析

生态经济既包含生态方面的内容，也包含经济方面的内容。经济方面的内容也是包罗万象，按产业划分，可划分为三大类：第一产业（农业）、第二产业（工业）和第三产业（服务业）。这三大产业与生态结合，分别为生态农业、生态工业和生态服务业。为了简化研究，本书主要分析左右江革命老区的生态农业和生态工业问题。

一 生态农业

（一）生态农业的含义

“生态农业”于1970年由美国土壤学家W. Albreche首次提出，此后许多农学家和生态学家基于不同的角度对生态农业有不同的理解。例如，1981年，英国农学家沃什顿（M. Worthington）出版了《生态农业及其有关技术》一书，该书认为生态农业是生态上能自我维持，耗能低，经济上有生命力，在环境、伦理以及审美等方面可接受的小型农业系统，其中心思想是把农业建立在生态学的基础上。我国著名农业经济学家石山认为“生态农业就是遵循生态学原理，按照生态规律进行生产的良性循环农业；就是全面规划、总体协调的整体农业，就是建立一个高功能人工生态系统的高效益农业，就是高度知识密集的科学农业；就是无废物、无污染生产的清洁农业、生态农业”①。金冬霞、宋秀杰提出，“生态农业是用生态经济学原理，以系统工程的方法来指导、组织和经营管理农业的生产和建设，把传统农业的精华和现代科学技术结合起来的一种新型农业”②。本书认为，所谓生态农业是按照生态学的基本原理和生态经济基本规律，充分结合现代科学技术成果、现代管理手段、传统农业有效经验，实现经济、生态、社会三大效益协调统一的、可持续的、高效的农业。

我国的生态农业强调可持续发展，是一种可持续的农业。

（二）左右江革命老区生态农业建设的有利因素

《左右江革命老区振兴规划（2015—2025年）》对生态文明建设提出了具体要求，提出要“着力加强生态文明建设，创新生态建

---

① 石山：《生态农业与农业生态工程》，《农业现代化研究》1986年第1期。

② 金冬霞、宋秀杰：《生态农业建设综述》，《农业生态环境》1990年第4期。

设、资源节约和环境保护体制机制，打造天蓝山青水净的美丽老区”①。左右江革命老区生态农业建设具有以下三个方面的有利因素。

1. 左右江革命老区生态农业具有一定的区位优势

（1）自然地理区位优势

左右江革命老区位于广西西南部、贵州南部、云南东南部，地处三省（区）交界区域。该区域左江、右江、红水河三江汇聚，森林覆盖率达58.7%，是国家生物多样性的重要宝库和珠江流域的重要生态屏障。从地理区位来说，左右江革命老区是山川秀丽、物产丰饶、自然资源禀赋独具之地。

就农业生产条件而言，左右江革命老区整体上来说还是十分优越的。该区域位于北回归线以南，属南亚热带季风气候，年平均气温为21.6℃—22.1℃，年降雨量为1300—1600毫米，年太阳辐射总量为4200—4400瓦/平方米。由于日照时间长、生长季节长、降雨较多，适宜农作物种植，特别是对甘蔗、玉米、荔枝、香蕉等作物生长非常有利。另外，左右江革命老区地形复杂，喀斯特地貌显著，山地较多，地理条件差异较大，农业产品呈现多样化特征，各地都有自己的特色农作物。

（2）经济区位优势

左右江革命老区除了自然地理区位优势，还有经济区位优势。该区域处于中国—东盟自由贸易区的中心位置，与北部湾经济区相邻和部分重叠，是我国大西南出海和边境贸易的主要通道，是广西、贵州、云南的中心地带。其核心城市百色市被交通运输部确定为国家公路运输枢纽。百色市已基本形成高速公路、铁路、

---

① 广西壮族自治区人民政府网：《广西壮族自治区人民政府办公厅关于印发广西贯彻落实左右江革命老区振兴规划实施方案的通知（桂政办发〔2015〕90号）》，http://www.gxzf.gov.cn/zwgk/zfgb/2015nzfgb/d23q/zzqrmzfbgtwj/20160105-482659.shtml。

航空、航运、口岸“五位一体”的立体交通格局，是中国与东盟双向开放的前沿。随着中国—东盟自由贸易区升级版的进一步推进、“一带一路”倡议的逐步实施、西部大开发战略的进一步推进，左右江革命老区的生态农业发展面临新的发展机遇和挑战。

2. 广西、贵州、云南都制定了生态农业发展相关规划

广西十分重视农村生态经济工作，已经制定并发布的规划或政策文件较多，如《广西生态经济发展规划（2015—2020年）》《广西农业和农村经济发展第十三个五年规划》《广西现代农业（种植业）发展“十三五”规划》等，这些规划都与生态农业发展息息相关。2016年12月，广西壮族自治区政府下发了《广西西江水系“一干七支”沿岸生态农业产业带建设规划（2016—2030年）》，其规划的范围包含西江干流、左江、右江、红水河、柳黔江、绣江、桂江、贺江在内的八大流域，共涉及南宁、柳州、桂林、玉林、梧州、贵港、百色、崇左、河池、贺州、来宾11个地级市，规划面积为21万平方公里，左右江革命老区（广西境内）包括其中。该规划在布局中提到左江流域要利用左江沿岸良好的农业生产和沿边优势，以中国“糖都”为契机，立足高效，综合发展，打造集约型农牧蔗生态农业特色产业带；右江流域要以右江河谷自然生态为基、敢壮传统文化为源、现代农业高科技为器、亚热带特色农业为本、“南菜北运”生产基地为契机，打造立足全国、特色发展的右江高优型农牧果蔬生态农业特色产业带；构建优粮、优菜、优果、优蔗、优畜为主导的现代农业产业布局。2017年11月，左右江革命老区核心城市——百色市出台《百色市现代生态农业（种植业）发展“十三五”规划》，该规划包括发展基础、总体要求、发展布局、构建现代生态农业产业体系、建设现代生态农业示范区、建立健全现代生态农业生产

体系、完善现代组织经营体系、产业扶贫攻坚与新农村建设、重点工程项目、保障措施十个方面。

为了促进生态农业的发展，贵州省出台了一系列与生态农业相关的政策文件与方案。2016 年 9 月，贵州省委第十一届七次全会审议通过《中共贵州省委贵州省人民政府关于推动绿色发展建设生态文明的意见》。2017 年 5 月，贵州省出台《关于打好农业面源污染防治攻坚战的实施方案》，该方案紧紧围绕推动绿色发展、建设生态文明总体要求，着眼于转方式、调结构、促发展，以促进农业资源持续利用和生态环境持续改善为目标，以"一控两减三基本"为重点，以生态环境保护、农业减量投入、资源循环利用和农业生态修复为手段，强化科技支撑、加大创新发展，着力推进农业面源污染综合防治，切实改善农村生态环境，不断提升农业可持续发展能力。提出"到 2020 年，全省农业面源污染得到有效治理。水肥一体化面积 30 万亩，推广粮油绿色增产增效技术 400 万亩；测土配方施肥技术覆盖率达 90% 以上，农作物病虫害绿色防控技术覆盖率达 30% 以上，肥料、农药利用率均达到 40% 以上，全省主要农作物化肥、农药使用量实现零增长；秸秆综合利用率达到 75% 以上；规模化畜禽养殖场（区）配套建设废弃物处理设施比例达到 80% 以上，粪便资源化利用率达到 75% 以上；逐步提升农膜当季回收率；无公害绿色有机农产品产地认证面积比重达 85%；加强农村生活污水和垃圾收集处理，农村人居环境得到实质性的改善"①。

2018 年 4 月，《中共贵州省委贵州省人民政府关于乡村振兴战略的实施意见》出台，该意见提出深入推进农业绿色化、优质化、特色化、品牌化，促进产业生态化、生态产业化，优化农业生产力

① 贵州省政府官网：《省人民政府办公厅关于印发贵州省打好农业面源污染防治攻坚战实施方案的通知》，http：//www. guizhou. gov. cn/jdhywdfl/qfbf/201709/t20170929_1069517. html。

布局，提升农业质量效益。2018 年 10 月，《贵州省“十三五”农产品加工及休闲农业发展规划》发布，其中涉及的在 1000 万元以上（含 1000 万元）的总投资项目达 331 个，计划投资 1000 万元以上（含 1000 万元）的项目总金额为 272 亿元。这些项目与农业生态密切相关。

2017 年 6 月起，云南省制定了一系列产业发展规划。例如《云南省高原特色现代农业“十三五”产业发展规划》提出把云南打造成为全国绿色农产品生产基地和特色产业创新发展辐射中心；制定食用菌、水果、蔬菜、药材、生猪、牛羊、花卉、咖啡等一系列“云南省高原特色现代农业的‘十三五’规划”。2018 年 12 月起，云南省制定肉牛、中药材、咖啡、坚果、水果、蔬菜、花卉、茶叶“三年行动计划（2018—2020）”，这些计划特别强调绿色、有机产业发展理念。2019 年 2 月，中共云南省委、云南省人民政府印发了《云南省乡村振兴战略规划（2018—2022 年）》，提出重点围绕高原特色农业现代化建设、打造世界一流“绿色食品牌”目标，重点建设“六区”“五带”“十三类产品”①。对农业园区（产业园、科技园、创业园）、节水技术与机制、化肥农药使用与技术改进、有机绿色农产品生产、创建全国有机农业示范基地、农业废弃物处理以及污染治理等方面都做了详细的规定和要求。该规划还提出开展畜牧业绿色发展示范县建设、抓好农业环境保护监测体系建设等，这些内容与农业生态密切相关。

3. 左右江革命老区建设生态县、生态乡（镇）、生态村力度加大

广西、贵州、云南都非常重视各级生态县、生态乡（镇）、生

① “六区”是指滇中、滇东北、滇东南、滇西、滇西北、滇西南；“五带”是指金沙江、红河、澜沧江、怒江、珠江流域高原特色农业产业示范带；“十三类产品”是指茶叶、水果、蔬菜、花卉、坚果、咖啡、中药材、肉牛、烟叶、糖料蔗、橡胶、油菜、猪禽鱼。

态村的创建工作。左右江革命老区的生态县、生态乡（镇）、生态村建设工作取得了很大的成绩，特别是近两年成效尤其突出。左右江革命老区的扶绥县、凭祥市、凌云县、大新县、宁明县、龙州县、马山于2017年、2018年先后获得自治区级生态县。

根据《广西壮族自治区生态环境厅关于命名2018年自治区级生态县及生态乡镇的通告》，百色有6个乡镇、河池有11个乡镇、崇左有4个乡镇、南宁有4个乡镇，获得自治区级生态乡镇称号。根据2017年《贵州省环境保护厅关于命名第八批省级生态乡镇和生态村的通知》，黔西南州有4镇被命名为“第八批省级生态乡镇”，黔南有3个乡镇被命名为“第八批省级生态乡镇”。据2018年《云南省环境保护厅关于拟报请省人民政府命名的第三批生态文明县（市、区）、第十一批生态文明乡镇（街道）的公示》，文山州有12个省级生态文明乡镇（街道）（见表5—1、表5—2）。

表5—1　　　左右江革命老区近两年拟命名省（区）级生态县

<table>
<tr><th>年度</th><th>市</th><th>县</th></tr>
<tr><td rowspan="2">2017</td><td rowspan="2">崇左</td><td>扶绥</td></tr>
<tr><td>凭祥</td></tr>
<tr><td rowspan="5">2018</td><td>百色</td><td>凌云</td></tr>
<tr><td rowspan="3">崇左</td><td>大新</td></tr>
<tr><td>宁明</td></tr>
<tr><td>龙州</td></tr>
<tr><td>南宁</td><td>马山</td></tr>
</table>

资料来源：《广西日报》、广西壮族自治区生态环境厅网站。

表5—2　　左右江革命老区近两年命名的省（区）级生态乡（镇）

年度	市（州）	命名总数（个）	占省（区）比重（%）	县	乡（镇）
2017	百色市	6	0.4	凌云	加尤镇、伶站瑶族乡、逻楼镇、玉洪瑶族乡
				田阳	百育镇、头塘镇
	河池市	2	0.1	大化	贡川乡、岩滩镇
	崇左市	9	0.6	扶绥	柳桥镇
				大新	昌明乡、宝圩乡
				天等	进结镇、都康乡
				宁明	那堪镇、板棍乡
				龙州	八角乡、下冻镇
	南宁市	3	0.2	马山	金钗镇、乔利乡、百龙滩镇
	黔西南	4	9.5	兴义	鲁布格镇
				兴仁	回龙镇
				安龙	招堤街道
				义龙新区	万屯镇
	黔南	3	7.1	荔波	瑶山瑶族乡、朝阳镇
				三都	普安镇
2018	百色市	6	7.0	田阳	田州镇、那满镇、那坡镇
				那坡	百南乡
				西林	那劳镇、八达镇
	河池市	11	13.0	凤山	凤城镇、长洲镇、三门海镇、中亭乡、江洲瑶族乡、平乐瑶族乡、乔音乡、砦牙乡
				东兰	切学乡、泗孟乡、武篆镇
	崇左市	4	5.0	宁明	那楠乡、峙浪乡、东安乡
				龙州	彬桥乡
	南宁市	4	5.0	隆安	雁江镇、丁当镇
				马山	加方乡、古寨瑶族乡
	文山州	12	0.3	文山	新平街道、新街乡、喜古乡
				富宁	者桑乡
				广南	者兔乡、底圩乡
				砚山	干河乡、蚌峨乡、八嘎乡、阿舍乡、者腊乡、维摩乡

资料来源：《广西日报》、广西壮族自治区生态环境厅网站、云南省生态环境厅网站、贵州省生态环境厅网站。

（三）左右江革命老区生态农业建设的主要特点

1. 经济作物品种丰富、品质高，但是农业生产方式还比较落后

左右江革命老区属于我国西部欠发达地区，产业结构不太合理，特别是第一产业增加值占国内生产总值比重较大（见表5—3）。

虽然喀斯特地貌的自然环境导致左右江革命老区大部分地方不利于农业机械化生产，但是左右江革命老区经济作物品种多样、品质上乘。特别是芒果、香蕉、甘蔗、火龙果、圣女果、田七、蔬菜、茶叶、油菜等农产品。不少经济作物是国家地理标志产品。

表5—3　2018年左右江革命老区五市（州）与全国产业结构对比　单位：%

	第一产业增加值占GDP比重	第二产业增加值占GDP比重	第三产业增加值占GDP比重
百色	16.6	47.9	35.5
河池	20.4	31.7	47.9
崇左	18.6	44.2	37.1
文山	19.8	35.8	44.4
黔西南	18.3	32.3	49.4
全国	7.2	40.7	52.2

资料来源：2018年政府工作报告。

百色市的经济作物主要有甘蔗、芒果、香蕉、西红柿、龙眼、田七、火龙果、茶叶（凌云白毫茶）、八渡笋（西林）、蔬菜；河池市的经济作物主要有蔬菜、桑、茧等；崇左市的经济作物主要有甘蔗、龙眼、苦丁茶等；黔西南州的经济作物主要有水稻、玉米、小麦、油菜、甘蔗、薏米、芝麻、酥麻、药材等；文山州的经济作物主要有三七、辣椒、蔬菜、水果、油料、茶叶。

三七也叫田七，文山州多叫三七，其他地方多叫田七。百色市田七种植历史超过460多年，1985—1990年年均种植面积都在万亩以上，其中靖西有“田七之乡”之称。受各种因素影响，百色的田

七种植在20世纪80年代开始下滑，被云南赶超，2001年，云南田七产量占全国的90%以上。自2013年起，百色市大力实施“田七回家”工程，着力发展田七产业。2014年，百色市“田七回家”工程顺利推进，田七种植面积达到1.9万亩，其中德保、靖西等县（市）种植面积较大。

文山州三七人工栽培已有400多年历史，种植面积和产量均居中国之首，三七品质极优，1999年被国家命名为“中国三七之乡”。2002年11月8日，国家质检总局批准对“文山三七”实施原产地域产品保护。

文山州三七主要集中在文山市、砚山县、西畴县、马关县、麻栗坡县、丘北县、广南县、富宁县等地。文山州政府培育三七产业，建立了三七特产局和三七产业园区，2000年以来，三七种植面积经历了“增加—减少—增加”的发展周期。2016年11月4日，云南省政府办公厅下发了《云南省三七产业“十三五”发展规划》，提出发展“林下三七”“有机三七”，形成优质适量的三七药材高端产品。

表5—4　　2007—2016年文山州三七种植面积、产量及价格情况

年份	种植面积（万亩）	采挖面积（万亩）	产量（万吨）	均价（元/千克）
2007	12.0	5.6	0.92	56
2008	12.1	5.1	0.88	72
2009	6.9	2.8	0.45	165
2010	8.4	3.5	0.49	340
2011	9.7	3.1	0.47	400
2012	15.5	5.0	0.70	700
2013	29.2	6.9	1.00	350
2014	30.0	14.0	2.80	110
2015	45.2	26.2	3.39	472
2016	47.8	17.0	2.36	347
2017	49.6	—	2.80	—

注：“—”表示数据缺失。

资料来源：笔者根据相关资料整理。

虽然左右江革命老区农业占比大，特色农业也比较突出，但由于该区域山地多，喀斯特地貌突出，土壤石漠化严重，真正可用于规模化农业生产的土地不多。大部分山区土壤的碎片化不利于大规模的机械化生产，而且土壤石漠化和喀斯特地貌导致生态脆弱，也无法大规模地进行农业开垦，加上基础设施较差、自然灾害较多，农业生产方式整体较为落后，生态农业发展不突出。

2. 矿产资源开发对农业生态构成一定的威胁

左右江革命老区地处我国26个国家级重点成矿区带之一的南盘江—右江成矿带，矿产资源丰富，优势矿种有锰矿、铝土矿、煤矿、金矿等，是我国铝、锰、锡、铅、锌、锑等金属矿产资源的富集区，矿种较齐全、分布广、储量大，综合利用性强和价值高。河池是我国著名的“有色金属之乡”，锡、铅、锌、锑、银、铟、镉、硫、砷9种矿的储量居广西首位，锡金属储量占全国的1/3，位居全国之首；锑和铅金属储量居全国第二位，铟金属储量名列世界前茅。百色是我国著名的“铝都”，铝土矿远景储量超过10亿吨，占全国总储量的一半：其中平果县铝土矿储量占全国保有量的17%，居全国首位。此外，石油、煤矿、锰矿、铜矿、金矿、锑矿等查明资源储量在广西也占有重要位置。崇左是我国著名的“锰都”“糖都”，锰矿储量和糖料蔗产量居全国首位，主要矿产资源有锰、膨润土、重晶石、锌、滑石、金、银、稀土、石灰石等。其中膨润土储量占我国目前已探明的膨润土总储量的1/4。

左右江革命老区的铝、锰、水泥、其他有色金属等重点产业大多是中低端、高能耗、高排放的矿产资源加工型产业，容易形成废气、废水、噪声、矿山开采污染等。矿产资源的开采容易导致地下水、地表水和土壤污染，地面塌陷，地表水漏失，土质劣化等，影响了生态农业的发展，如果不能及时实行复垦，会进一步加剧土地资源恶化。此外，矿区的重金属污染也十分突出，影响了生态农业的发展（见表5—5、表5—6）。此外，还有煤炭、锰等矿产资源开发以及水泥厂、火力发电厂等。这些都是高污染和高耗能产业，容易污染周围水源和破坏生态，甚至造成重大污染事故。

表5—5　　左右江革命老区污染事故

时间	污染事故	原因	事发地点
2012年1月	河池镉污染事件	企业非法排污到地下溶洞	河池宜州
2008年6月	云南“6.7”粗酚泄漏事故	道路交通事故引发粗酚泄漏	文山富宁
2007年11月	独山县重大水污染事件	企业将1900吨含砷废水直接排入都柳江	贵州独山

资料来源：笔者根据相关资料整理。

表5—6　　左右江革命老区（广西）主要矿区的土壤及农作物重金属污染情况

矿区名称	所在地区	土壤污染元素	受污染的农作物及药材
大新锰矿区	崇左大新	锰、镉、锌、铅、铜	山银花、石斛等
大新铅锌矿区	崇左大新	镉、铅、锌、铜、锰、铬	玉米、黄豆、木薯和蔬菜等
下雷锰矿区	崇左大新	锰、镉、铬	芋头、南瓜、苦苣菜、黄瓜等
南丹矿区	河池南丹	镉、砷、铅、锌、铜	香菜、蕨菜、小白菜、芥菜、野寒菜、狗肉香、胡麻菜、芹菜等
广西大厂矿区	河池南丹	镉、砷、锑、铅、锌、铜	玉米、香菜、蕨菜、小白菜、芹菜、芥菜、野寒菜、胡麻菜等
车河锡矿区	河池南丹	锡、铅、锌	小白菜、芹菜等
环江矿区	河池环江	镉、铅、锌、铜、锰、铬	油麦菜、茼蒿和生菜等
平果铝矿区	百色平果	镉、砷、汞	水稻、卷筒菜等

资料来源：蔡刚刚、李丽等：《广西矿区重金属污染现状与治理对策》，《矿产与地质》2015年第4期。

3. 循环农业、生态农业发展有典型，但整体较为落后

早在2013年，广西壮族自治区农业厅制定了《广西水肥一体化技术指导意见的通知（桂农业办发〔2013〕75号）》。2016年4月，广西壮族自治区农业厅办公室印发《广西推进水肥一体化实施方案（2016—2020年）（桂农业办发〔2016〕44号）》，大力推行水肥一体化。该方案的总体思路是，“以节水节肥、省工省力、高产高效、生态安全为目标，树立节水增效理念，依靠科技进步，加大资金投入，深入推进工程措施与农艺措施结合、水分与养分耦合，加快水肥一体化的应用，提高水肥资源利用效益，促进农业可持续发展”①。

左右江地区循环农业、生态农业发展较快，取得了一定的成绩。主要是在沼气技术、水肥一体化技术、滴灌技术、测土配方施肥技术、农作物间套种技术等方面应用达到一定的水平。特别是在沼气的综合利用方面，走在全国农村的前列。

百色市右江区四塘镇那利屯在生态农业模式方面做得比较成功。那利屯从2006年开始实施“生态富民家园项目”，组织农户采用“猪—沼—诱虫灯—果—鱼”生态生产模式。该模式的主要特点是果园套种耐旱肥饵兼用绿肥，绿肥养猪；甘蔗叶喂牛、猪，粪尿和绿肥茎叶产沼气；沼液、沼渣作为果树的肥料及鱼饲料；在鱼池和果园用诱虫灯杀害虫，杀死的害虫作为鱼的饲料。此外，全屯家家户户对厨房、厕所、牛棚、猪舍进行了系统的改造，还硬化了村道，修建排水沟，种上了绿化树和草。通过这种改造，那利屯的面貌焕然一新。

---

① 广西壮族自治区农业厅办公室：《自治区农业厅办公室关于印发〈广西推进水肥一体化实施方案（2016—2020年）〉的通知（桂农业办发〔2016〕44号）》，http：//nynct. gxzf. gov. cn/xxgk/jcxxgk/wjzl/gnybf/t496266. html。

1996 年，广西开始实施生态农业“152 示范工程”[①]，2003—2018 年，广西累计建设户用沼气池 406 万座，入户率达 50.75%，位居全国前列；建设养殖小区和联户沼气工程 862 处；建设小型沼气工程 2496 处、大中型沼气工程（含规模化大型沼气工程）268 处；2015 年和 2017 年各获中央补助规模化生物天然气试点工程项目 2 个，中央投资 8200 万元；建成市、县、乡各级服务站点 6700 多个，从业人员 1.5 万人，服务 220 多万户农户，覆盖率达到 40%[②]。

百色市重视沼气建设。据《百色市新能源发展“十三五”规划》，百色市 2017 年农村沼气入户率为 56.4%，全市共建设户用沼气池 44.446 万座，大中型沼气池 9 座，每年为农村提供沼气 1.4956 亿立方米，折合标准煤 10.768 万吨。

崇左市探索形成了“能源利用、肥料加工、种养结合”的畜禽粪污资源化利用模式。全市以大中型养殖场为依托发展联户沼气建设，进行集中供气，粪便和污水集中统一处理，沼渣用于生产有机肥，解决了规模化养殖排污问题。据统计，截至 2018 年 10 月底，全市累计改造养殖场 3000 多个，建设户用沼气池 28.46 万座，沼气入户率达 77.83%。每年可提供优质燃料 10683 万立方米，折合标煤 7.6 万吨；节约薪柴 71.43 万吨，保护林地面积 71.25 万亩，相当于提高全市森林覆盖率 2.74 个百分点。[③]

---

① 广西能源生态“152 示范工程”：100 个生态村、50 个生态乡和 20 个生态县建设项目。以村、乡、县为基本建设单位，以开发利用农村生产、生活废弃物和可再生能源、新能源为对象，以“恭城模式”为技术依托，以农林牧副渔、山水田园路为建设主体，以促进农业增产、农民增收、保护和改善生态环境为目标，在不同程度上实现能流、物流多层次综合利用，扩大农业生产内涵，综合解决能源、经济和环境问题。

② 广西林业局：《积极发展农村能源改善农村人居环境》，http://www.gxly.cn/News/Content/08D66BDB0E0A5E94A054F4D2E5208800。

③ 何芬：《崇左市畜禽粪污资源化利用率达 80.35%》，《左江日报》2018 年 11 月 25 日第 1 版。

百色市重视生态农业建设。2017 年 11 月 8 日，《百色市现代生态农业（种植业）发展“十三五”规划》印发，对百色市农业发展做出了新的发展规划。百色市持续推进化肥农药“双减”行动，推进农业节能减排，化肥农药利用率和减量增效水平进一步提高，2018 年完成增施有机肥面积 4.53 万亩，推广测土配方施肥 412.92 万亩，节水农业技术 139.4 万亩，平均每亩减少化肥使用量 1.37 公斤（折纯），共节约化肥 0.56 万吨（折纯）。开展农作物重大病虫综合防治 310 万亩次，其中农作物病虫害绿色防控 73 万亩次，推广使用生物农药达 50 余吨。鼓励和支持农民应用秸秆还田、绿肥种植等土壤改良、培肥地力技术，实现耕地质量逐步提升，全年完成秸秆还田 319.29 万亩；采用施用有机肥、土壤调理剂、种植绿肥等多种手段，推进中低产田改良 16.35 万亩；改良酸化土 1.072 万亩。①

虽然左右江革命老区不少地方在循环农业、生态农业发展取得了较好的成绩，但是该区域以山地为主，喀斯特地貌十分明显，石漠化面积广大，加上经济水平有限，整体而言还是较为落后。

4. 农业科技园与节能节水技术取得较大成绩

（1）农业科技园方面

农业科技园是以市场需求为导向，以效益为中心，以生态绿色为依靠，依托农业科技发展起来的新型模式。农业科技园产生于 20 世纪 80 年代末，是我国最早的农业园区类型。据统计，截至 2018 年，我国拥有国家级农业高新技术示范区（简称“农高区”）2 个，国家农业科技园区 278 个，省级农高区 20 个，省级农业科技园区 975 个②。农业科技园作为农业人才培养和技术培训的基地，对农

---

① 百色市农业局：《百色市农业局 2018 年度工作绩效展示》，http：//www.gxny.gov.cn/baise/xxgk/201812/t20181225_538857.html。

② 马爱平：《农科园区之光——农高区成立 20 周年系列报道》，http：//www.stdaily.com/zhuanti01/guihua/2018－02/01/content_632254.shtml。

业科技成果转化、农业产业结构调整、农民就业与增收、区域经济发展等方面起到巨大促进作用，也对农业科技园周边地区农业产业升级和农村经济发展具有示范与推动作用。

左右江革命老区也十分重视农业园区的科技创新工作。比较突出的是广西百色国家农业科技园区（A 园）[①]。该园是全国首批 21 家国家农业科技园区试点之一，于 2001 年 9 月由科技部、农业部等六部门批准建设，2009 年通过科技部验收正式挂牌；2010 年 1 月，被科技部正式命名为国家农业科技园区，2012 年被科技部评为全国优秀园区。

该园区位于百色市右江河谷地带，核心区面积为 2.93 平方公里，有力地推动了右江区、田阳县、田东县和平果县四个县（区）现代农业的发展。

广西百色国家农业科技园区成立以来，科研成果十分突出。2010 年，该园区就以“工作落实年”活动为载体，大力加强农业科技技术创新，在申报项目和完成项目上成绩突出。例如，2010 年申报国家星火计划项目 1 项，广西科技项目 4 项，申报的两个 1000 万元国家科技重大项目顺利进入“十二五”国家科技重大项目备选库；完成实施国家科技项目 1 项，广西科技项目 5 项；完成科技部星火计划项目验收 1 项，自治区科技厅项目 2 项，其中《四季蜜芒反季节丰产高效栽培示范》入列自治区科技成果。

为加强农业技术研究，推进科技成果转化与高新技术集成应用，园区建园以来按照“面向‘三农’、面向亚热带、面向东盟”的发展方向，逐步建立了“政、产、学、研”协同创新的模式，与广西区内外高校、科研院所、科技型企业等开展合作，共建“三站

---

① 广西百色高新技术产业开发区是 2016 年广西壮族自治区人民政府批准设立的省级高新区，按照“一区两园”模式，设广西百色国家农业科技园区（A 园）和广西百色工业园区（B 园），规划建设核心区面积为 25.66 平方公里，已列入《中国开发区审核公告目录》（2018 版）。

四室三中心"[①]。园区不断加大招商引资引企和企业培育工作，已成功引进壮乡河谷集团、广西福民食品等210家企业入园创业，开发了田阳香芒、布洛陀芒、田东桂七芒、田东香猪、右江夏橙、壮园、芒果庄园等特色农业产品品牌，有力推动了园区特色农产品种养、加工、物流以及农业观光业的发展，促进了右江河谷的农业标准化和产业化进程，有效带动了地方农业增效和农民增收。[②]

黔西南州人民政府十分重视区域生态循环农业示范项目，2017年兴义市区域生态循环农业建设项目申报成功，2018年册亨县羊博园、义龙农望合作社（食用菌）申报成功，有力地推动了当地生态农业的发展。

（2）农业生产节能、节水模式方面

农业节水改造是一种节约能源，降低排放的方法。传统的农作物浇水大多采用大水漫灌的方式，而广西的喀斯特地貌难以在地表存储降水，大水漫灌不仅浪费了大量的水资源和抽水所需的能源，而且会导致土壤板结和盐碱化。目前水肥一体化技术是一种有效的方法，该技术由百色市田阳县于2009年开始引进，目前该县推广面积达10万亩以上。水肥一体化技术，是滴灌和施肥二者结合，在灌溉管道（滴灌）系统中增加施肥设备，将肥料和水混合液准确输入到作物根部附近土壤表面或土层中。采用该技术，除了节省大量劳动力，还能每亩节水50%以上，节肥50%—70%，增产幅度为5.1%—41.8%，用工减少1—8个工日，每亩增收428—2260元。因此，该技术有节水、节肥、节能、省工、高效、环保等诸多优点，在世界范围内得到快速推广。

---

① 三站四室三中心，即院士工作站、博士后工作站和中国热带科学院百色综合实验站，农产品深加工实验室、生态环境与保护实验室、天然产物化学实验室、生物技术与工程实验室，以及中试中心、育苗中心、检测中心。

② 常力强：《"三链融合"引领园区创新——广西百色国家农业科技园区赋能现代农业纪实》，http://www.gxny.gov.cn/xwdt/gxlb/gx/201812/t20181218_537983.html。

2006年，广西水肥一体化应用面积不足1万亩，2012年突破30万亩，2013年为35.38万亩，而2014年仅上半年就示范推广了35万亩。左右江崇左、百色、河池都在推广该技术，如崇左市江州区就有8万亩农作物施行水肥一体化技术。水肥一体化技术应用也从蔬菜扩大到甘蔗、柑橘、香蕉、火龙果、茶叶、中药材等多种作物。例如，广西大唐现代农业有限公司的2万多亩甘蔗、百色右江河谷香蕉标准化种植（核心示范园35825亩，其中右江区5013亩，田阳县14425亩，田东县16387亩，参与示范农户达884户）、百色右江区平乐村土地流转项目区小番茄、德保县都安乡金湾脐橙、西林沙糖桔、河池金城江区蔬菜、甘蔗、河池南丹县的柑桔、猕猴桃等。

崇左市江州区是国家重点“双高”糖料蔗基地，同时也是广西33个蔗糖优势区域县（市、区）之一，在驮卢镇建立了万亩甘蔗良种繁育基地。江州区坚持把农业科技创新贯穿于首期6万亩的项目建设，推广新疆成熟的膜下滴灌技术，对甘蔗统一配置滴灌设施，在甘蔗生长全过程中推行水、肥、农药一体化技术，从而节约水、肥、农药70%以上。采取喷灌、膜下滴灌等方式进行节水改造，从而实现灌溉、施肥、防治病虫害三者同时进行，使灌溉变得更加精细化，提高了甘蔗产量，提高了蔗农收益。

除了膜下滴灌技术，江州区还不断通过科技培育新品种、推广新品种，通过改良品种来提高土地产出率。另外，还在机械化方面下功夫。特别在收割、种植环节上，推广甘蔗收割种植全程机械化，做到开沟、切种、排种、施肥、覆土、盖膜、铺设滴灌带一步到位，比传统人工种植效率提高40倍。

虽然左右江革命老区在农业科技方面取得了一定的成绩，但主要侧重在个别农业基础条件较好的地区，如左右江河谷一带。大部分地区还是停留在试点阶段。

二　生态工业

（一）生态工业的含义

关于生态工业的起源，有学者认为其思想源于美国通用汽车公司的 Robert Frosch 和 Nicolas Gallopoulos 于 1989 年 9 月在《科学的美国人》杂志上发表的一篇题为“可持续工业发展战略”的文章。[①] 该文将工业系统和生态系统进行类比，在企业之间通过仿造生态系统的物质循环过程来建立共生关系，从而促使工业系统转化为生态工业系统，其实早在 1986 年，我国学者张祖新、江家骅就提出“生态工业是一个遵循生态学原理，按照生态规律进行生产的工业，一个与生态环境持续协调发展，知识、技术和信息高度密集而又是少污染无公害的清洁的工业”[②]。马传栋认为生态工业是依据生态经济学原理，运用生态规律、经济规律和系统工程的方法来经营和管理的，以资源节约、产品对生态环境损害轻和废弃物多层次利用为特征的一种现代化的工业发展模式。[③] 李树将生态工业定义为，“生态工业是指合理地、充分地、节约地利用资源，工业产品在生产和消费过程中对生态环境和人体健康的损害最小以及废弃物多层次综合再生利用的工业模式”[④]。综合以上研究，本书认为，生态工业是综合运用生态规律、经济规律和系统工程的方法，在节约资源、清洁生产、低能耗、废弃物多层次循环利用的基础上建立的一种综合工业发展模式。生态工业是我国未来工业发展的主要模式。

我国关于生态工业的研究多数聚焦于生态工业园的规划和开发。按照劳爱乐等的解释，“生态工业园是建立在一块固定地域上

---

① 郑四华、郭灵：《生态工业的基础理论及问题研究综述》，《企业经济》2010 年第 2 期。

② 张祖新、江家骅：《生态工业初探》，《生态经济》1986 年第 4 期。

③ 马传栋：《论生态工业》，《经济研究》1991 年第 3 期。

④ 李树：《生态工业：我国工业发展的必然选择》，《经济问题》1998 年第 4 期。

的由制造企业和服务企业形成的企业社区；在该社区内，各成员单位通过共同管理环境事宜和经济事宜来获取更大的环境效益、经济效益和社会效益；整个企业社区将能获得比单个企业通过个体行为的最优化所能获得的效益之和更大的效益"[①]。因此可见，生态工业发展的一种重要形式是创建生态工业园，引导各种工业园区朝生态产业集群方向发展。生态工业园是继经济技术开发区、高新技术开发区之后的我国第三代产业园区。[②] 在生态工业园内，每个企业都采用低能耗、低排放的环保生产模式。此外，生态工业园还注重通过物流或能流传递等方式使企业与企业之间有机衔接来达到资源共享和副产品互换的产业共生组合，甚至使一家企业的副产品或废弃物成为另一家企业的原料或能源，在产业链条上建立生产资料"生产者—消费者—分解者"循环途径，寻求物质闭环循环、能量多级利用和废物产生最小化。

（二）左右江革命老区生态工业的基本情况

左右江革命老区属于西部欠发达地区，生态工业已经引起政府和各部门的高度重视，各市（州）相关项目也已经启动，但是整体上还相对落后。

1. 政府层面高度重视，相关规划和政策陆续出台

2015 年 7 月，广西印发了《关于大力发展生态经济深入推进生态文明建设的意见》（桂发〔2015〕9 号）、《广西生态经济发展规划（2015—2020 年）》（桂政办发〔2015〕66 号）、《关于建设生态产业园区的实施意见》（桂政办发〔2015〕67 号）、《关于加强金融服务支持生态经济发展的实施意见》（桂政办发〔2015〕68 号）、《关于进一步改革环保设施建设运营机制的实施意见》（桂

---

① ［美］劳爱乐、耿勇：《工业生态学和生态工业园》，化学工业出版社 2003 年版，第 28 页。

② 隋建光：《抓好五个"关键"积极推进工业园区建设》，《中国信息报》2012 年 9 月 13 日第 3 版。

政办发〔2015〕69号），这一系列文件成为广西指导今后一个时期生态经济发展的行动纲领。其中《广西生态经济发展规划（2015—2020年）》，提出“以百色生态铝基地为重点，构建循环经济产业链，大力发展大型铝板材、航空和轨道交通铝材、精铝、高纯铝、铝轮毂、铝合金缸体缸盖、铝箔、铝导线等铝材，推进铝产业集群发展。深入开展发电企业与铝企业电力直接交易试点，加快建设百色区域股份制电网，推动与云南水电、贵州煤电开展煤电铝合作，……，加快推进河池生态环保型有色金属示范基地建设”。

2019年3月，广西壮族自治区人民政府发布《广西工业高质量发展行动计划（2018—2020年）》，提出加快构建百色生态铝基地，加快建设百色锰产业基地、崇左锰产业基地，加快河池化工企业技术改造等，提出以百色百矿集团有限公司为龙头，发展高纯铝，打造“铝土矿—氧化铝—电解铝”为主的产业链等。

2019年3月15日，广西壮族自治区工业和信息化厅印发《2019年自治区百项重大工业项目建设实施方案》，统筹推进重大工业项目共100项，项目总投资5249亿元。其中包括左右江革命老区项目22项，项目总投资为590.54亿元，占总投资的11.25%。

2019年5月31日，广西壮族自治区市场监督管理局发布《生态工业示范园区指标体系》，从经济发展、产业共生、资源节约、环境保护、环境信息公开5个方面设立指标体系，共有32个指标。

2019年1月，云南省生态环境厅、云南省工业和信息化厅、云南省商务厅、云南省科学技术厅联合印发《〈云南省生态工业示范园区创建办法〉的通知》（云环发〔2019〕3号），提出“立足我省工业园区发展实际，决定按照‘两步走’的建设策略，坚持国家级和省级生态工业示范园区创建分步走的原则，鼓励条件较好工业园区先行创建省级生态工业示范园区，逐步贴近《国家生态工业示范园区标准》的要求，分批分步骤创建国家级生态工业示范园区”[①]。同时，制定了《云南省工业园区创建办法》等文件。

2011 年 1 月，贵州省人民政府办公厅印发《贵州省“十二五”产业园区发展规划》（黔府办发〔2011〕19 号），对产业园区发展做出整体规划。2016 年 5 月，贵州省人民政府办公厅印发《贵州省“十三五”产业园区发展规划》，该规划紧扣“创新、协调、绿色、开放、共享”五大发展理念，围绕转型升级与提质增效这一主题，坚持目标导向和问题导向相统一，提出壮大主导产业，加快培育产业集群，突出园区分类指导、精准施策，优化园区布局，深化园区体制机制改革，增强融资能力等具体任务，一定程度上体现了生态工业的发展要求。2016 年 8 月，贵州省委第十一届七次全会审议通过《中共贵州省委贵州省人民政府关于推动绿色发展建设生态文明的意见》。提出生态利用型产业循环高效型产业低碳清洁型产业和环境治理型产业。

2. 工业项目向中高端迈进

2019 年 2 月，广西印发《2019 年第一批自治区层面统筹推进重大项目建设实施方案》，提出 2019 年第一批自治区层面统筹推进的重大项目包括新开工、续建、竣工投产和预备四类，共 895 项，总投资 17977. 0 亿元。左右江革命老区（百色、河池、崇左三市）投资 323. 2 亿元，具体项目投资分布见表 5—7。

---

① 云南省生态环境厅：《关于印发〈云南省生态工业示范园区创建办法〉的通知》（云环发〔2019〕3 号），http：//sthjt. yn. gov. cn/hjbz/dfbz/201901/t20190123_187581. html。

表 5—7　　2019 年第一批广西统筹推进重大项目项数分布
（不含区直中直和跨区域项目）　　单位：项

新开工		续建		竣工投产		预备	
全区	百色、河池、崇左	全区	百色、河池、崇左	全区	百色、河池、崇左	全区	百色、河池、崇左
153	45	473	79	81	24	85	11

资料来源：《2019 年第一批自治区层面统筹推进重大项目建设实施方案》。

2019 年 3 月，广西壮族自治区工业和信息化厅印发《2019 年自治区百项重大工业项目建设实施方案》（桂工信投资〔2019〕197 号），提出统筹推进重大工业项目共 100 项，项目总投资 5249 亿元，2019 年计划投资 417 亿元，推进制造业向中高端迈进，其中左右江革命老区总投资约 590 亿元。而且这些项目大部分都是延链、补链、强链项目，有力地推动了左右江革命老区生态工业的发展（见表 5—8）。

表 5—8　　2019 年左右江革命老区重大工业计划项目表　　单位：万元

序号	企业、项目名称	所在地	起止年限	项目阶段	总投资	2018 年年底完成投资	2019 年计划投资	备注
1	广西超威鑫锋能源有限公司	河池市大任工业区	2014—2021	续建	156429	91642	25000	延链项目
2	广西平果百矿高新铝业有限公司	百色市平果工业区	2018—2021	续建	1268873	3300	80000	强链项目
3	广西德保百矿铝业有限公司高性能铝材一体化项目	百色市德保县工业区	2016—2019	竣工	568216	18000	80000	补链项目
4	广西百矿氧化铝有限公司那坡 120 万吨氧化铝项目	百色市那坡县	2019—2020	新开工	329430	—	10000	龙头项目

续表

序号	企业、项目名称	所在地	起止年限	项目阶段	总投资	2018年年底完成投资	2019年计划投资	备注
5	靖西天桂铝业有限公司年产80万吨氧化铝项目	靖西市新靖镇	2017－2019	竣工	280000	260000	20000	龙头项目
6	广西田林百矿铝业有限公司百矿集团桂黔（田林）经济合作产业园煤电铝一体化项目300千吨/年铝水工程	百色市田林县	2017—2019	竣工	255000	173000	52000	补链项目
7	百色百矿润泰铝业有限公司50万吨高性能铝板带箔项目	百色市平果县	2019—2020	新开工	250000	—	30000	强链项目
8	广西百金铝业有限公司广西百兴金兰铝工业园铝精深加工项目	百色市新山铝产业园区	2017—2019	竣工	233903	25000	40000	延链项目
9	广西隆林百矿铝业有限公司百矿集团桂黔（隆林）经济合作产业园煤电铝一体化200千吨/年铝水工程	百色市隆林县	2017—2019	竣工	155000	95000	40000	补链项目
10	田东百矿三田碳素有限公司田东年产60万吨预焙阳极项目	百色市田东县	2019—2019	新开工	165000	—	20000	延链项目
11	田林百矿田田碳素有限公司400千吨/年预焙阳极碳素项目	百色市田林县	2017—2019	竣工	112702	11000	32500	延链项目
12	广西平铝科技开发有限公司年产80万吨再生铝项目	百色市平果县	2019—2020	新开工	148827	—	30000	补链项目
13	南丹县南方有色金属有限责任公司120千吨/年锌氧压浸出绿色制造项目	河池南丹有色金属新材料工业园区	2018—2022	续建	162563	63761	15000	龙头项目

续表

序号	企业、项目名称	所在地	起止年限	项目阶段	总投资	2018 年年底完成投资	2019 年计划投资	备注
14	百色市中百科技发展有限公司中兴百色科技产业园项目	百色市新山铝产业园区	2019—2021	新开工	220000	—	30000	补链项目
15	中信大锰矿业有限责任公司年产 5 万吨锰酸锂项目	崇左市中泰产业园	2017—2020	续建	150000	20000	30000	延链项目
16	广西天昌酒业投资有限公司年产 3 万千升茶酒项目	平果县新安镇	2019—2021	新开工	219519	—	30000	延链项目
17	今麦郎集团今麦郎广西方便食品生产基地项目	崇左市扶绥县	2019—2021	新开工	100000	—	4000	延链项目
18	广西达利食品有限公司食品饮料产业园生产项目	崇左市扶绥县	2018—2019	竣工	80000	10000	70000	延链项目
19	扶绥山圩产业园管委会扶绥山圩产业园林产林化基地项目	扶绥县山圩镇	2017—2019	竣工	620000	300000	20000	延链项目
20	崇左华劲纸业有限公司竹浆纸产业基地项目一期	崇左市中泰产业园	2019—2021	新开工	240000	—	30000	强链项目
21	广西驰普家居产业园投资开发有限公司广西崇左·龙赞东盟国际林业循环经济产业园	崇左市中泰产业园	2018—2020	续建	100000	20000	10000	强链项目
22	广西崇左乐林木业开发有限公司年产 60 万方高密度板及深加工及配套 1 × 30 兆瓦生物质热电联产项目	崇左市中泰产业园	2019—2021	新开工	90000	—	20000	强链项目

注：表格中“—”处表示数据缺失。

资料来源：《2019 年自治区百项重大工业项目建设实施方案》。

3. 左右江革命老区生态工业园数量偏少、级别偏低

《左右江革命老区振兴规划（2015—2025 年）》提出发展低碳

循环经济。重点循环产业园区有百色新山铝产业循环示范园区、平果资源型产业循环经济示范基地、田东石化循环经济示范园区、兴义清水河循环经济产业示范园、罗甸硅系列循环经济产业园、贞丰龙场循环经济工业园等。但目前左右江革命老区生态工业园建设比较落后，从工业园级别来看，至2015年广西有32个国家级、自治区级工业园区，其中南宁市7个，北海市4个，柳州市、桂林市、钦州市和玉林市各3个，崇左市、梧州市各2个，贵港市、河池市、百色市、贺州市、防城港市各1个。[①] 云南省一共62个省级产业园，文山拥有3个，分别为三七工业园区、马塘工业园区和砚山工业园区。贵州省一共42个省级产业园，黔西南州拥有4个，分别为清水河经济开发区（兴义市清水河产业园区）、兴义郑鲁万工业园区、安龙经济开发区（安龙县工业园区）、贞丰县工业园区。左右江革命老区整体数量较少。

生态产业发展方面，左右江革命老区河池大任产业园区以有色金属、新能源、建材等为主导产业，“广西生富锑业科技股份有限公司是最早搬迁入园的有色金属企业之一，该公司的新厂采用国内最先进的‘富氧底吹 + 侧吹 + 烟化炉’技术工艺，节能30%、提高金属综合回收率5%、单位生产成本降低10%以上。厂内冶炼剩下的残渣以及含酸含硫废气均可回收利用，基本做到吃干榨净，实现了绿色发展”[②]。百色新山铝产业示范园采用“广银模式”[③]，至2018年年底，百色生态型铝产业示范基地已形成年产氧化铝817万吨、电解铝147万吨、铝加工119万吨的生产能力。崇左·龙赞东

① 郭辰、黄付平等：《广西生态工业园区发展对策研究》，《生产力研究》2017年第5期。

② 权晟：《大气魄大担当大作为——河池全力推进项目建设引领经济高质量发展》，《河池日报》2019年7月15日第2版。

③ 所谓“广银模式”就是广西投资集团旗下的广西广银铝业公司在百色新山铝产业循环示范园内，以上游产业链集中供应铝棒、下游产业链集中做市场、污染物排放集中处理为目标，采用整体产业集群开发、统一规划设计、统一建设招商、入驻企业自主经营的“园中园”模式。

盟国际林业循环经济产业园是中泰（崇左）产业园的一个项目，该园区致力打造成为东盟、珠三角和泛北部湾地区最大的林业循环经济产业园，崇左东亚中泰产业园糖业循环经济综合利用等项目建设和制糖企业机收压榨一体化改造等取得积极进展。兴义清水河循环经济产业示范园是贵州省第一家也是唯一一家以电厂为主导进行固体废弃物处置变资源综合利用、循环利用、清洁利用为一体的新型建材“产、学、研”基地，“只消纳废物，不产生污染”循环经济新型建材绿色产品是园区的发展理念。贞丰龙场循环经济工业园内引进垃圾焚烧发电项目，1 台日处理垃圾 600 吨的炉排焚烧炉，1 台余热锅炉，1 台 12 兆瓦凝汽式汽轮机及 1 台 12 兆瓦的发电机，年处理能力为 21.9 万吨。罗甸硅系列循环经济产业园通过共生耦合发展包括矿、电、冶、制造及建材工业的综合开发利用，建立精细化平台，最大限度地减少环境污染。

表 5—9　　左右江革命老区主要生态工业园

区域	生态产业园
百色	新山铝产业循环示范园区、田东石化循环经济示范园区、平果资源型产业循环经济示范基地
河池	河池大宗固体废物综合利用示范基地、广西蚕桑茧丝绸产业循环经济（宜州）示范基地、河池市工业园区大任产业园
崇左	崇左糖业循环经济区、崇左锰深加工循环利用区、崇左·龙赞东盟国际林业循环经济产业园（林业产业园）
黔西南	兴义清水河循环经济产业示范园、贞丰龙场循环经济工业园
黔南	罗甸硅系列循环经济产业园

资料来源：笔者根据相关资料整理。

（三）左右江革命老区生态工业园区发展的不足

左右江革命老区生态工业园区的发展整体上刚起步，生态工业发展相关技术相对薄弱，缺乏先进的生态链管理理念和管理机制，很大程度上限制了园区内企业间原料的高效利用，污染物排放的减量化、资源化和再利用。

1. 园区企业之间存在生态合作不规范、生态链建设不合理、生态产业链条不完善等问题

首先，目前左右江革命老区生态工业园区更多的是考虑规模和经济利益，往往忽视了生态产业链条。其次，很多合适构建生态产业链的企业难以引进来，园区内产业类型不够多样化，产业关联度不强，产业集群度不高，产业延伸不足，导致某些产业和生态基础设施单元缺失，很难构成一个比较完整的生态产业链条。最后，缺乏构建完整生态产业链相应的技术水平和专业人才。那么，需要重视生态链建设，引进补链企业，积极发展补链技术和引进相关人才（如技术人才和管理人才）。

2. 产业生态网体系尚未形成

生态产业链不仅包括纵向的上下游产业链，还包括横向的连接。横向与纵向相互影响构成一个完整的生态产业链网络。这个生态产业链网不仅仅在工业园区内部，而且能够形成区域性或者全国性的网络体系。左右江革命老区生态工业园区处于单个工业区层面，仅存在一些片段性的生态产业链条，在单个生态产业园区内也难以完全建立生态网络，更不用说形成区域性的生态链网络或者全国性的网络体系。

3. 生态园区内的生态建设投入不足

生态化改造主要是通过产品结构调整、技术装备更新和污染控制的实行等方面来实现企业层面的生态化改造。生态化改造需要大量的财力物力投入，企业往往出于自身利益的考虑，改造积极性不高。就生态产业基础设施来说，存在水、气、电、通信、交通、雨污管网以及“三废”处理处置设施建设相对滞后等问题，与大城市和沿海发达地区产业园相比，差距甚远。加上企业内部的核心技术

缺乏与产业配套服务较差，使得物质能量循环衔接不够顺畅，资源能源重复利用率较低，产生资源浪费和形成严重的环境污染问题等。

4. 同质化竞争比较严重

左右江革命老区大部分生态工业园主要依赖于当地的矿产资源、生物资源等，而这些资源基本上都是集中连片分布，生态工业园区的定位和功能会因为资源的相同而出现趋同的情况，而且可能在项目引进、资源争取方面展开恶性竞争，影响了生态工业园区的特色和竞争力。还有部分生态工业园定位模糊，导致生态工业园缺乏特色，难以形成竞争力，也不利于其产业生态化的形成。

第六章

美丽左右江革命老区与目标责任体系

2018年5月，习近平总书记在第八次全国生态环保大会上提出建设以改善生态环境质量为核心的目标责任体系。2018年6月，国务院发布的《关于全面加强生态环境保护　坚决打好污染防治攻坚战的意见》，进一步提出“落实领导干部生态文明建设责任制，严格实行党政同责、一岗双责”。美丽左右江革命老区建设需要建立目标责任体系来明确各级政府在生态文明方面建设的责、权、利。为了加强生态文明建设，早在2016年12月，中共中央办公厅、国务院办公厅就印发了《生态文明建设目标评价考核办法》，根据该办法的具体要求，制定印发了《绿色发展指标体系》和《生态文明建设考核目标体系》。但左右江革命老区作为一个由不同省（区）、市、县组合起来的复杂区域，目前尚未建立针对该区域的绿色发展指标体系和生态文明建设考核目标体系。本章将从目标责任制、目标责任体系的内涵特征入手，系统分析广西、云南、贵州生态文明目标责任体系建立的基本情况，指出目前左右江革命老区生态文明建设目标责任体系的不足。

第一节　目标责任制的含义与特征

一　目标责任制和生态文明建设目标责任体系的内涵

（一）目标责任制

目标责任体系源于目标管理。1954 年美国管理学家德鲁克在其名著《管理实践》中最先提出了“目标管理”的概念。目标管理强调目标的完成和人的作用。按照经典管理理论，目标管理是以目标为导向、以人为中心、以成果为标准，从而使组织和个人取得最佳业绩的现代管理方法。目标管理强调个体的“自我控制”，在个体的积极参与下，从上向下地确定工作目标和任务，并在工作过程中实现个体的“自我控制”，以保证目标实现。目标责任制是指通过工作目标设计，将组织的整体目标逐级分解，单位目标最终转换落实到个人的分目标。20 世纪 80 年代，我国将目标责任制引入政府管理中，一直是我国绩效评估的重要手段。

（二）生态文明建设目标责任体系

生态文明建设目标责任体系是指以生态文明建设为目标，对相关主体明确权责配置并实施问责的体制机制，是生态文明体制的组成部分。

当前我国环境问题日益突出，影响了人民群众的健康生活。随着收入增加，老百姓对美好生活的向往越来越强烈，自然而然地对生态环境的要求也越来越高。国家也把生态文明建设提到了前所未有的高度，公众要求各级人民政府开展生态文明建设的呼声越来越高。建设生态文明，需要把绿色经济发展与生态文明建设成效纳入考核体系，各级政府建立相应的目标责任体系。左右江革命老区的生态文明建设也是如此，需要通过制定目标责任体系，建立以改善生态环境质量为核心的目标责任体系，尽早实现美丽左右江革命老区的建设目标。

二 目标责任体系的主要特征

（一）重视人的因素

目标责任体系是政府、企业或者个人参与的、民主的、自我控制的管理制度体系，同时也是把政府、企业或者个人需求与组织目标结合起来的管理制度体系。目标责任体系离不开人的因素，而且人是最核心的因素，也只有充分重视人的因素，才能更好地实现各级目标。

（二）锁链性与整体性

目标责任体系中，整体目标可以细分成各级分目标和子目标。通过整体目标逐级分解，把组织目标转换为各单位的分目标，再到部门目标，最后到个人目标。随着目标的逐渐分解，其对应的责、权、利三者也一并明确并且具体到组织和个人。这些目标方向一致，环环相扣，相互配合，形成协调统一的目标体系。只有每个员工完成了自己的分目标，整个企业的总目标才有完成的希望，体现了锁链性与整体性。

（三）重视结果考核

目标考核首先是目标的设定，目标责任体系以制定目标为起点，以目标完成情况的考核为终结，其中目标的完成情况，是考核的重点。注重运用考核的结果，可以充分调动参与考核成员的积极性和创造性，提高工作效率，促进政府部门各项工作逐步走向科学化、民主化、规范化和法制化的运行轨道。

第二节 左右江革命老区生态文明目标责任体系建设情况

生态文明建设政府目标责任体系是指以生态文明建设具体要求为目标，对各级政府及相关部门相关主体明确权责配置并实施问责的体制机制，是生态文明体制的重要组成部分。2016 年 12 月，中共中央办公厅、国务院办公厅印发《生态文明建设目标评价考核办法》，根据该办法的具体要求，国家发展改革委、环境保护部、国家统计局、中央组织部等部门制定印发了《绿色发展指标体系》和《生态文明建设考核目标体系》。“一个办法、两个体系”的制定为开展生态文明建设评价考核工作提供了基本依据。《绿色发展指标体系》包括资源利用、环境治理、环境质量、生态保护、增长质量、绿色生活、公众满意程度 7 个一级指标和 56 个二级指标。2018 年 5 月 18—19 日，全国第八次生态环境保护大会在北京召开，习近平总书记在大会上提出建设“以改善生态环境质量为核心的目标责任体系”。2018 年 6 月，中共中央、国务院发布《关于全面加强生态环境保护　坚决打好污染防治攻坚战的意见》，进一步提出“落实领导干部生态文明建设责任制，严格实行党政同责、一岗双责”。完善这一体系，既是打好污染防治攻坚战的内在要求和有效抓手，也是从责任政府维度推动国家治理体系和治理能力现代化的重要内容。[①] 陈健鹏等认为，完善生态文明建设政府目标责任体系具体包括五个类别：第一类，以具体减排指标、环境质量改善等具体任务为导向的目标考核；第二类，以调整地方政府绩效考核为导向的综合性生态文明目标评价体系，以《生态文明建设目标评价考核办法》为代表；第三类，以生态文明建设目标为导向的，引导性的、试点性的考评体系；第四类，侧重于厘清生态文明建设领域相关部门常态化分工责任的制度安排；第五类，建立在责任体系基础上的问责机制，以中央环保督察制度为代表。[②]

左右江革命老区位于珠江水系上游，是维系珠江下游，特别是

① 陈健鹏、韦永祥等：《完善生态文明建设政府目标责任体系》，《学习时报》2018 年 12 月 5 日第 4 版。

② 陈健鹏、韦永祥等：《完善生态文明建设政府目标责任体系》，《学习时报》2018 年 12 月 5 日第 4 版。

粤、港、澳地区生态安全的第一关，同时又是石漠化地区和矿产资源富集区，生态系统比较脆弱。保护左右江革命老区生态环境，既是我们的历史责任，又是我们的挑战。左右江革命老区生态文明建设离不开左右江革命老区全体群众的积极参与，更离不开各级政府积极探索建立和健全目标责任体系。

目前，广西、贵州、云南都结合自身实际对生态文明建设政府目标责任体系进行了积极的探索，也取得了一定的成效。

一 广西生态文明建设的政府目标责任体系

广西对生态文明建设的政府目标责任体系建设十分重视。2015年7月，广西壮族自治区党委、自治区人民政府就印发了《关于大力发展生态经济深入推进生态文明建设的意见》（桂发〔2015〕9号），提出以发展生态经济为抓手，深入推进生态文明建设；2017年8月，印发了《广西生态文明体制改革实施方案》，明确提出到2020年，构建起由自然资源资产产权制度等八项制度构成的广西特色生态文明制度体系。[①]

2018年3月，《广西壮族自治区发展和改革委员会等4部门关于印发〈广西绿色发展指标体系〉〈广西生态文明建设考核目标体系〉的通知》（桂发改环资〔2018〕283号），[②] 提出了针对广西的生态文明建设目标责任体系。《广西绿色发展指标体系》把指标分为三类，分别为《广西国民经济和社会发展第十三个五年规划纲要》确定的资源环境约束指标，《自治区党委、自治区人民政府关于大力发展生态经济深入推进生态文明建设的意见》（桂发〔2015〕9号）和《广西

---

① 中国环境网：《广西坚持绿色发展 发展生态经济》，http://www.cfej.net/city/zxzx/201812/t20181206_677510.shtml。

② 广西壮族自治区发展和改革委员会网站：《广西壮族自治区发展和改革委员会等4部门关于印发〈广西绿色发展指标体系〉〈广西生态文明建设考核目标体系〉的通知》，http://www.gxdrc.gov.cn/sites_34015/zyjyhhbc/wjgg/201803/t20180323_758331.html。

国民经济和社会发展第十三个五年规划纲要》规定的主要监测评价指标以及其他绿色发展重要监测评价指标。其中，一级指标共有七项，分别是资源利用（权重 =29.3%）、环境治理（权重 =16.5%）、环境质量（权重 =19.3%）、生态保护（权重 =16.5%）、增长质量（权重 =9.2%）、绿色生活（权重 =9.2%）、公众满意程度（权重 =3%）。在《广西生态文明建设考核目标体系》中，指标来源于《广西壮族自治区国民经济和社会发展第十三个五年规划纲要》（简称《规划纲要》）确定的资源环境约束性目标、“水十条”等（见表6—1）。

表6—1　　广西生态文明建设考核目标体系

目标类别	分值	序号	子目标名称	子目标分值	目标来源
资源利用	30	1	单位 GDP 能源消耗降低★	4	《规划纲要》
		2	单位 GDP 二氧化碳排放降低★	4	《规划纲要》
		3	非化石能源占一次能源消费比重★	4	《规划纲要》
		4	能源消费总量	3	《规划纲要》
		5	万元 GDP 用水量下降★	4	《规划纲要》
		6	用水总量	3	《规划纲要》
		7	耕地保有量★	4	《规划纲要》
		8	新增建设用地规模★	4	《规划纲要》
生态环境保护	40	9	设区市空气质量优良天数比率★	5	《规划纲要》
		10	细颗粒物（PM2.5）未达标设区市浓度下降★	5	《规划纲要》
		11	地表水达到或好于Ⅲ类水体比例★	（3）a （5）b	规划纲要
		12	近岸海域水质优良（Ⅰ、Ⅱ类）比例	（2）a	“水十条”
		13	地表水劣Ⅴ类水体比例★	5	《规划纲要》
		14	化学需氧量排放总量减少★	2	《规划纲要》
		15	氨氮排放总量减少★	2	《规划纲要》
		16	二氧化硫排放总量减少★	2	《规划纲要》
		17	氮氧化物排放总量减少★	2	《规划纲要》
		18	森林覆盖率★	4	《规划纲要》
		19	森林蓄积量★	5	《规划纲要》
		20	可治理石漠化土地治理率	3	

续表

目标类别	分值	序号	子目标名称	子目标分值	目标来源
年度评价结果	20	21	设区市生态文明建设年度评价的综合情况	20	
公众满意程度	10	22	居民对本设区市生态文明建设、生态环境改善的满意程度	10	
生态环境事件	扣分项	23	本设区市发生重特大突发环境事件、造成恶劣社会影响的其他环境污染责任事件、严重生态破坏责任事件的发生情况	扣分项	

注：标★的为《广西壮族自治区国民经济和社会发展第十三个五年规划纲要》确定的资源环境约束性目标。

资料来源：广西壮族自治区发展与改革委员会网站。

二 贵州生态文明建设的政府目标责任体系

为了构建生态文明建设的政府目标责任体系，贵州省制定了一系列的条例、规定和办法，有力地保障了生态文明建设的政府目标责任体系的实现。其中代表性的有《贵州省生态文明建设促进条例》《贵州省各级党委、政府及相关职能部门生态环境保护责任划分规定（试行）》《贵州省生态文明建设目标评价考核办法（试行）》《贵州省水土保持目标责任考核办法（试行）》和《贵州省生态文明建设领导小组办公室关于全面推进我省生活垃圾分类工作的通知》等。

（一）《贵州省生态文明建设促进条例》

为了促进生态文明建设和推进经济社会绿色发展、循环发展、低碳发展，保障人与自然和谐共存及维护生态安全，2014 年 5 月 17 日贵州省第十二届人大常务委员会第九次会议通过了《贵州省生态文明建设促进条例》（以下简称《条例》）。《条例》于同年 7 月 1 日起正式施行，是全国首部省级层面的生态文明地方性法规；

2018 年 11 月 29 日贵州省第十三届人大常务委员会第七次会议修正。

《条例》分为总则、规划与建设、保护与治理、保障措施、信息公开与公众参与、监督机制、法律责任七章，共七十条。《条例》提出将生态文明建设纳入国民经济和社会发展规划年度计划并作为政府部门的考核目标，指出“县级以上人民政府应当建立生态文明建设目标责任制，目标责任制包括水资源管理控制指标，节能和主要污染物排放总量约束性指标，森林覆盖率、森林蓄积量、森林质量、林地保有量、湿地保有量、物种保护程度指标，重大生态修复工程，资源产出率、土地产出率指标，环境基础设施以及防灾减灾体系建设，生态文化建设指标，可再生能源占一次能源消费比重，中水回用、再生水、雨水等非饮用水水源利用指标，城乡垃圾无害化处理率、城镇污水处理率、城市园林绿化率指标，其他经济社会发展的生态文明建设指标”①，共十一项。同时，《条例》提出“省、市州人民政府应当将节能减排目标逐级分解，落实到下一级人民政府，签订节能减排目标和资源产出率指标责任书，建立节能评估审查、污染物总量控制、环境质量提升与环境风险控制相结合的环境管理模式，并将节能减排目标任务和资源产出率指标完成情况作为对下一级人民政府及其负责人年度考核评价的内容”②。

（二）《贵州省各级党委、政府及相关职能部门生态环境保护责任划分规定（试行）》

2016 年 9 月，贵州省出台了《贵州省各级党委、政府及相关职能部门生态环境保护责任划分规定（试行）》（以下简称《责任划分规定》），明确了全省 29 个政府职能部门的生态环境保护责任，

---

① 中华人民共和国国务院新闻办公室：《贵州省生态文明建设促进条例》，http://www.scio.gov.cn/xwfbh/xwbfbh/wqfbh/33978/34753/xgzc34759/Document/1482627/1482627.htm。

② 中华人民共和国国务院新闻办公室：《贵州省生态文明建设促进条例》，http://www.scio.gov.cn/xwfbh/xwbfbh/wqfbh/33978/34753/xgzc34759/Document/1482627/1482627.htm。

并指出对生态环境和资源方面造成严重破坏负有责任的干部，将不得提拔使用或转任重要职务。这是全国首个关于地方党委、政府及相关职能部门的生态环境保护责任清单。

《责任划分规定》共有六章二十三条，包括总则、党委政府的生态环境保护责任、党委职能部门生态环境保护工作责任、省政府职能部门生态环境保护工作责任、部分中央在黔单位生态环境保护工作责任、附则。《责任划分规定》明确生态环境保护责任划分坚持“党政同责”“一岗双责”原则，依法、依政策划定，实行“谁决策、谁负责”“谁监管、谁负责”。

（三）《贵州省生态文明建设目标评价考核办法（试行）》

2017 年 4 月，《贵州省生态文明建设目标评价考核办法（试行）》（以下简称《考核办法》）发布，《考核办法》明确考核对象是，贵州省九个市（州）委和政府及贵安新区党工委和管委会，其中县（市、区、特区）的考核由市（州）制定办法，组织实施。重点评价生态文明建设进展的总体情况、国民经济和社会发展规划纲要中确定的资源环境约束性目标以及生态文明建设重大目标任务完成情况，具体考核内容包括绿色发展指数、体制机制创新和工作亮点、公众满意程度、生态环境事件四个方面。其中，绿色发展指数统计监测权重占到 70%，在四项考核中权重最高、最重要，是客观评价生态文明建设进程和水平的重要依据。《考核办法》指出，生态文明建设目标评价考核工作每年开展一次，2017 年开展对九个市（州）的考核，贵安新区从 2018 年开始进行目标评价考核。考核结果分为优秀、良好、合格、不合格四个等次。

2018 年 10 月，贵州省公布 2017 年度生态文明建设目标评价考核结果，贵阳市、黔西南州考核结果为优秀等次；安顺市、铜仁市考核结果为良好等次；遵义市、毕节市、黔南州、黔东南州、六盘水市考核结果为合格等次。

（四）《贵州省水土保持目标责任考核办法（试行）》

2018年3月，贵州省人民政府办公厅印发《贵州省水土保持目标责任考核办法（试行）》（以下简称《目标责任考核办法》），其中第二、第三、第四条明确提出“试行分级考核制度，省人民政府对各市（州）人民政府、贵安新区管委会进行考核，各市级人民政府按照本办法对县级人民政府进行考核”，“市、县级人民政府是落实水土保持目标责任的责任主体，各市、县级人民政府主要负责人是本行政区域落实水土保持目标责任的主要责任人，相关负责人为具体责任人”。考核内容为各级人民政府依法履行水土保持职责，完成年度水土流失防治责任目标的情况。

表6—2　贵州省水土保持目标责任考核赋分

内容	序号	考核指标	分值	赋分细则
政府水土保持责任落实情况	1	规划与投资	20	编制水土保持规划，并将水土保持工作纳入本级国民经济和社会发展规划，得5分；对水土保持规划确定的任务安排资金组织实施，安排资金占规划资金比率100%及以上，得15分；其余按安排资金占规划资金比率×15分计算得分
	2	目标责任	10	对下级人民政府开展水土保持目标责任考核，得10分
预防监督	3	水土保持方案编报率	30	生产建设项目水土保持方案编报率100%，得30分；其余按生产建设项目水土保持方案编报率×30分计算得分
综合治理	4	水土流失治理任务完成率	20	完成省级下达水土流失治理任务的，得20分；其余按水土流失治理任务完成率×20分计算得分
	5	水土保持工程投资完成率	20	完成省级下达水土保持相关工程投资任务的，得20分；其余按水土保持工程投资任务完成率×20分计算得分
合计			100	

资料来源：《贵州省水土保持目标责任考核办法（试行）》。

《目标责任考核办法》规定采用年度考核制度，采用百分制评分来进行考核评定，按照所得分数高低，考核结果划定为优秀、良好、合格、不合格四个等级。考核结果经省人民政府审定后，由省级水土保持行政主管部门向社会公告，并交组织人事部门作为对各市级政府领导班子和主要负责人综合考核评价的依据。

（五）《贵州省生态文明建设领导小组办公室关于全面推进我省生活垃圾分类工作的通知》

为了全面实施城镇生活垃圾分类，贵州省积极鼓励开展农村生活垃圾分类，2019 年 1 月，贵州省生态文明建设领导小组办公室印发《贵州省生态文明建设领导小组办公室关于全面推进我省生活垃圾分类工作的通知》，制定了《贵州省生活垃圾分类工作任务责任分解表》和《生活垃圾分类指导目录》等文件。其中《贵州省生活垃圾分类工作任务责任分解表》一共包含十七个（类）责任单位，每个（类）责任单位都有具体的任务分解；《生活垃圾分类指导目录》把生活垃圾分成有害垃圾、易腐垃圾（餐厨垃圾）、可回收物、其他垃圾（干垃圾）四大类，每大类都列出了主要品种，而且规定了生活垃圾分类收集容器标识和颜色。

三　云南生态文明建设的政府目标责任体系

2017 年 8 月，中共云南省委办公厅、云南省人民政府办公厅印发了《生态文明建设目标评价考核实施办法》（以下简称《考核实施办法》），《考核实施办法》适用于对云南省各州、市党委和政府生态文明建设目标的评价考核。

《考核实施办法》明确考核实行党政同责，地方党委和政府领导成员生态文明建设“一岗双责”。评价考核在资源环境生态领域有关专项考核的基础上综合开展，采取年度评价和目标考核相结合的方式实施。年度评价按照云南省绿色发展指标体系实施，具体工作由省发展改革委、省统计局、省环境保护厅、省检查考评工作领导小组办公室会同有关部门制定，评价结果分优秀、良好、合格、不合格四个等级。目标考核工作由云南省发展改革委、省环境保护厅、省委组织部牵头，会同省检查考评工作领导小组办公室、省工业和信息化委、省财政厅、省国土资源厅、省农业厅、省林业厅、省水利厅、省统计局等部门组织实施；主要考核各州市完成全省国民经济和社会发展规划纲要中确定的资源环境约束性指标，以及省委、省政府部署的生态文明建设重大目标任务的情况。考核结果分为优秀、良好、合格、不合格四个等级，并作为各州市党政领导班子和领导干部综合考核评价、干部奖惩任免的重要依据。

2018 年 5 月 25 日，云南公布 2016 年各州（市）生态文明建设年度评价结果，昆明排名第 1，曲靖排名 16，文山排名第 9。

表 6—3　　2016 年云南各州（市）生态文明建设年度评价结果排序

	绿色发展指数	资源利用指数	环境治理指数	环境质量指数	生态保护指数	增长质量指数	绿色生活指数
昆明	1	1	1	14	10	1	1
西双版纳	2	4	12	8	3	4	3
德宏	3	5	9	10	4	7	2
临沧	4	2	15	4	14	10	6
怒江	5	11	16	1	1	8	12
迪庆	6	16	11	2	2	5	10
楚雄	7	6	10	12	12	2	8
保山	8	13	5	6	9	11	4
文山	9	9	2	3	16	3	14
普洱	10	10	7	5	6	13	15
昭通	11	3	8	11	11	16	16
玉溪	12	7	13	13	7	14	5
红河	13	8	3	16	13	6	9

续表

	绿色发展指数	资源利用指数	环境治理指数	环境质量指数	生态保护指数	增长质量指数	绿色生活指数
丽江	14	15	6	9	8	15	13
大理	15	12	4	15	5	12	7
曲靖	16	14	14	7	15	9	11

资料来源：云南省统计局网站。

四 左右江革命老区生态文明建设目标责任体系存在的主要不足

广西、云南和贵州推进左右江革命老区振兴四年来，项目建设取得突破，特色产业发展壮大，脱贫攻坚扎实推进，跨省区合作进展顺利，对外开放持续发力，可以说是硕果累累。从目前的情况来看，广西、云南和贵州都围绕生态文明建设制定了符合自身的目标责任体系，都有各自的责任主体；各市（州）也在紧锣密鼓地启动“生态文明建设目标评价考核实施办法”制订工作，且按照各自的行政区划，强调执行情况与政府政绩考核挂钩。云南、贵州都对评价结果进行了公示。但是，左右江革命老区共有 8 个市（州）、59 个县（市、区），是一个牵涉不同省（区）、市（州）、县的复杂区域，各地地理条件、经济状况、生态情况不一，协调难度较大，尚缺乏针对左右江革命老区的生态文明建设目标责任体系，可建立“多规统一”“联防联控共治”的生态文明建设目标责任体系。

（一）左右江革命老区各区域考核办法标准不统一

首先，指标制定的依据与来源存在差异，指标一般是依据《生态文明建设目标评价考核办法》《绿色发展指标体系》《生态文明建设考核目标体系》、国家环境保护法规、各省（区）绿色发展指标及十三五规划等来制定，虽然国家层面的要求一致，但各省（区）的指标却存有差异，因此整体上存在指标制定依据或来源上不统一的问题。而且各市（州）在制定《生态文明建设考核目标体系》时，也是按照现有的行政管辖关系，依据国家、省（区）要求，结合地方规章和实际来进行制定，也同样会出现各市（州）之间不一致的情况。

其次，指标设定、指标赋分也不一致，如《广西生态文明建设考核目标体系》一级指标共五个，包括资源利用、生态环境保护、年度评价结果、公众满意程度、生态环境事件，其中生态环境保护占比40%，权重最大。而《贵州省生态文明建设目标评价考核办法》考核指标为四个，分别是绿色发展指数、体制机制创新和工作亮点、公众满意程度、生态环境事件，其中“绿色发展指数”统计监测权重占到70%。相似的指标和相同的指标在权重上也不同。

最后，执行要求不一致。虽然三省（区）都采取评价和考核相结合的方式，实行年度评价、五年考核等，都强调了生态文明建设中坚持“党政同责”“一岗双责”原则，实行“谁决策、谁负责”“谁监管、谁负责”，而且强调把执行情况作为党政领导班子和领导干部综合考核评价、干部奖惩任免的重要依据。但是在执行中，各省（区）具体要求有差别（见表6—4）。

表6—4　　生态文明建设考核目标体系与绿色发展指标体系对比

	生态文明建设考核目标体系	绿色发展指标体系
广西	考核目标包括：资源利用（30分）、生态环境保护（40分）、年度评价结果（20分）、公众满意度（10分）、生态环境事件（扣分项）	一级指标共有7项，分别为资源利用（29.3%）、环境治理（16.5%）、环境质量（19.3%）、生态保护（16.5%）、增长质量（9.2%）、绿色生活（9.2%）、公众满意度，共61项指标
贵州	考核绿色发展指数、体制机制创新和工作亮点、公众满意程度、生态环境事件四个方面；其中，绿色发展指数统计监测权重占到70%	包括资源利用、环境治理、环境质量、生态保护、增长质量和绿色生活6个方面，共49项统计指标

续表

	生态文明建设考核目标体系	绿色发展指标体系
云南	主要考核各州、市完成全省国民经济和社会发展规划纲要中确定的资源环境约束性指标，以及省委、省政府部署的生态文明建设重大目标任务的情况，突出公众的获得感	包括资源利用、环境治理、环境质量、生态保护、增长质量、绿色生活6个方面，共52项评价指标

（二）相关的区域沟通协调机制尚未建立

建立美丽左右江革命老区，离不开老区各区域建立统一的、多区域联动的、执行性强的目标责任体系。这要求广西、云南和贵州就“美丽左右江革命老区目标责任体系”广泛开展协商，制定符合老区实际的目标责任体系，真正做到“多规统一”，实现对生态问题的联防、联控、共治。目前虽然三省（区）制定了各自的制度和标准，但是左右江革命老区没有统一的评价标准。

新修订的《中华人民共和国环境保护法》第二十条规定，“国家建立跨行政区域的重点区域、流域环境污染和生态破坏联合防治协调机制，实行统一规划、统一标准、统一监测、统一的防治措施”。因此，左右江革命老区需要实行统一规划、统一标准、统一监测、统一的防治措施，才能更有效地促进左右江革命老区的生态环境治理，建设美丽左右江革命老区。为了更好地健全老区生态文明目标责任体系，需要广西、云南和贵州就目标责任体系进行集中商议，真正做到标准统一、多规统一、责权一致，为联防、联控、共治打下基础。因为涉及以后的修订、协调等问题，需要建立稳定的协调机制，但目前相关工作还未见实质性的进展。

左右江革命老区虽然已经召开老区规划实施联席会议，但主要是围绕共建产业园区、基础设施建设（如互联互通）、旅游合作、脱贫攻坚、对外开放等方面展开，与生态文明建设、美丽老区建设等相关的合作较少，缺乏内部跨区域的生态文明建设目标责任体系的交流与磋商。

（三）考核目标部门多样，缺乏系统性、统一性、常规性

生态文明目标考核是一项系统工程，不能简单地分割为农业、林业、水利、海洋、环保等方面的独立考核而不考虑各个部门之间、部门与上级之间的一致性与系统性，否则会导致生态文明建设领域专项考核繁多，地方基层政府疲于应付，甚至形成考核依赖。生态文明建设目标评价考核应该有一个整体的系统的谋划，在相关部门分工合作的基础上进行，必须突破各部门（各行业）的封闭式决策管理模式，发挥政策合力，全面推进构建左右江革命老区统一的生态文明建设目标评价考核体系。

就目前来看，左右江革命老区还存在考核体系和目标责任体系制定时部门分割的情况，而且经常以“运动式”开展各种考核工作，不仅使各基层政府疲于应付，也影响了生态文明建设整体效果的发挥。因此，生态文明建设目标考核与问责需要常态化，不宜采用“运动式”和“突击式”。

第七章

美丽左右江革命老区与生态文明制度

党的十九大报告提出实行最严格的生态环境保护制度，美丽左右江革命老区建设离不开生态文明制度的约束，广西、贵州、云南和左右江革命老区各市（州）就生态建设问题制定了针对自身发展的相关制度，但由于左右江革命老区分属广西、贵州、云南，三省（区）和左右江革命老区各市（州）的生态文明制度存在一定的差异且“各自为政”，难以做到“多规合一”。本章分析了生态文明制度的内涵和特征，介绍了左右江革命老区生态文明制度建设情况和存在的不足。

第一节　生态文明制度的含义与特征

一　生态文明制度的内涵

生态文明制度也指生态制度，不同的学者对此有不同的看法。如沈满洪教授认为，生态文明制度就是关于推进生态文明建设的行为规则，是关于推进生态文化建设、生态产业发展、生态消费行为、生态环境保护、生态资源开发、生态科技创新等一系列制度的总称。[①] 夏光认为生态文明制度是指在全社会制定或形成的一切有

① 沈满洪：《生态文明制度的构建和优化选择》，《环境经济》2012年第12期。

利于支持、推动和保障生态文明建设的各种引导性、规范性和约束性规定与准则的总和。[1] 本书认为，所谓生态文明制度是指为了保护生态平衡所制定的、要求大家共同遵守的办事规程和行动准则，包括为了保护生态环境而形成的法令、礼俗、规范等，其目的都是为了保护生态平衡，实现人与自然和谐相处。

生态文明制度是在资源约束趋紧、环境污染严重、生态系统退化的严峻形势下提出的，加强生态文明制度将有效缓解这些紧急问题。保护生态环境必须依靠制度，要把资源消耗情况、环境损害程度、生态效益情况等指标纳入经济社会发展评价体系，打破“唯GDP评价模式”，建立体现生态文明要求的目标体系、考核办法、奖惩机制。

习近平总书记指出，“保护生态环境必须依靠制度、依靠法治。只有实行最严格的制度、最严密的法治，才能为生态文明建设提供可靠保障”[2]。党的十八大报告把生态文明建设纳入中国特色社会主义事业“五位一体”总体布局，且特别强调要加强生态文明制度建设。党的十八届三中全会要求“加快建立系统完整的生态文明制度体系”。党的十九大报告将“加快生态文明体制改革，建设美丽中国”单独作为整个报告的第九部分，突出说明生态文明制度建设是生态文明建设的重中之重，抓住了生态文明建设的核心点、关键点和着力点，为我国生态文明建设指明了主攻方向，明确了根本任务。[3]

---

① 夏光：《建立系统完整的生态文明制度体系——关于中国共产党十八届三中全会加强生态文明建设的思考》，《环境与可持续发展》2014 年第 2 期。

② 中共中央文献研究室编：《习近平关于社会主义生态文明建设论述摘编》，中央文献出版社 2017 年版，第 99 页。

③ 方世南：《习近平生态文明制度建设观研究》，《唯实》2019 年第 3 期。

二 生态文明制度的主要特征

（一）生态文明制度具有强烈的社会属性

生态文明制度具有强烈的社会属性，从生态文明制度的产生上看，生态文明制度是因社会存在发展的需要而确定的，它反映的是统治阶级的利益。一个国家采取什么样的生态文明制度，是由其社会制度存在属性决定的，是社会经济结构中占统治地位的阶级、集团和个人在生态领域的利益表达和反映。

我国实行的是社会主义制度，其生态文明制度具有科学性与人民性相统一的特征。我国生态文明制度以遵循生态规律为前提，以追求生态平衡以及人与自然的和谐相处为目标，因而是一种科学的生态文明制度。在资本主义体制下，资本家出于对利润的追求往往忽视了环境污染的治理，特别是个别垄断企业或利益集团，出于利益博弈考虑，往往通过游说政府，绑架民主体制，试图说服政治领导人制定有利于它们发展的制度。而中国特色社会主义生态制度坚持以人民利益为本，以国家和市场的双重调节为根本途径和关键手段，以提升民众生活质量为出发点和归宿，这与西方国家的资本主义生态制度有着本质区别。[①]

（二）生态文明制度具有广泛的参与性

生态文明建设是一个系统工程，涉及政府、企事业单位和个人，必须全社会广泛参与才能达到好的效果。因此，执行生态文明制度，要求政府、企业和个人按照制度要求积极地做好自己分内的事情。例如，政府主要负责制定生态文明制度，并严格执行；企业按照生态文明制度的规定和要求，严格地要求自己，不断加大节能减排力度，并积极参与相关活动，为生态文明建设出谋划策；个人

---

① 庞庆明、程恩富：《论中国特色社会主义生态制度的特征与体系》，《管理学刊》2016 年第 2 期。

应该按照生态文明制度要求自己，并发挥监督的作用，及时地向政府反映在生态文明制度建设中出现的问题。只要各方主体共同参与、积极配合，那么我国的生态文明制度建设将取得巨大的成功。

（三）生态文明制度执行效果的长期性

当前中国环境污染具有全方位、立体化、交叉性等特征。它不仅带来生态灾害，而且会造成巨大的国民经济损失；不仅影响人民生活质量，而且会威胁到社会稳定；不仅是区域性问题，而且也是整体性问题。生态文明制度执行的效果体现为生态环境的好转，这是一个长期的历史的过程。一方面，因为生态文明制度的执行，其影响的对象包括政府自身、企业还有个人，牵涉面广，需要长期的不间断的强化才能逐步争取到各方主体共同参与、积极配合。另一方面，生态文明制度的执行是一个生态系统的修复过程，这个过程也是很漫长的。因此，生态文明制度的执行效果具有长期性特征。

（四）生态文明制度具有自律与强制的统一性

生态文明制度分为正式和非正式两种情况，正式制度主要是指生态方面的法律、法规、规章、条文、政策、条例等，具有贯彻和实施的强制性，是一种“刚性”规则，是一种对人们的外在的约束。因为生态制度往往与一定的生态权益分配相联系，只有通过一系列强制性规则为社会成员划定行动边界，规定权责利的社会关系，才能更好地协调多方利益矛盾，平衡利益冲突，从而为减少人们行为的不确定性创造预期保障。[①] 而非正式制度包括伦理、道德规范、风俗习惯和价值理念等，强调的是一种自我管理和自我意识的约束，是一种内在的约束。事实上，那些刻在人们心中、记入脑海，成为人的价值观念的所谓“软性”规则，往往能够起到更坚定、更持久的约束人行为的作用，而且比强制人们遵守的硬性规定

---

① 庞庆明、程恩富：《论中国特色社会主义生态制度的特征与体系》，《管理学刊》2016 年第 2 期。

更易得到执行。从这个意义上说，强化生态伦理道德这样的制度建设是更基本、更优先的任务。[①]

就正式制度与非正式制度的关系而言，正式制度与非正式制度是相互影响、相互促进的。规范化的非正式生态制度可以转化成正式生态制度，正式的生态制度也可以体现在个体自发的非正式的日常行为中；可见它们在生态文明制度建设中各自发挥作用又相互影响促进。

第二节 左右江革命老区生态文明制度建设情况分析

一 三省（区）及各市（州）生态文明制度已经相对完善

目前，广西、贵州、云南的生态文明制度已经相对完善，出台了系列的法规、规章和制度。2017—2018 年，广西制定了环境保护相关条例 16 条；云南、贵州也制定了相关的地方条例、办法等。

2002—2018 年广西累计制定地方性规章 34 个，其中 2017 年 6 个，2018 年 2 个；2013—2018 年，制定地方环境标准 6 条。截至 2018 年 12 月 31 日，制定行政执法相关制度 14 个，2008 年 9 月至 2019 年 7 月制定地方性规章 16 个。2005 年 11 月至 2010 年 1 月，云南制定地方性规章 42 个；2014—2018 年，制定地方性法规 10 个。可见，三省（区）对生态文明建设的相关规章制度相当重视，制度建设相对完善。

左右江革命老区各市（州）在生态文明制度建设方面也出台了不少规章制定。法规方面，根据新修订的《立法法》，赋予所有设区的地级市以上地方立法权。2016 年，百色市、河池市、崇左市、

① 夏光：《建立系统完整的生态文明制度体系——关于中国共产党十八届三中全会加强生态文明建设的思考》，《环境与可持续发展》2014 年第 2 期。

黔西南布依族苗族自治州分别制定了《立法条例》；2018年3月《文山壮族苗族自治州人民代表大会及其常委会立法条例》通过。自2016年获得地方立法权之后，百色市已经通过《百色市市容和环境卫生管理条例》《百色市澄碧河水库水质保护条例》等多部地方性法规并开始实施。在《百色市人民政府2018年立法工作计划》中，《百色市右江生态保护条例》被纳入地方性法规调研项目；在《百色市人民政府2019年立法工作计划》中，《百色市右江河水质保护条例》被纳入提请市人大常委会审议的地方性法规草案项目，《百色市城镇生活垃圾分类管理条例》《百色市城市建筑垃圾管理条例》被纳入地方性法规调研项目。左右江革命老区其他地级市也纷纷制定符合自身实际的环境法规。此外，各市（州）也制定了环境保护和治理的系列规范文件。如2018年1月至2019年5月河池市制定规范性文件14个。2018年1月至2019年12月崇左市制定《崇左市环境保护局行政执法公示制度》《〈崇左市左江花山岩画文化景观保护条例〉环境处罚裁量基准》《崇左市生态环境局市级权责清单规范化通用目录》等。

二　跨区域制度建设还比较滞后

为了加快我国生态文明建设的制度体系建设，增强生态文明体制改革的系统性、整体性、协同性，2015年9月11日，中共中央政治局召开会议，审议通过了《生态文明体制改革总体方案》，该方案是我国生态文明领域改革的顶层设计，对生态文明体制改革的总体要求、健全自然资源资产产权制度、建立国土空间开发保护制度、建立空间规划体系、完善资源总量管理和全面节约制度、健全资源有偿使用和生态补偿制度、建立健全环境治理体系、健全环境治理和生态保护市场体系、完善生态文明绩效评价考核和责任追究制度、生态文明体制改革的实施保障十个方面做出制度安排。特别是该方案第四部分第十五条提出“市县空间规划要统一土地分类标准，根据主体功能定位和省级空间规划要求，划定生产空间、生活空间、生态空间，明确城镇建设区、工业区、农村居民点等的开发边界，以及耕地、林地、草原、河流、湖泊、湿地等的保护边界，加强对城市地下空间的统筹规划；加强对市县‘多规合一’试点的指导，研究制定市县空间规划编制指引和技术规范，形成可复制、能推广的经验”①。这对于左右江革命老区多区域生态文明建设具有极大的指导意义。

《左右江革命老区振兴规划（2015—2025年）》中指出：“统筹考虑将符合条件的县（区、市）优先纳入国家级重点生态功能区。加大对珠江上游压咸补淡工程补偿力度。研究探索跨流域、跨省区横向水资源补偿试点，开展珠江上游生态保护价值评估。完善森林生态效益补偿制度。支持百色探索市场化生态补偿的有效方式”。

目前左右江革命老区的合作主要侧重于经济方面，特别是在一些涉及交通、产业园区等重大项目方面，而生态方面明显滞后，相关的制度建设也是如此。

（一）广西、贵州、云南三省联席会议制度已经建立，合作已经取得了一定的成绩

1. 联席会议已经开展

2016年12月22日，广西、贵州、云南推进左右江革命老区振兴规划实施联席会议第一次会议在广西壮族自治区南宁市举办，会议审议了《广西贵州云南深化左右江革命老区合作发展南宁共识》，研究了三省区共同推进左右江革命老区建设重点领域合作、重大项目规划、重要政策争取等方面的工作，围绕会议有关议题开展了深

---

① 《中共中央　国务院印发〈生态文明体制改革整体方案〉》，《经济日报》2015年9月22日第2版。

入讨论和交流，并签署了百色—黔西南、河池—黔南共建产业园区等相关协议。

2017年4月12日，《广西壮族自治区人民政府、贵州省人民政府、云南省人民政府印发广西贵州云南推进左右江革命老区振兴规划实施联席会议制度的通知》（桂政发〔2017〕22号），标志着三省联席会议制度正式确立。在《广西贵州云南推进左右江革命老区振兴规划实施联席会议制度》中，提出联席会议职能是："统筹协调解决左右江革命老区建设过程中的重大问题，研究提出需要国家支持的政策措施；统筹协调左右江革命老区建设的重大合作项目（事项），指导研究制定并审议出台重大项目（事项）的实施方案；指导成立三省区重大项目（事项）合作的机制；积极推进三省区在重大基础设施、产业发展、生态保护、文化旅游等方面的合作；统筹推进左右江革命老区区域内经济发展合作，指导相关地方建立市州互访机制和联席会议制度；完成三省区议定的有关左右江革命老区规划建设实施的其他工作。"联席会议由总召集人、召集人，秘书长、副秘书长以及下设的广西议事组、贵州议事组、云南议事组组成。

2018年8月23日，广西、贵州、云南三省区人民政府在百色市召开左右江革命老区振兴规划实施联席会议。会议通报了规划实施三年以来左右江革命老区的发展情况，强调各有关单位要按照会议达成的共识，进一步用好规划的支持政策，加大投入，加强沟通，强化优势互补，深化三省区在重点领域的合作，不断开创老区振兴发展新局面。2018年10月25日，左右江革命老区市（州）政协主席联席会议在贵州省黔南州都匀市召开，来自广西、贵州、云南三省区七地的政协主席达成共识。至2018年10月，左右江革命老区市（州）政协主席工作联席会议已经连续举行5次。

《左右江革命老区振兴规划（2015—2025年）》（以下简称

《规划》）获批使左右江革命老区建设获得了国家支持，要建设美丽左右江革命老区，需要联合不同行政区划，特别是云南、贵州，共建联席会议制度，推进生态环境建设，逐渐形成紧密完善的区域内合作机制。

2. 区域生态合作已有初步成果

为了加快《规划》的实施力度，2015 年 6 月，广西壮族自治区人民政府出台了《左右江革命老区重大工程建设三年行动计划实施方案》，总投资超过 300 亿元。生态工程方面，包括退耕还林工程、石漠化综合治理等 31 项，总投资达 107 亿元。

表 7—1　左右江革命老区重大工程建设三年行动计划项目（档案工作属区直管理项目）

<table>
<tr><th>序号</th><th>项目责任单位</th><th>项目名称</th><th>项目业主</th><th>档案监管单位</th></tr>
<tr><td>1</td><td>广西壮族自治区农业厅</td><td>左右江三市优质高产高糖糖料蔗基地（崇左、河池、百色）</td><td rowspan="5">南宁市人民政府、百色市人民政府、河池市人民政府、崇左市人民政府</td><td rowspan="5">广西壮族自治区档案局</td></tr>
<tr><td>2</td><td rowspan="2">广西壮族自治区林业厅</td><td>左右江革命老区退耕还林项目</td></tr>
<tr><td>3</td><td>左右江革命老区防护林工程</td></tr>
<tr><td>4</td><td>广西壮族自治区扶贫办</td><td>左右江革命老区石漠化综合治理工程</td></tr>
<tr><td>5</td><td>广西壮族自治区乡村办</td><td>“美丽广西·清洁乡村”村屯绿化专项活动</td></tr>
<tr><td colspan="2">项目总计（项）</td><td colspan="3">5</td></tr>
</table>

资料来源：广西档案信息网。

此外，跨省（区）合作项目也取得重大突破。目前，左右江革命老区相关的生态合作开始启动。比较突出的合作有万峰湖生态环境建设和“两江一河”生态旅游建设。

（1）万峰湖生态环境建设

为了推进万峰湖生态环境建设，2015年1月22—23日，云南、贵州、广西三省区各级环保部门和国家环保部门联合召开申报工作座谈会，环保部专家莅临会议进行指导。会上形成了《滇黔桂三省（区）环保部门关于申报万峰湖生态环境保护总体实施方案相关工作座谈会会议纪要》和《万峰湖生态环境保护总体实施方案省级技术评审意见》。经云南省曲靖市人民政府、贵州省黔西南州人民政府、广西壮族自治区百色市人民政府充分协商，签署了《万峰湖生态环境保护综合治理战略合作协议》。该协议明确在掌握万峰湖基本情况、调查生态环境现状、分析流域生态环境问题成因、通报生态环境保护工作开展情况、完善生态环境保护综合治理协调机制、建立联合监测预警制度、建立环境应急联运制度、开展“美丽万峰·生态乡村”行动、建立专项资金投入机制、加快万峰湖生态环境保护项目申报等方面进行全面协作配合。[①]

（2）“两江一河”生态旅游建设

“两江一河”指南盘江、北盘江和红水河流域，横跨云南、贵州、广西的21个县（市），是珠江上游重要水系，也是珠江上游生态屏障和重要生态功能区。该流域是我国布依族、苗族等少数民族聚居地区，该区域矿产资源丰富，旅游资源也十分丰富，但交通闭塞。因此，发展航运十分重要。2017年12月7—8日，为期两天的滇黔桂三省（区）21县（市）政协联席会在罗甸县召开，会议围绕构建打造“两江一河”生态旅游带，加快区域经济发展建言献策。滇黔桂三省（区）21县（市）政协组织的联谊会每年定期轮流在三省区的相关县（市）举行，会议主要是围绕打造“两江一

① 曲靖市政府网：《曲靖市、黔西南州、百色市人民政府签署万峰湖生态环境保护综合治理战略合作协议》，http：//www.qj.gov.cn/html/2015/hbj_0205/22134.html；曲靖市政府网：《滇黔桂三省（区）环保部门召开万峰湖生态环境保护工作座谈会》，http：//www.qj.gov.cn/html/2015/hbj_0205/22133.html。

河”生态旅游带展开交流。

左右江革命老区作为一个整体区域，需要从两个层面建立生态保护与补偿机制。第一个层面是左右江老区内部，主要是左右江、红水河、南盘江等流域的上下游之间。第二个层次是左右江与左右江外的区域，包括整个西江区域，其行政区域涉及粤港澳地区。左右江革命老区与流域上下游各级政府部门需按照“谁获益，谁补偿”“谁污染，谁赔偿”的原则，推进建立流域上下游横向生态保护补偿机制，特别与广东等省份有关方面就生态保护补偿机制协调对接，力争尽快取得实质性进展。目前，相关工作还未实质性开展。

第八章

美丽左右江革命老区与生态安全

生态安全是国家安全体系的重要基石，也是建设美丽中国的基本保障。我国在2000年发布的《全国生态环境保护纲要》中，第一次明确提出了“维护国家生态环境安全”的目标。党的十九大报告提出了把我国建成富强民主文明和谐美丽的社会主义现代化强国的战略部署，其中包含了构建生态安全型社会的重大任务。构建生态安全体系需要大力推进生态文明建设，不断优化生态安全屏障，提供更多优质生态产品。[①] 本章首先分析生态安全的含义、特征和分类，然后系统分析左右江革命老区的喀斯特地貌与石漠化、矿产资源富集、快速城市化进程、企业生产方式与污染排放、生态灾害、动植物物种减少等因素对该区域生态安全的影响。

第一节　生态安全的内涵与特征

一　生态安全的内涵

生态安全是20世纪后半期提出的概念，一般包括广义、狭义两个视角。广义的生态安全是指在人的生活、健康、安乐、基本权

① 方世南：《生态安全是国家安全体系重要基石》，http：//www. cssn. cn/index/index_focus/201808/t20180809_4536933_2. shtml。

利、生活保障来源、必要资源、社会秩序和人类适应环境变化的能力等方面不受威胁的状态，包括自然生态、经济生态和社会生态三方面的安全，是一个复合人工生态安全系统；狭义的生态安全是指自然和半自然生态系统的安全，即生态系统完整性和健康的整体水平反映。[①] 生态安全具有两重含义：一是生态系统自身的安全，二是生态系统对于人类的安全。生态安全具有长期性、整体性、滞后性、难可逆性、全球性等特点，是社会稳定和国家安全的重要组成部分。

生态安全包括要素安全和功能安全两个方面。与此相对的是要素不安全和功能不安全。要素不安全是指构成生态安全的某个要素，如阳光、土壤、水、植被、空气、微生物等参数任何一个或其中的某几个参数变动导致的不安全。功能不安全是指局域或者全球性生态环境指标（如人类及动植物生长适宜度、地球表层物质循环状态有序及紊乱程度等）参数变动导致的不安全。[②]

二　生态安全的特征

（一）生态安全具有整体性

首先，从生态安全的涉及范围上来说，生态安全涉及区域生态安全、国家生态安全以及全球生态安全，而且区域生态安全、国家生态安全和全球生态安全是相互影响的，体现了生态安全的整体性。一国生态环境的恶化往往对邻国构成生态威胁，河流上游的生态污染可能对下游构成生态威胁，这些都体现了生态安全的整体性。例如，楼兰古国的例子说明了生态危机的整体性特征。位于新疆塔里木盆地的楼兰古国，在汉代时水草丰美、经济繁荣、商贾云

① 肖笃宁、陈文波等：《论生态安全的基本概念和研究内容》，《应用生态学报》2002 年 3 月第 3 期。

② 王春益：《生态文明与美丽中国梦》，社会科学文献出版社 2014 年版，第 74 页。

集，这一切依赖于塔里木河流带来的充足水量。但是，随着塔里木河上游、中游人口的急剧增多，加上环境的破坏，土壤沙化十分严重。由于生态安全具有整体性，楼兰人赖以生存的母亲河——塔里木河水量也急剧减少、干涸，楼兰地区的生态环境不断恶化，干旱不断、植物死亡、土壤不断沙漠化，最终被茫茫沙漠所吞噬，楼兰古国灭亡。如今，人们只能在漫漫黄沙中探寻古楼兰的文明残迹。其次，从影响生态安全的因素和后果来说，它们也是彼此联系和相互影响的，体现了生态安全的整体性。据统计，全球每年排放进入大气层的气体，CO_2约57亿吨，CH_4约2亿吨；排放有害金属铝约200万吨，砷约7.8万吨，汞约1.1万吨、镉约5500吨等。这些排出的废气和固体废弃物超出了自然的承载力，于是产生了大气污染、水土污染等。大气和水土污染又进一步地破坏自然生态，导致森林面积减少、草地沙漠化、生物多样性减少和物种灭绝等。生态的破坏和资源的短缺，往往会陷入恶性循环。生物资源的短缺会进一步导致人类对自然资源的掠夺，从而产生更加严重的生态问题。最后，从生态安全影响的广度来说，局部的生态安全可能影响到整体的生态安全。比如河流的污染可以导致土壤污染、农作物污染和饮水安全等。滥伐森林可导致绿洲沦为荒漠、水土大量流失、干旱缺水严重、洪涝灾害频发、物种纷纷灭绝、温室效应加剧等问题，甚至导致气候变化。此外，生态危机往往带来非生态方面的影响，如“北洋政府时期，湖南每年都有大面积的自然灾害发生，尤以水旱灾害为最。频频发生的自然灾害既造成湖南社会动荡、经济衰颓的恶果，同时又对湖南社会的发展产生了深远影响，引发了一系列的社会问题”①。据史料记载，在“10—11世纪中叶，拜占庭帝国统治下的东地中海地区自然灾害频发，……灾害不仅使帝国的农业

① 李慧伟：《北洋政府时期湖南自然灾害与社会变迁》，《湖南工程学院学报》2008年第3期。

生产受到极大损失，亦加速了帝国乡村的土地流转，促使帝国大地产制发展壮大。此外，严重的灾情破坏了乡村社会的稳定，削弱了基层社会组织——村社的重要性，帝国中央政府逐步失去对基层社会的有效掌控”①。

（二）生态安全危害后果的严重性

生态安全问题危害后果的严重性主要体现在以下几个方面：一是治理成本高，根据国家发改委 2013 年发布的《西部地区重点生态区综合治理规划纲要（2012—2020 年）》，西部五大重点生态区（黄土高原水土保持区、西北草原荒漠化防治区、青藏高原江河水源涵养区、西南石漠化防治区、重要森林生态功能区）未来几年可能投入的相关资金或将达到 3000 亿—5000 亿元。二是治理难度大。就土壤污染来说，好土壤是一种不可再生资源，形成的时间很长。自然形成 1 厘米土壤需要 200 年，1 厘米耕作层土壤需要 200—400 年。② 三是危害程度大。生态安全直接威胁到人类的生存。

（三）生态安全具有不可逆性

这里指的不可逆是指如果生态破坏超过自然界自身修复的“阈值”，就会造成一种不可逆的破坏，造成无法弥补的后果。如动植物物种灭绝、湿地的丧失、土地石漠化的形成等。据统计，1600—1800 年，地球上的鸟类和兽类物种灭绝了 25 种；1800—1950 年，地球上有 78 种鸟类和兽类物种已经灭绝了，曾经生活在地球上的冰岛大海雀、北美旅鸽、南非斑驴、澳洲袋狼、直隶猕猴、高鼻羚羊、台湾云豹、中国犀牛、南极狼等物种已不复存在。③ 20 世纪 70

① 王妍：《东地中海自然灾害与乡村社会经济变迁（10—11 世纪中叶）》，《内蒙古大学学报》（哲学社会科学版）2016 年第 3 期。

② 王立彬：《抢救征地耕作层，让耕地“起死回生”》，《国土资源》2015 年第 3 期。

③ 江枫：《人类如何面对第六次物种大灭绝——读伊丽莎白·科尔伯特的〈大灭绝时代〉》，《中国绿色时报》2015 年 9 月 4 日第 4 版。

年代，地球上每周丧失 1 个物种；80 年代达到每天至少有 1 个物种灭绝；90 年代几乎 1 小时就有 1 种生物灭绝，许多物种在人类还未认识之前，就携带着它们特有的基因从地球上消失了。[①] 湿地也是如此，过去，由于人们对湿地本身的生态功能认识不足，全球湿地遭受了严重破坏，面积大幅度缩小。如美索不达米亚平原沼泽，面积从 10 世纪 50 年代的 15000—20000 平方公里减少到今天的不足 400 平方公里。到现在，美国丧失了 54% 的湿地，法国丧失了 67% 的湿地，德国丧失了 57% 的湿地。近 40 年来，我国有 50% 的滨海滩涂湿地不复存在，约 13% 的湖泊已经消失，长江流域的湖泊从 20 世纪 50 年代的 1066 个减少到 90 年代的 182 个，黑龙江三江平原 78% 的天然沼泽湿地已经丧失。[②]

（四）生态安全危害的潜伏性与生态恢复的长期性

生态安全危害的潜伏性（滞后性），是指生态安全问题的产生往往要经过一定时间的积累，在危机爆发前，难以被人发现，容易被人们忽视或者采取行动相对滞后。其原因是，这里所说的生态系统是指一个巨大的包括非生物系统（生命支持系统）和生物系统在内的生态系统，其结构极其复杂，稳定性也极高。外界轻微的影响可能由于系统自身的调节功能而恢复。随着外界不利因素影响的持续增大，整个生态系统会和外界因素有一个长期维持平衡与打破平衡的“斗争”过程，这个过程是难以发觉的，体现出一定的潜伏性。如大气污染、水土流失、土地荒漠化等都是在潜移默化中进行的，其严重性往往几年甚至几十年才有一点点的显现。如马斯河谷烟雾事件、内蒙古乌梁素海污染事件等就具有一定的典型性，其环境恶化时其实已经经历了一个长时期的破坏过程。

---

① 耿国彪：《人类只有一个地球》，《绿色中国》2014 年第 9 期。

② 耿国彪：《人类只有一个地球》，《绿色中国》2014 年第 9 期。

生态恢复的长期性是指已经打破原有的生态平衡而出现生态危机，若想解决这种生态危机需要长期的艰巨的努力，包括巨大的经济代价。比如沙漠绿化，可能需要好几代人甚至十几代人不懈的努力才有比较明显的效果；水土流失，要恢复起来的时间更长。有研究指出，在自然力作用下，形成1厘米厚的土壤需要100—400年的时间。①

（五）生态安全不确定性

生态系统是生命系统和环境系统在特定空间的组合，是由生物群落及其生存环境共同组成的动态平衡系统。此动态平衡系统往往会因为外界因素（包括自然因素和人为因素）引起系统内部个别因素的改变而打破原来的物质与能量平衡从而引起系统内部一系列的调整与改变，而这种调整与改变具有很大的不确定性，可能会进入一个新的动态平衡，也有可能产生一系列的连锁反应导致巨大的生态灾难，这些都使生态安全具有不确定性。而且生态安全问题的产生往往是多因素综合作用的结果，情况复杂，其后果也具有多样性，其破坏程度也难以衡量，对今后的发展趋势也难以做出准确的预测。如生态环境破坏和资源枯竭所带来的物质贫乏所引发的一系列生态问题；不适当利用生物的危机，即生物入侵对于环境原有平衡的破坏；由于生物技术所带来的冲击和基因技术的不确定性所带来的风险；等等。

第二节　生态安全的分类

生态安全分类有多种方法，常见的有两种分法，一是按照安全尺度划分，可分为景观生态安全、局部地区生态系统安全、区域生

---

① 耿国彪：《人类只有一个地球》，《绿色中国》2014年第9期。

态系统安全、国家生态安全、全球生态安全。二是按照生态安全的要素来划分，可以分为环境安全、生物安全、资源安全、生态系统安全。下面分析第二种分类方法。

（1）环境安全。这里的环境是指人类生存所依存的自然环境，环境安全是指人类进行生产和生活所依存的自然生态环境处于良好的状态或不遭受不可恢复的破坏。

（2）生物安全。广义的生物安全包括各种生物体或来自各种生物的毒素、过敏原等对人类带来的健康、环境、经济和社会生活的现实损害或潜在风险。狭义的生物安全是指由于人类行为导致生物体或其产物对人类身体健康和周围生态环境产生现实损害或潜在风险，如基因技术、操作病原体（活的生物体及其代谢产物）和由于人类活动使非土著生物入侵等所造成的危害等。

（3）资源安全。这是指国家或地区经济发展和人民生活所需的资源保障情况，包括自然资源能持续稳定供给以及其价格的合理性等。资源安全按资源重要性的不同，可分为战略性资源安全和非战略性资源安全两大类。又可根据其类别的不同，分为土地资源安全、水资源安全、矿产资源安全、生物资源安全、环境资源安全、海洋资源安全、能源资源安全等。

（4）生态系统安全。生态系统是指一定的空间内生物和非生物成分通过物质循环和能量流动，相互作用、互相制约而构成的一个生态学功能单位，也可以简单地概括为生物群落与其生存环境组成的综合体。[①] 生态系统具有能量流动、自我调节与修复等功能，是一种动态系统。所谓生态系统安全，是针对整个生态系统而言的，是指生态系统的一种稳定的、健康的状态。

① 李党生主编：《环境保护概论》，中国环境科学出版社2007年版，第24页。

第三节 左右江革命老区生态安全分析

一 喀斯特地貌、石漠化与生态安全问题

喀斯特植被是一类脆弱生态系统，地表土壤“支离破碎”、不连续，土层浅薄蓄水性差，土壤含石头等杂质多，环境容量小，抗干扰能力弱。石质荒漠化简称（石漠化）是在喀斯特地貌基础上形成的一种荒漠化的现象。喀斯特地区一般土壤层很薄（多数不足10厘米），由于人为活动，如大面积的陡坡开荒、过度开垦等原因，自然植被不断遭到破坏，加上暴雨冲刷，造成水土流失和地表基岩出露，土地生产能力衰退或丧失，呈现类似荒漠景观。

（一）*左右江革命老区喀斯特地貌、石漠化现状*

左右江地区是喀斯特地貌发育的典型地区，呈现出范围广、程度深的特点。广西碳酸盐地区十分广泛，据安国英等[①]通过遥感影像图面统计，广西碳酸盐岩出露面积约8.17万平方公里，占广西国土面积的35%，这些喀斯特地貌集中分布在红水河流域、柳江流域、左右江流域和漓江流域的中下游两岸。根据2000年广西行政区划89个县市统计，80个县市有岩溶分布，其中碳酸盐岩出露面积占县域面积30%以上的县市有45个。

就左右江革命老区而言，喀斯特地貌尤为突出。百色是左右江地区的中心城市，但百色1/3的土地为喀斯特地貌。广西喀斯特地貌面积最大的是河池，有“喀斯特王国”之称，其市辖区内的11个县（区）中，喀斯特地貌面积达21795平方公里，占整个河池国土面积的65.74%，占广西喀斯特地貌总面积的24.34%；[②] 黔西南

---

① 安国英等：《西南地区石漠化分布、演变特征及影响因素》，《现代地质》2016年第5期。

② 王卓：《喀斯特景观：大自然赋予河池的宝藏》，《河池日报》2018年6月28日第6版。

州全州岩溶面积达1万多平方公里，占其国土面积的66.7%，[①] 比重略高于河池。文山州岩溶土地面积占其国土面积的43.06%。此外，黔东南州的榕江县、从江县，黔南州的荔波县、独山县、平塘县、罗甸县、长顺县、惠水县、三都县都是喀斯特地貌集中区。

石漠化已成为左右江革命老区最为严峻的生态问题，制约着区域经济社会的可持续发展。据统计，整个广西石漠化面积涉及10个市76个县（市、区），在石漠化土地中，轻度石漠化面积占比为10.0%；中度石漠化面积占比为27.2%；强度石漠化面积占比为55.2%；极强度石漠化面积占比为7.6%。强度、极度强度石漠化地区集中分布在左右江革命老区的河池市、百色市、崇左市等，治理难度大。[②] 据遥感调查，百色市和河池市两市石漠化面积达1.57万平方公里，占两市国土面积的22%，占整个广西石漠化面积的56.5%。[③] 黔西南州石漠化更为严重，石漠化总面积达5029平方公里，占全州国土面积的29%，占岩溶面积的49%；潜在石漠化面积为2114平方公里，占全州国土面积的12%。在石漠化面积中，中度以上石漠化面积为2917平方公里，是贵州省石漠化分布最集中、面积最大、程度最高的地区。[④] 文山州石漠化土地面积占岩溶土地面积的47.84%。

（二）喀斯特地貌、石漠化与左右江革命老区生态安全

石漠化是岩溶地区最严重的生态问题，有“地球的癌症”之称，左右江革命老区就是全国典型的石漠化集中地区，面临以下生态安全问题。

---

① 王仕静、刘建军：《黔西南州喀斯特旅游发展对策分析》，《兴义民族师范学院学报》2016年第6期。

② 张菁：《广西壮族自治区岩溶地区石漠化综合治理规划》，《草业科学》2008年第9期。

③ 刘燕、蔡德所：《广西西部地区石漠化现状及治理对策》，《中国水土保持》2012年第3期。

④ 黔西南州人民政府网：《国家滇桂黔石漠化连片特困区调研组来我州调研指导》，2012年4月1日，http://www.qxn.gov.cn/OrgArtView/zwzys/zwzys.Info/48220.html。

第一，石漠化区域自然灾害多。由于石漠化地区土壤极薄、岩石裸露、植被脆弱、山体陡峭，加上地下岩溶发育，很容易发生山洪、滑坡、泥石流等地质灾害，也容易引起工程性缺水，使得农业生产条件和生态环境进一步恶化，甚至将使人民群众失去赖以生存的基本自然条件，进一步缩小了该地区人的生存与发展空间，特别是耕地资源的减少。

第二，石漠化区域水土流失形成恶性循环。由于石漠化地区土壤极薄和岩石裸露，加上地形地貌陡峭破碎，相对落差较大，一旦遇到暴雨冲刷，极容易加剧水土流失。水土流失使得石漠化地区植被大幅度破坏或减少，又进一步加剧了石漠化，形成水土流失和石漠化加剧的恶性循环。

第三，石漠化导致土地资源的丧失。石漠化表现为循环中土壤持水能力下降，土壤养分无法迁移，生态系统退化，石漠化的发展将会引起生物多样性锐减，甚至导致土地资源的丧失。据遥感调查，百色市水土流失面积为5460.37平方公里，占其土地总面积的15.08%，每年流失表层土在191.11万吨以上。[①]

因此，左右江革命老区喀斯特地貌与石漠化地表具有生态脆弱性，应当以保护为主，如果开发不当极容易造成环境安全和生态系统安全。

二　矿产资源富集区与生态安全问题

（一）左右江革命老区矿产资源情况

右江、左江、红水河交汇区域土壤肥力较高，山势比较平坦，自然生态较好，国家自然保护区和森林公园比较密集，森林覆盖

---

① 百色政府网：《百色市人民政府关于印发百色市现代生态农业（种植业）发展“十三五”规划文本的通知——百政发〔2017〕26号》，http://www.baise.gov.cn/www/zww/html/2017-11/201711232025369104.html。

率高达58.7%，雨量充沛，年降水量达1300—1600毫米，该区域是国家生物多样性重要宝库和珠江流域重要的生态屏障。但左右江革命老区也是矿产资源富集区（见表8—1），区域经济发展对矿产资源依赖性很大。

表8—1　　左右江革命老区矿产资源

市（州）	矿产资源情况
百色	“中国铝都”，我国十大有色金属矿区之一，其中铝土矿已探明储量约占全国的1/4，是我国主要铝土资源富集区，已经探明的铝土矿储量有7.09亿吨，远景储量超10亿吨，石油、煤、锰、铜、金、锑等储量也比较丰富
河池	我国十大有色金属之乡之一，已探明的有锡、锑、锌、铟、铜、铁、金、银、锰、砷等47个矿种，矿产地186处，其中大型22处，能源矿产主要有煤、石煤等，非金属矿产主要有硫、石灰岩、白云岩等，水气矿产主要有矿泉水，保有储量居广西首位的有锡、铅、锌、锑、铟等;① 其中锡储量68.9万吨，占全国储量的13.8%；锑储量47.1万吨，占全国储量的17.7%；铟储量1059吨，占全国储量的9.1%；铅储量84.2万吨，占全国储量的1.7%；锌储量506.2万吨，占全国储量的4.7%
崇左	“中国锰都”，锰、膨润土、重晶石、锌、金、银、稀土储量丰富。已探明矿产36种，截至2017年年底保有资源储量：煤炭约8154万吨，锰矿约16300万吨，褐铁矿矿石量约8680万吨，金金属量约6133千克、铅金属量约7.46万吨、锌金属量约29.52万吨、稀土矿氧化物约1.10万吨、膨润土矿石储量约64036.5万吨、磷矿石量约2846.4万吨，铝土矿约9854万吨；其中锰占全国储量的18%
黔西南	已发现矿藏41种；已探明的矿藏有煤、金、锑、铊、铅、锌、铁、汞、铜、铝土、砷、磷、萤石、大理石、石灰石、黏土、石英砂、铝、石膏、白云石、钼、冰洲石、水晶、硅石、钴、高岭土等；其中煤炭资源是“西南煤海”的重要组成部分，已探明储量75.28亿吨，远景储量190多亿吨，列贵州省第三位；金矿资源已探明的特大型矿床1处、大型矿床4处、中型矿床1处、小型矿床4处及矿点、矿化点数十处，保有储量占贵州省的90%以上，已探明的地质储量约500金属吨，远景储量1000吨以上，被中国黄金协会命名为“中国金州”

① 河池政府网：《自然资源》，http://www.hechi.gov.cn/zjhc/zrdl/20181008-1162636.shtml。

续表

市（州）	矿产资源情况
文山	文山被誉为“有色金属王国中的王国”，现已探明和发现的黑色、有色、稀有贵重金属、非金属矿已达11类55种670个矿点；其中锑、锡储量分别居全国第二、第三位，锰储量居全国第八位，铝土储量居云南首位

资料来源：各市（州）政府网、《桂西资源富集区发展规划》。

（二）矿产资源富集区与左右江革命老区生态安全

矿产资源的开采，往往以牺牲当地的生态环境为代价，这是一种典型的外部不经济现象。矿产资源开发带来的生态安全问题主要体现在四个方面。[①] 第一，产生矿山地质灾害。露天开采引发的地质灾害主要有崩塌、滑坡（露采场、排土场滑坡）、泥石流、地下水疏干等；地下开采引发的地质灾害主要有地面塌陷、地裂缝、山体滑坡、泥石流、矿震、地下水疏干等。第二，导致植被破坏及水土流失。第三，水生态环境污染。主要是开采过程中，会产生大量矿坑涌水、淋溶水、选矿废水等，而且这些水中可能会含有大量矿物元素。这些元素有的具有很大的毒性，如果直接排到沟渠、水塘和江河，不仅沟渠、水塘和江河浅层地下水受到不同程度的污染，也容易造成整个水域产生大污染。此外，采矿废石、尾矿渣等露天堆放，也会成为水生态环境的主要的污染源。第四，破坏区域水资源。这主要是指矿山开采破坏包括矿区及周边水资源浪费、水平衡破坏、水环境变化等，导致矿区及周围地下水位下降、泉流量下降甚至干枯，地表水流量减少或断流。这些地质灾害和环境破坏构成了矿产资源开发的生态安全问题。

一方面，如果矿产资源富集区过度开发，容易导致资源枯竭，

① 林勇山、晏婷：《从源头加强矿产资源开采中生态环境保护》，《世界有色金属》2018年第22期。

产生资源安全；另一方面，矿产资源开发往往与矿石加工、冶炼等产业相联系，这些生产环节大部分都十分粗放，产生的废水、噪音、粉尘、尾矿及其他废弃物等引起严重的环境安全和生态系统安全。左右江革命老区作为矿产资源富集区，生态安全形势十分严峻。

三　快速城市化与生态安全问题

（一）左右江革命老区城镇化基本情况

1. 随着城市化的加快，工程项目增加

2015 年，《左右江革命老区振兴规划（2015—2025 年）》获得国务院审批后，一大批重点工程即将上马，随着百色市“右江区—田阳一体化”战略的推进，黔西南、河池、崇左等城区面积不断增大，城市化进程不断加快，对耕地和植被的占领和破坏也会越来越多。随着左右江革命老区经济建设的发展和各项重点工程征占的林地日益增多，局部地区的林木、林地在逐步减少，左右江革命老区自然生态系统及生物多样性得到有效保护的难度加大，一定程度上影响了左右江革命老区的生态安全。

表 8—2　　左右江革命老区主要城市城镇化率　　单位：%

年度	百色	崇左	河池	黔西南	文山
2018	37.06	39.24	38.18	46.00	41.97
2017	36.30	38.28	37.07	43.00	40.81
2016	35.19	37.21	36.05	40.00	39.00

资料来源：各市（州）政府工作报告、统计公报。

2. 城市人口不断增加

除了工程项目增加，城镇人口（常住人口）也在不断增加，目前我国城镇化率已经达到59.58%（按常住人口统计），而左右江革命老区还整体偏低，城镇化率还有很大的提升空间。人口的增加，给城市基础设施带来了压力，也给城市生态系统带来了压力。

3. 城市一体化进程加快

按照广西2012年制定的《桂西资源富集区发展规划》，河池市将按照中等城市规模规划建设，城市建设向东拓展，与宜州市城区实现一体化发展。2016年，国务院已经同意宜州撤市设区和河池市政府迁移到宜州；2017年7月26日，宜州区正式挂牌。百色市按照“拓展新城、疏解旧城、完善功能、拉开框架”的思路，城市向东不断扩展，实行百色—田阳一体化发展，建成富有民族特色的山水园林城市。2017年3月，百色市田阳县撤县设区工作领导小组及办公室成立。崇左市按照中等城市规模规划建设。城市向城南新区拓展，逐步实现崇左—扶绥县城—凭祥市区的一体化建设，建成面向东盟开放合作的区域性新兴城市。

此外，文山州和黔西南州发展也是突飞猛进。《文山州“十三五”革命老区振兴发展规划（2016—2020年）》提出“建设文砚平半小时经济圈”；《黔西南州“十三五”山地特色新型城镇化规划》提出“兴兴安贞义城镇群建设”战略，实施“‘一群两翼、一核三轴’的黔西南州城镇化战略格局”。

（二）城市化与左右江革命老区生态安全

城市化加快发展进程也是人类加大对空间资源利用强度的过程。在城市快速发展过程中，土地开发、城镇建设用地扩张等空间开发利用活动改变了原来区域生态系统的结构与功能。尤其是在城市快速扩张的过程中，扩张区域由于人类活动强干扰的介入，特别是随着城市大量外来人口的聚集，必然会引起该区域资源、能源消耗的急剧增加，环境承载压力和资源承载压力突然增大，往往会打破整个自然生态系统的空间格局构成，导致自然生态过程的改变和生物多样性的损失，会带来一系列的社会经济和生态环境问题（如土地过度开发利用、城市用水紧张，城市空气质量下降、资源短缺、交通拥堵、尾气增加等），产生一系列环境安全、资源安全和生态系统安全问题。关于城市化与生态安全的关系问题，美国环境经济学家格罗斯曼（Grossman）和克鲁格（Krueger）提出城市化与生态安全之间呈倒“U”形曲线的理论。他们采用计量经济学方法对42个发达国家的数据进行实证研究后发现，随着城市化速度的加快及城市化水平的提高，一个区域的城市生态环境质量将呈现出倒“U”形的演变规律，符合环境库兹涅茨曲线（EKC）假设。①

左右江革命老区作为一个城市化加速发展的后发达地区，与全国其他地区一样，随着城市化的加快，土地开发、基础设施建设、产业污染排放、人口集中等也会带来生态破坏和环境污染问题。

此外，左右江革命老区还存在特殊性，这种特殊性主要与当地特殊的地形地貌与民族文化相联系。第一，城市一般都需要精心选址才开始建设，其选址要求一般是平原广阔、地形有利、水陆交通便利、水源丰富、地形高低适中、物产丰盈、气候温和等。这些都是美丽中国建设的基础条件。左右江革命老区以山地为主，喀斯特和石漠化突出，是典型的“边山穷”地区，有些山区都难以适合人类居住，更谈不上发展城市了。因此，相对于一个以山地、喀斯特地貌为主的老区来说，这些平整肥沃的土地显得尤为金贵，是美丽老区生态农业、有机农业发展的基础，也是美丽老区良好自然生态的主要阵地。如果富饶、平整、河湖密布的平地都变成城市，剩下

① Grossman G.，Krueger A.，“Economic growth and the environment”，*Quarterly Journal of Economics*，No. 2，1995，pp. 353 – 377.

一些自然生态十分脆弱、经济价值很低、山高路陡、贫穷落后的石山区和石漠化地区，这对美丽左右江革命老区建设是十分不利的。第二，左右江革命老区城市化进程在一定程度上吸引了大量的外来人口，这些外来人口大部分是流动人口，来自全国各地，文化背景多样。这些外来人口在促进当地经济发展的同时，也可能忽视了生态脆弱的左右江革命老区生态保护的重要性。而且外来人口对当地传统文化产生了一定的影响，尤其是一些与生态保护、生态安全相关的传统文化。

四 生态灾害与生态安全问题

（一）生态灾害与生态安全

生态灾害是生物圈生态过程异常变化给社会经济系统所造成的危害，它由环境条件突发性变化、有害物质侵入、系统能量和物质输入与输出不均衡或各组成部分之间的平衡关系失调所致。生态灾害对社会经济系统的危害除了直接扰动和打击之外（如洪水和风灾），更重要的是表现为生态系统功能（生产力或资源供应能力）衰退的形式。[①]

生态灾害有突发式和渐近式两种表现形式，前者一般是指那些能够在短时间内给生态系统和社会经济系统造成直接危害的生态灾害，如洪涝灾害、风暴等；后者是指某种不利因素持续影响，由于时间的延续和量的积累逐步打破了原有的生态平衡系统，导致生态系统功能的衰退，如环境污染、温室效应、石漠化等。突发式生态灾害往往来得快去得快，具有一定的可逆性；而渐近式生态灾害由于影响时间太久，一旦发生便难于消除。当然，突发式生态灾害和渐近式生态灾害之间往往是相互影响的，有时候并没有明显的界限。

① 牛文元、曹明奎：《生态灾害及其对我国的影响》，《地球科学进展》1990 年第 4 期。

比如洪涝灾害、风暴等的发生可能是一些渐近式全态灾害的影响，如滥伐森林等引起；一些突发式的生态灾害也可能诱发一些渐近式生态灾害的发生，比如洪涝灾害会加剧水土流失，水土流失又进一步引起石漠化。

按照生态灾害的诱发因子和生态灾害主要发生的部位的不同，我国目前主要的生态灾害主要有气候类型生态灾害、生物类型生态灾害、土壤类型生态灾害、污染类生态灾害等。

生态灾害与生态安全之间有一定的因果关系，生态灾害是因，生态安全是果，生态灾害直接影响到生态安全问题；生态灾害与生态安全又体现为一定的包含关系，预防生态灾害是构建生态安全的重要内容之一。

（二）左右江革命老区生态灾害与生态安全

左右江革命老区地势起伏，高低悬殊，地质构造复杂，山多且陡，气候多变，灾害性天气出现频繁，泥石流、塌方、山体滑坡等生态灾害十分严重，喀斯特地貌和石漠化地表又容易导致洪涝和干旱、水土流失、植被破坏等。所以，气候类型生态灾害、生物类型生态灾害、土壤类型生态灾害十分突出。

2011 年 9 月，百色市共有右江区、隆林等 7 个县区的 15. 35 万群众和 6. 59 万头大牲畜发生饮水困难，其中，4. 46 万人需要送水；全市农作物有超过 49 万亩受灾。2012 年 5 月底，百色市 12 个县（区）中有 10 个县（区）出现不同程度干旱。其中，百色市右江区、田东县、凌云县、田林县、隆林县的气象干旱等级达到了特旱，田阳县、平果县为重旱，德保县、靖西县、西林县 3 县为中旱。田林县境内已连续 3 年发生严重干旱，全县 214 条大小河流超过 200 条处于断流状态，全县超过 2. 3 万人有饮水困难。2015 年，左右江革命老区也出现大面积的干旱。

由于左右江地区地形以山地为主，除了干旱，因暴雨形成的泥石流、塌方等自然灾害也频发。据民政部门统计，2015 年 5 月 22 日至 23 日的暴雨，百色市右江区、田阳县、田东县、平果县、德保县、凌云县 6 个县（区）受灾。受灾人口达 4.23 万人，房屋倒塌 44 间；农作物受灾面积 4.285 万亩，经济作物损失约 465 万元，死亡家禽 1.77 万只；公路中断 10 条次；因洪涝灾害造成的直接经济损失约 1440 万元。[①] 2015 年 9 月 21 日 8 点 40 分，位于百色市右江区汪甸瑶族乡汪甸村黄兰屯的百色水利枢纽汪甸乡防护堤出现管涌现象，9 点 10 分左右防护堤溃坝，导致 300 亩农田、163 户农户房屋被淹。2015 年 5 月，河池市环江县一木业公司发生泥石流事故，造成 7 人被困，2 人死亡。受暴雨影响，2018 年 6 月 24 日凌晨，百色市田林县城绕城路伟架沟的 6 栋楼房突然倒塌；2018 年 9 月 2 日凌晨，云南省文山壮族苗族自治州麻栗坡县猛硐瑶族乡受强降雨袭击，发生严重的洪涝灾害，并诱发多处塌方和泥石流，灾区电力、通信信号和主要道路全面中断，截至 9 月 4 日上午 8 时，灾情造成 5 人死亡、15 人失踪、7 人受伤。

此外，森林火灾、极端气候、病虫害、外来物种入侵、湿地开垦与污染等，这些也是植被被破坏的主要原因。目前，左右江革命老区坡地开荒种植芒果、香蕉、甘蔗等经济作物，导致水土流失比较严重。

五 物种加速濒危、外来生物入侵双重威胁

我国是生物多样性极为丰富的国家之一。据统计，我国的生物多样性居世界第八位，北半球第一位。同时，我国又是生物多样性受到威胁最严重的国家之一：原始森林其面积以每年 0.5×10^4 平方公里的速度减少；草原退化面积达 87×10^4 平方公里。高等植物中

---

① 潘刚卡：《百色部分地区遭受洪涝灾害》，《右江日报》2015 年 5 月 24 日第 A01 版。

有4000—5000种受到威胁，占总种数的15%—20%。在《濒危野生动植物种国际贸易公约》列出的640个世界性濒危物种中，我国就占156种，形势十分严峻。[①] 物种的消失不仅是单纯的经济损失，也是地球生命支持系统的损失，它反映了自然生态不断恶化的趋势。

美丽左右江革命老区离不开生物的多样性。左右江革命老区位于我国大西南，地形复杂、气候多样，生物多样性较好。但随着生境的丧失、退化，掠夺式的过度开发，环境污染，加速外来物种入侵等，左右江革命老区处于珍稀物种加速濒危与外来生物入侵双重威胁之下，美丽左右江革命老区建设面临挑战。

1. 左右江革命老区物种多样

广西、贵州、云南生物物种十分丰富，广西是中国生物多样性突出的省区，物种总数居全国第三位。云南省各类群生物物种数均接近或超过全国的50%，是我国生物多样性最丰富的省份。贵州是中国植物种类较丰富的省区之一，种类的丰富程度在全国仅次于云南、四川、广东、广西等省区，位居前列；贵州省的兽类物种丰富度仅次于云南和四川，物种密度仅次于台湾和海南；而爬行类仅次于广西和云南，具体见表8—3。

表8—3　　广西、贵州、云南动植物情况

省（区）	动植物情况	
广西	植物	野生维管束植物共297科、1820属、8562种，其中包括国家Ⅰ级重点保护植物18种（类）、国家Ⅱ级重点保护植物61种（类）、广西重点保护植物84种（类）
	动物	已知陆栖脊椎动物达1145种，居全国第二位；其中，属国家Ⅰ级保护野生动物达32种，属国家Ⅱ级保护野生动物有135种，广西重点保护动物147种。同时，广西洞穴鱼类十分丰富

① 曲磊、刘冠宏等：《生物物种减少原因分析及对策探讨》，《天津科技》2015年第6期。

续表

省（区）	动植物情况	
云南	植物	云南植被的复杂性和多样性居全国首位；目前，全省已知高能植物19365种（包括亚变种），占全国的50.2%；在《国家重点保护野生植物名录（第一批）》所列的246种8类中，云南有114种8类，总种数达146种，占全国的47.2%；其中，云南特有物种有43种，主要分布区在云南的有32种；按照保护级别划分，国家一级重点保护植物有38种，占全国的26%，国家二级重点保护植物108种，占全国的74%①
	动物	云南特有动物物种有351种；有脊椎动物2242种，占全国的51.4%，国家一级重点保护陆生野生动物58种，国家二级重点保护陆生野生动物178种，其中亚洲象、白颊长臂猿、白掌长臂猿、野牛、戴帽叶猴、灰叶猴、威氏小鼷鹿、豚鹿、绿孔雀、赤颈鹤等25种在我国及云南独有②
贵州	植物	共有维管束植物250科1551属5691种（变种）；其中蕨类植物约53科147属808种（包括变种、变型和杂交种）；种子植物约200科1276属5530种③
	动物	脊椎动物1056种，约占中国脊椎动物总数的32.15%；其中：兽类209种，占全国兽类总数的36.0%；鸟类478种，占全国鸟类总数的38.4%；爬行类105种，占全国爬行类总数的27.9%；两栖类63种，占全国两栖类总数的22.2%；共有国家一级重点保护野生动物15种；国家二级重点保护野生动物72种；省级重点保护野生动物13种④

资料来源：笔者根据相关资料整理。

① 《云南生物多样性居全国之首》，《都市时报》（数字版）2018年5月23日第A4版。

② 《云南生物多样性居全国之首》，《都市时报》（数字版）2018年5月23日第A4版。

③ 容丽、杨龙：《贵州的生物多样性与喀斯特环境》，《贵州师范大学学报》（自然科学版）2004年第4期。

④ 容丽、杨龙：《贵州的生物多样性与喀斯特环境》，《贵州师范大学学报》（自然科学版）2004年第4期。

左右江革命老区山地多，地形复杂，植被繁茂，气候多样，生物的物种也比较丰富。据调查，百色市共有野生植物达2567种，重要野生动物达100多种，其中黑颈长尾雉、水鹿、原鸡、东部黑冠长臂猿、穿山甲、娃娃鱼属于国家及广西重点保护野生动物。[①]崇左市有陆栖脊椎动物679种，其中国家一级和二级重点保护动物分别为14种和77种，广西重点保护的动物达108种；有维管束植物2895种，其中国家一级、二级重点保护的植物分别为8种和33种，广西重点保护的植物达150种，白头叶猴是国家一级保护野生动物，也是崇左市特有物种。河池市共有国家和自治区保护的野生动物种类为280多种，其中属国家一级保护的有蟒蛇、黄腹角雉、黑颈长尾雉、白颈长尾雉等；属国家二级保护的有大灵猫、小灵猫、猕猴、黑熊、白鹇、原鸡等50余种；植物种类有203科697属1850种。其中有84科250属532种森林树种，森林树种中属常绿树种的有143种，落叶树种有98种，有60种属于国家重点保护的珍贵稀有树种；162种药用植物，22种主要药用植物，16种油脂植物，20种饲料植物，240种牧草植物，14种纤维植物。黔西南布依族苗族自治州动植物资源十分丰富，境内植物种类达3913种以上。其中珍稀植物达300多种；境内有中草药资源近2000种，其中植物药达1800多种，动物药为163种，矿物药为12种。境内有野生动物12纲542种11亚种以上，其中被列入国家一级保护动物的有黑叶猴、云豹、金雕、黑颈鹤、蟒等6种，国家二级保护动物有猕猴、穿山甲、白腹锦鸡、虎纹蛙等36种，境内国家一、二级保护动物占贵州省的45.98%。境内拥有林地945.23万亩，牧草地297.43万亩，2012年年末全州森林覆盖率为41.6%。[②]

---

① 黎炳锋：《百色市生态文明建设取得阶段性成果》，http：//www.gxnews.com.cn/staticpages/20170410/newgx58eaf717－16088432.shtml。

② 黔西南州政府网：《资源开发》，http：//www.qxn.gov.cn/View/Article.1.1/110298.html。

2. 违法偷盗捕杀、极端天气等导致珍稀动植物加速濒危

由于左右江革命老区与越南交界，边境线长，缺少天然屏障，成了野生动物非法走私的重要通道，野生动物的非法走私活动比较猖獗。野生动物的走私与把野生动物作为美食和某些夸大的药用价值等因素有关。大量证据表明，把野生动物作为食物的贸易对生物的多样性有重要的影响，在湿润的热带地区过度捕杀野生动物已经导致许多物种灭绝。[①] 左右江革命老区也面临这种情况，由于保护动物非法交易的存在，珍稀动植物被人盗挖、盗杀、盗卖的情况比较猖獗，珍稀野生动植物数量正在减少。例如，2014 年 5 月 28 日，崇左市边防支队叫堪边境检查站查破一起特大走私野生动物案，当场缴获黑叶猴骨架 14 副、冻体穿山甲 7 只、死体豹猫 6 只、熊胆 5 个、死体果子狸 2 只。[②] 2018 年 1 月 30 日上午，百色市公安边防支队在百色市那坡边境地区查获 200 多只国家二级重点保护野生动物食蟹猴。

除了人为盗猎，极端的天气和气候也会对珍稀动、植物构成危害。如 2010 年 4 月，旱情严重，隆林境内的广西金钟山黑颈长尾雉国家级自然保护区内的濒危物种受到旱灾的严重威胁。持续的旱灾，导致受灾严重的物种名单上赫然出现了被誉为植物“活化石”的国家一级重点保护植物苏铁和国家二级保护植物桫椤。

3. 外来物种入侵带来的生态危机

外来物种入侵带来的是生物安全问题。左右江革命老区与越南接壤，是中国通往东盟各国的重要渠道，也为外来植物的入侵和传播提供了更加便利的条件，经调查统计，广西中越边境共有外来入侵植物 121 种，隶属于 38 科，其中，百色市 114 种，崇左市 114

---

① 李友邦等：《广西野生动物非法利用和走私的种类初步调查》，《野生动物》2010 年第 5 期。

② 央广网：《广西崇左查破特大走私野生动物案 乌猿、穿山甲皆有》，http://news.cnr.cn/native/city/201405/t20140530_515604308.shtml。

种，防城市 118 种，三市均有的外来入侵植物 111 种。[①] 据调查，黔西南州共有外来林业有害生物种类 106 种，其中外来林业有害植物 99 种，外来林业有害动物 7 种，外来林业有害生物发生总面积为 342. 2 万亩，主要物种为紫茎泽兰和飞机草植物，危害面积为 300. 6 万亩。[②] 此外，左右江革命老区很多野生动物走私都是以活体走私为主，一旦这种动物逃到野外，可能给当地造成外来物种入侵的危害。左右江革命老区外来物种有飞机草、紫茎泽兰、水葫芦、银胶菊、空心莲子草、福寿螺、假臭草、假高粱、毒麦等。[③] 外来物种危害很大，如紫茎泽兰和飞机草植物，危害黔西南州林地面积共 300. 6 万亩，其中重度发生的为 4. 1 万亩；左右江革命老区的池塘、水田里面到处可见福寿螺，它是世界自然保护联盟（IUCN）认定的世界 100 种恶性外来入侵物种之一，能够咬断水稻主蘖及有效分蘖，导致水稻有效穗减少而造成减产达 20% 以上，此外还传播广州管圆线虫等疾病。2006 年，广西福寿螺泛滥，导致 250 万亩农田受灾。如果人食用生的或加热不彻底的福寿螺后即可被感染，会引起人的嗜酸性粒细胞增多性脑膜炎与脑膜脑炎。

外来有害物种的入侵打破了原有的生态平衡，抑制了当地生物的生长，给左右江革命老区造成了生态灾害。

---

① 李象钦、唐赛春等：《广西中越边境的外来入侵植物》，《生物安全学报》2019 年第 2 期。

② 黔西南人民政府：《黔西南州外来林业有害生物调查工作全面完成》，http：//www. qxn. gov. cn/ViewGovPublic/QxnGov. NYJ. Info/141251. html。

③ 陈坤、覃思捷：《外来有害物多　广西维护生态安全系统工程任重道远》，http：//news. gxnews. com. cn/staticpages/20050224/newgx421d9d24 – 327455. shtml。

第九章

生态文明视域下建设美丽左右江革命老区的路径

2018年5月，习近平总书记在全国生态环境保护大会上从生态文化体系、生态经济体系、目标责任体系、生态文明制度体系、生态安全体系五大生态体系对生态进行了详细阐述。在生态文明视域下，美丽左右江革命老区建设也可以从生态文化、生态经济、目标责任体制、生态制度、生态安全五个方面系统展开，建设文化之美、富裕之美、责任之美、制度之美、安全之美。美丽左右江革命老区建设离不开美丽乡村建设、美丽城镇建设及美丽老区建设的区域合作等方面，本章将从这些方面系统分析美丽老区建设的新路径。

第一节　美丽左右江革命老区建设的总体思路

以习近平新时代中国特色社会主义思想为指导，牢固树立和贯彻落实“创新、协调、绿色、开放、共享”的发展理念，立足于左右江革命老区的资源特点、区位与自然地理条件、经济发展状况、民族文化特色，以人为本、因地制宜、突出特色、创新机制，以生态文化、生态经济、目标责任体系、生态制度、生态安全为关键点，打造左右江革命老区生态文明建设的文化之美、富裕之美、责任之美、制度之美、安全之美。从生态文明共建共享的全局利益出发，打破行政区划条块分割管理的局限，强化生态文明建设统筹协调一体化发展，探寻美丽左右江革命老区建设路径；同时，通过探讨美丽左右江革命老区与美丽乡村以及美丽城镇发展之间的关系，从乡村和城镇两个向度探求美丽左右江革命老区的建设路径。

第二节 美丽左右江革命老区建设的五个关键点

根据上节提到的总体思路，生态文明视域下的美丽左右江革命老区建设需要从生态文化、生态经济、目标责任体系、生态制度、生态安全五个方面展开。具体是以生态文化为抓手，探索美丽左右江革命老区文化之美；以生态经济为抓手，探索美丽左右江革命老区富裕之美；健全政府生态文明建设目标责任体系，探索美丽左右江革命老区责任之美；以生态制度为抓手，探索美丽左右江革命老区制度之美；以生态安全为抓手，探索美丽左右江革命老区安全之美。

一 以生态文化为抓手，探索美丽左右江革命老区文化之美

左右江革命老区拥有波澜壮阔的革命历史，革命遗址数量繁多，种类不一；革命文化作品（包括革命文献、歌谣、影视作品、标语漫画、报纸杂志等）深入人心；老区精神激励了一代又一代年轻人。作为一种精神文化产品，“红色文化”资源蕴含着丰富而独特的文化价值，红色文化是该区域文化的重要优势之一。此外，左右江革命老区也是少数民族聚居区，具有少数民族聚居区特色的民族文化。此外还有喀斯特文化、地方特色文化、边疆文化等，这些都能成为左右江革命老区生态文化的一部分。

表9—1　　广西左右江革命老区民族文化

民族特色文化	民族文化品牌	民族技艺
环江喀斯特世界遗产展示馆、南丹地质矿山博览园、巴马长寿文化博物园、广西·中国糖文化博物馆、龙州小连城、崇左连城要塞遗址、左江花山岩画、太平府故城、宁明花山博物馆、凭祥边关博物馆、西林县句町民族博物馆、都安瑶族博物馆、环江毛南族生态博物馆、环江毛南族"肥套"传习展演基地、东兰红水河民俗风情谷	那坡县黑衣壮、靖西县壮族织锦、田林县北路壮剧、平果县壮族嘹歌、田东作登瑶族金锣舞、马山壮族三声部民歌、宜州刘三姐歌谣	隆林壮族衮服、靖西壮族织锦、罗城仫佬族刺绣技艺、南丹瑶族服饰、南丹苗族服饰、环江毛南族花竹帽编织技艺、崇左花山岩画为核心的骆越根祖文化、靖西县绣球等民族饰品、崇左江州区壮绣

资料来源：根据《广西贯彻落实左右江革命老区振兴规划的实施方案》整理。

（一）"红绿交融"促发展，重视红色文化对生态文明建设的带动功能

中华民族自古以来就有尚红的传统。红色文化是在革命战争年代，由中国共产党人先进分子和人民群众共同创造并极具中国特色的先进文化，蕴含着丰富的革命精神和厚重的文化内涵。[①]邓小平、张云逸、韦拔群、李明瑞、雷经天等人所领导的百色起义使得左右江革命老区具有丰富的红色文化，成为全国人民红色教育基地。百色起义纪念园，乐业红七军、红八军会师旧址，黎平会议纪念馆，独山深河桥抗日遗址等都是全国著名的红色旅游景点；百色、黔东南榕江、黔南荔波红七军军部旧址，龙州红八军军部旧址；平果县三层岗革命旧址，东兰列宁岩农民讲习所旧址，田东、天等（向都）、黎平（怀公坪）苏维埃政府旧址，望

① 李垣：《红色文化传承与绿色生态发展——"红绿交融"的社会主义生态文明建设》，《延安大学学报》（社会科学版）2018年第5期。

谟黔桂边（革）委驻地旧址；晴隆“24道拐”；中法战争战场旧址、凭祥镇南关古炮台遗址；麻栗坡—老山爱国主义教育基地等记载着左右江革命老区波澜壮阔的革命历史，是人们缅怀革命年代的历史印记。由“红色文化”产生的“红色旅游”同时具有政治教育、经济发展和文化传播等多重功能，同时也能促进绿色文化的发展。

第一，从物质层面来说。红色旅游产业本身基本无污染、无排放，是一种绿色产业，通过红色旅游，带动了当地经济的发展，而且通过“红绿交融”能够促进当地的生态文明建设。左右江革命老区各地方政府在开发红色旅游资源的同时，也可以考虑在生态文明建设上下足功夫，特别是在规划设计上，考虑“红”与“绿”的搭配，让红色资源吸引人，绿色环境留住人。我国革命的摇篮——井冈山就率先提出建设“红色摇篮、绿色家园”的口号，从而打造出良好的生态环境，拥有次原始森林7000公顷，植物种类3800多种，吸引无数游客慕名而来，在享受人与自然完美融合的境界中欣然接受革命教育。[①] 河南省信阳市是大别山革命老区的一部分，是许世友、李德生等革命家的故乡，该市依托丰富的红色资源和绿色生态资源，大力发展生态农业、全域旅游、现代物流、健康养老等产业，全方位打造宜游宜居的城市，是全国唯一连续八年入选中国十佳宜居城市的城市，拥有中国优秀旅游城市、国家园林城市、中国最具幸福感城市、中国最美城市等头衔。

此外，不少“红色文化”散落在偏远的乡村，这些乡村远离大城市的喧嚣，也远离工业污染，拥有优美的田园风光，可以发展生态农业和农业观光旅游，吸引大量城市家庭在周末去度假，

---

① 王晓雁：《论丹东地区“红色文化”资源的开发与生态文明建设》，《企业与科技发展》2018年第9期。

采摘蔬菜水果，呼吸新鲜空气，尽情享受远离都市喧嚣的宁静生活。左右江革命老区也可以在发展“红色旅游”的同时，开发绿色旅游、生态旅游、农业观光旅游，发展康养产业等。目前巴马长寿文化和生态旅游开发就做得比较成功，但是也要考虑到自然生态的承载力。

第二，从精神层面来说。我们党的革命历史之所以称为红色文化，是因为已经把这种革命历程中的精神提炼出来，提升成为一种文化。所以，它强调的是精神，是格调，是意境，是信仰，是追求，而绝不是简单地重复过去的革命斗争过程。[①]

红色文化所传递的精神归根到底是一种坚定的共产主义理想信念，一种爱国主义和集体主义精神，一种清正廉洁和求真务实的精神，一种全心全意为人民服务的精神。生态文明建设也需要践行这种精神，把维护生态平衡参与生态文明建设化为自觉行动。当前，左右江革命老区各界人民群众不仅面临脱贫攻坚的艰巨任务，也面临在喀斯特地区、石漠化地区和贫困地区集中的左右江革命老区恢复生态、保护环境的重任。美丽左右江革命老区的建设，需要有坚定的理想和信念、爱国主义和集体主义精神、科学的理论和方法，清正廉洁、求真务实的干部队伍，以及团结一致、齐心协力的群众基础，而这些恰恰是红色文化所倡导和包含的主要内容。

可以说，红色文化能够为生态文明建设提供精神支持。而这种支持又在一定程度上进一步促进了红色文化的传承与发展（见图9—1）。

---

① 毛智勇、樊宾：《红色文化与鄱阳湖生态经济区建设》，《鄱阳湖学刊》2012 年第 1 期。

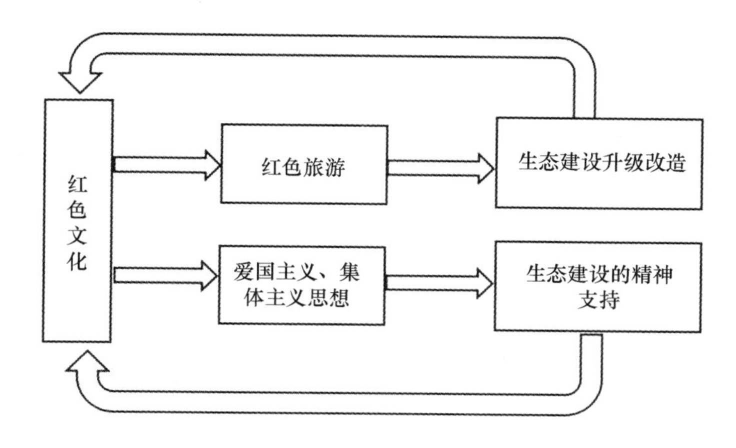

图9—1　生态文明建设与红色文化互动发展示意

资料来源：笔者自制。

（二）民族文化树特色，重视民族文化对生态文明建设的促进作用

在民族地区，民族文化资源的开发与生态文明建设是相互促进、密切联系的。一方面，民族文化和当地生态资源相结合，形成独具民族特色的生态优势。这种优势又以民族文化旅游、民族特色小镇、民族生态文化三种形式出现，而且它们之间也是相互影响、相互促进的。民族文化旅游、民族特色小镇、民族生态文化三者的相互促进形成了当地的生态经济优势，即以产业为载体，推动当地生态经济的发展，从而推动生态文明进程。另一方面，生态经济的发展对民族生态优势开发与利用有着激发、引导与约束作用，保证了生态资源的合理开发与民族文化传承（见图9—2）。

1. 开发民族文化旅游，带动生态文明建设

左右江革命老区除了红色旅游开发，还可以开发民族文化旅游。布洛陀文化、布依族八音坐唱、苗族芦笙舞、侗族大歌、水族水书等非物质文化遗产等都是丰富的民族文化资源。民族刺绣、苗族剪纸和蜡染、绣球、民族服饰都是游客喜欢的民族工艺品。在特色民族文化旅游拉动经济发展的同时，加强生态文明建设，让游客

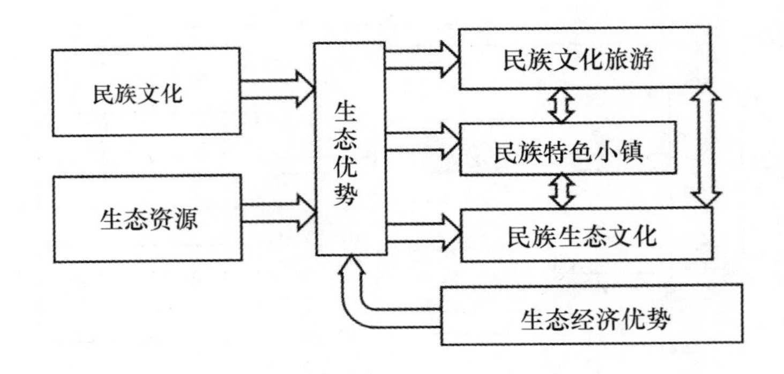

图 9—2 民族文化与生态文明相互作用

资料来源：笔者自制。

既能领略独特的民族风情，又能欣赏青山绿水的良好自然生态。这样既发展了旅游业，带动了其他产业的发展，同时也会使得当地政府和群众进一步意识到生态保护的重要性，带动当地的生态文明建设。

2. 挖掘民族生态文化价值，促进生态文明建设

左右江革命老区聚居着壮、瑶、苗、仫佬、侗、布依等众多少数民族，各民族文化中都有保护生态、爱护自然、天人合一的传统理念，这些理念在各少数民族生存与发展以及各民族区域的环境保护中，曾经发挥过积极的作用。但目前左右江革命老区各行政区域在具体政策制定及民族文化传承实践中，没能很好地利用民族生态文化。民族文化更多的是以吸引外地游客旅游为主，没有充分重视其生态保护的价值和功能，也很少对其生态文明建设价值进行深入的发掘。左右江革命老区作为少数民族聚居区，要充分利用当地民族文化资源为生态文明建设服务。

第一，提高认识，重视民族生态文化的挖掘工作。要充分重视民族文化中的生态元素，做好民族生态理念的挖掘工作，把民族传统的生态文化与现代生态文明建设的理念融合起来，进一步丰富左右江革命老区生态文明建设的内涵。生态文化因素。要尊重爱护自然、保护生态、“天人合一”等民族生态文化，加以妥善引导，挖

掘其生态价值理念及内涵，并在实践中不断强化各民族尊重自然的理念，进而强调全球生态环境是一个相互联系、相互制约的整体，进一步强化尊重、爱护自然的理念，并提炼出具有特色、能够推广的生态文明建设理念，夯实生态文明建设模式的理论基础。[①]

第二，注重民族生态文化的价值，把尊重自然、敬畏自然的民族行为文化传统，转化为具有当代特征的生态文明建设的意识和行为。左右江革命老区少数民族文化中的“万物崇拜”、“竜”文化、“那”文化中都含有尊重、敬畏和崇拜自然的传统文化因素，这种尊重、敬畏和崇拜，有效地维护着各民族良好的生存和生活环境，起到了客观、积极的生态保护作用。这种传统民族文化，要与当前可持续发展、低碳经济、循环经济、科学发展观、“两山论”等理念相结合，合理引导，在此基础上进一步强化生态文明意识，并把这种生态文明意识体现美丽左右江革命老区建设个人自我约束的具体行动中。

第三，支持和推广民族优良环保理念和行为规范的乡规民约。前面第四章提到，壮族在“竜”的管理上十分严格，禁止砍伐村寨的神树，若发现外族人来偷伐，采取掩牛、拉马、抬猪，重新祭“竜”等方式进行惩罚。各民族出于对自然的敬畏和崇拜，产生了各种保护自然生态、爱护环境的习惯法和与环境保护有关的乡规民约，对破坏生态环境的行为予以规范及制裁，这在客观上起到了保护生态、维持环境平衡的作用。对这类的乡规民约，在制定当地生态法规的时候，可适当吸取并加以改造及妥善运用，形成有民族特色的地方性生态法规，这样既约束了破坏生态的行为，又传承了民族生态文化。

总之，民族生态文化需进一步挖掘，民族生态文化也要继续加

---

① 张昌山、周琼：《弘扬民族生态文化推进生态文明建设》，《云南日报》2017 年 3 月 17 日第 12 版。

大宣传，让生态保护意识真正内化到每一个人的内心，化为每一个人的实际行动，为当地生态文明建设服务，为建设美丽左右江革命老区服务。

3. 建设民族文化小镇，促进生态文明建设

民族文化小镇源于特色小镇建设。特色小镇不等于行政区划层面上的“镇”的含义，不是产业园区、风景区的“区”，也不是传统意义上的乡村，而是一个以某种新兴产业或文化产业为基础，具有某种要素集聚功能的新型城镇化的重要实践形式。[①] 2016 年 7 月，住建部、国家发改委、财政部三部委联合发布《关于开展特色小镇培育工作的通知》，提出“到 2020 年，培育 1000 个左右各具特色、富有活力的休闲旅游、商贸物流、现代制造、教育科技、传统文化、美丽宜居等特色小镇，引领带动全国小城镇建设，不断提高建设水平和发展质量”，培育要求包括特色鲜明的产业形态、和谐宜居的美丽环境、彰显特色的传统文化、便捷完善的设施服务、充满活力的体制机制。其中，和谐宜居的美丽环境是指“空间布局与周边自然环境相协调，整体格局和风貌具有典型特征，路网合理，建设高度和密度适宜；居住区开放融合，提倡街坊式布局，住房舒适美观；建筑彰显传统文化和地域特色；公园绿地贴近生活、贴近工作；店铺布局有管控；镇区环境优美，干净整洁；土地利用集约节约，小镇建设与产业发展同步协调；美丽乡村建设成效突出”。国家各部委又陆续发布了多个支持特色小镇建设的政策文件，同时各个省、市、自治区也纷纷出台文件，从政策、资金等方面对特色小镇建设加大支持力度，特色小镇建设持续火热。

民族文化小镇是在民族地区建设的，是以民族文化为特征的小镇，是发展旅游、传承民族文化、展示民族文化的一个重要窗口。

---

① 付莉萍：《云南特色小镇发展与民族文化传承互动关系研究——基于丽江市民族文化特色小镇发展的实证》，《四川民族学院学报》2017 年第 4 期。

建设民族文化小镇需要结合自身地理环境和民族文化特质，科学合理规划，挖掘当地产业特色、民族文化底蕴和生态禀赋，凸显产业定位、民族文化内涵、旅游特色，同时也要具有一定的社区功能。民族文化小镇既是少数民族文化传承和发展的重要功能平台和载体，也是生态文明建设的重要示范区。建设民族文化小镇的好处体现在推动新型城镇化的发展、缩小城乡差距、提高产业发展水平、带动农村和农业发展、保护民族文化和建筑、促进农民思想意识转变、促进旅游业的发展等方面。特别是，通过建设民族文化小镇，宣传了当地民族文化，提升了少数民族文化的品位。来自不同地方的旅游者对当地民族文化的尊重、认同，能够唤起群众对本民族文化的自豪和自信，从而实现民族文化的自觉传承和发展。民族文化小镇的民族文化和宜居特点能够吸引到一定数量的游客，带动当地旅游业发展，增加旅游收入，而且能够大大改善居住环境，加上特色产业支撑，能够提升居民生活质量。

左右江革命老区要重视民族文化小镇建设工作，通过推进民族文化小镇建设，打造美丽左右江革命老区文化之美。

第一，要选择合适的地点。从地理位置与环境上来讲，肯定是选择风景优美、地势比较平坦、有山有水、土地肥沃、有一定旅游价值、交通便利的中心地带建设小镇。

第二，注重规划设计，注重特色。一是突出民族特色。在建筑风格上要注重民族文化传承，结合当地民族传统文化进行打造，把民族元素融入建筑风格当中。特别注意要为民族活动的举办规划活动场地（如壮族、布依族三月三庆祝活动，黔西南布依族“查白”歌节等）。二是结合地方特点打造特色。小镇建设不要盲目复制别人的风格，要结合地方特点突出特色。要注重小镇规划要与地形地貌有机结合，把建筑融入山水林田湖等自然要素，彰显优美的山水格局和高低错落的天际线等；要把小镇建设与小镇优势资源相结合，如名人故里、芒果之乡等。

第三，注重产业发展。发展民族文化小镇，产业是根基。目前大部分民族文化小镇都是以养老和旅游为主，缺乏个性。应依据当地资源优势确立主导产业，将主导产业做精做强。同时将战略的注意力集中于产业链思维上，挖掘深加工潜力，延伸产业链条，发展产业的核心优势。要注重小镇产业与周边相关企业在产业链上的深度合作，民族文化小镇也可以和相邻小镇联合起来打造完整的产业链。

第四，注重开放式发展。民族文化小镇不能封闭起来发展，小镇建设必须有开放的大视野，要在开放的大格局下谋划小镇发展。首先，建立与外部城市和民族文化小镇之间的联系，在产业发展、旅游合作等方面进行对接，为小镇经济社会发展注入活力。有的民族文化小镇可以建设成为大城市的“后花园”，发展旅游产业；有的民族文化小镇建设成为绿色农产品基地和农产品物流中心；有的民族文化小镇可以承接城市产业转移并进行配套。总的来说，应在开放的大格局中谋求差异性定位来发挥其最大价值。其次，在交通、通信、网络等方面加大投入，提高小镇的信息化水平，通过提升信息化来打通或者加强与外界的联系和交流。

第五，重视宣传。民族文化小镇也需要有“品牌”意识，通过加大宣传力度，不仅促进了小镇旅游业发展，而且宣传了当地其他产业，也宣传了民族文化小镇文化。

第六，重视基础设施建设。基础设施建设是民族文化小镇发展的基础条件之一，小镇环境的改善离不开基础设施的改善。特别是道路硬化、垃圾以及污水处理、清洁能源利用、绿色交通、环境绿化等方面的基础设施。

第七，充分利用和挖掘当地的红色资源。地方政府要高度重视红色资源的开发和利用。左右江革命老区不少农村地区是先辈们革命和战斗过的地方，流传有大量的革命故事，这些革命故事所体现出来的革命精神要充分融入小镇文化体系，成为民族文化小镇不断发展进步的重要的精神力量，实现“红”与“绿”共同促进共同发展。

总之，民族文化小镇要注重民族特色，注重生活、生产、生态“三生”融合，注重“红”与“绿”融合（如果当地有红色资源的话），注重宣传，突出特色，着力打造和谐、宜居、宜业、宜游的美丽环境。

二　以生态经济为抓手，探索美丽左右江革命老区富裕之美

有人认为生态文明建设与经济发展是一对矛盾体，其实这不是绝对成立的，更多地体现为相互促进、协调发展，“既要金山银山，也要绿水青山”。一方面，经济的发展离不开自然资源的供给和优良的生态环境；另一方面，生态文明建设的成果也离不开社会经济的发展。左右江革命老区目前面临脱贫致富和改善环境的双重任务，需要经济发展与生态文明建设相互促进、和谐发展。左右江革命老区要加强生态文明建设，但必须建立在经济发展的基础上，让老区人们富裕起来；左右江革命老区要加强经济建设，必须以促进生态文明建设为根本原则，让老区美丽起来。也就是说，左右江革命老区必须发展生态经济。

发展生态经济，首先要大力发展生态农业与循环农业以及观光农业；要注重节能减排，重视循环经济，严格控制新建高耗能、高排放项目，推进资源高效利用和循环利用，鼓励发展再生资源回收利用产业；要立足资源优势向产品价值链的高端挺进，重视产品深加工，提高附加值。其次要着力打造升级生态产业园区。可考虑按照“一区多园”理念，依据各市（州）资源特点，系统构建左右江革命老区生态产业园体系，不断推进园区产业集聚、企业集中、

土地集约能力，通过完善基础设施配套、提升园区绿化覆盖率、提升园区“三废”处理能力、推动园区企业循环式生产和产业循环式组合等措施来提升园区生态水平。通过搭建资源共享、服务高效的公共平台等措施来完善和提高园区生态经济服务能力。

（一）生态农业方面

1. 发展观光农业和休闲农业，并带动相关产业发展

传统的农业是以农产品产量增加为目的。如果是农民自发种植，规模小、技术含量低，作物种植缺乏规划与整体性，不利于规模化生产与发展农业观光，也不利于带动相关产业发展。而且为了提高作物产量，大量使用化肥农药，不仅污染了农作物，也污染了水土。实际上，农业生产除了农业本身以外，还能通过农业带动旅游业等产业发展，因为农作物本身除了提供农产品，还具有一定的观赏价值和美化环境、净化空气的功能，而且农产品可深加工，可以延长其产业链。如果通过合理的规划设计，加强土地流转，规模化种植，不仅能够降低成本、提高效益，而且还可以形成很有价值的旅游资源。广西横县的茉莉花规模化种植是一个很好的例子。2018 年，横县茉莉花种植面积 10.5 万亩，年产茉莉鲜花 8.5 万吨，全县 33 万花农靠种花年收入 15 亿元；通过打造“横县茉莉花茶”大品牌，培育了 130 多个花茶企业。横县茉莉花文化节期间，接待游客 21.25 万人次，旅游综合收入达 2.3 亿元。[①] 云南罗平县油菜花种植发展旅游业也是全国有名的，2018 年菜花节期间（2 月 5 日至 4 月 18 日）接待游客 408.77 万人次，实现旅游综合收入 265455.03 万元；全县接待外国游客 20217 人次，实现外汇收入 888.19 万美元。[②]

---

① 杨波：《横县唱响“好一朵茉莉花”》，《广西日报》2018 年 9 月 4 日第 9 版。

② 云南网：《2018 年罗平菜花节接待游客 400 余万人旅游综合收入 26 亿余元》，http://special.yunnan.cn/feature11/html/2018-04/26/content_5180014.htm。

休闲农业是充分利用农作物本身的观赏性和农业生产自然条件，发展集观光、休闲、旅游于一体的一种新型农业生产经营形态。休闲农业概念最早出现于1989年“发展休闲农业研讨会”，会议将休闲农业定义为：利用农村设备和空间、农业生产场地、农业产品、农业经营活动、自然生态、农业自然环境、农村人文资源等，经过科学规划和精心设计，发挥农业和农村休闲功能，增进民众对农村和农业的体验，提升旅游品质，并以提高农民收益、促进农村发展的一种新型农业。①

左右江革命老区具有发展观光农业和休闲农业的优势条件。左右江革命老区拥有众多的村落古镇、丰富的民族民俗风情、多彩的农耕文化，适宜发展休闲农业。也可利用左右江地区河谷地带平整优势，深度开发亚热带特色农业，以发展设施农业为切入点，推动左右江河谷等地带蔬菜产业化体系建设；同时充分利用条件优良的坡地建成芒果基地、香蕉基地、圣女果基地、火龙果基地等，发展观光农业，带动产品加工和其他产业发展，进一步提升品牌建设。有鉴于此，发展观光农业、休闲农业不但能推动农业现代化、产业化、市场化，从而增加民众收入，还有利于美化乡村，促进生态文明建设。②

2. 保护和优化现有农业生产条件，发展绿色农业和有机农业

首先，要保持或者优化现有的农业生产的自然条件，包括防止水土流失、减少石漠化、减少和控制有害物种等。左右江革命老区是典型的石漠化集中区，需要继续加大石漠化治理力度，千方百计减少水土流失。要减少有害物种入侵，国家环保总局公布的首批16种“严重危害”的外来有害物种“黑名单”中，左右江革命老区

① 耿宝江：《休闲农业开发与管理》，西南财经大学出版社2015年版。

② 张泽丰：《美丽中国视阈下的西部农业发展研究——以左右江革命老区为例》，《决策与信息》2016年第10期。

占13种，如水葫芦、紫茎泽兰等，要严格控制这些有害的物种破坏生态。左右江革命老区是矿产资源富集区，同时要通过管控矿产资源开发来保护农业生态。

其次，要大力发展绿色农业、有机农业。左右江革命老区需要着力开发绿色食品、有机食品，建成一批有规模上档次有品牌的有机食品基地、绿色食品基地。因为左右江革命老区山地多平地少，连片的平地更少。如果发展规模农业，地形地貌等自然条件不允许，既不利于农业机械化，也不利于水利基础设施建设。如何提高农业生产效益？据调查，有机蔬菜比普通蔬菜贵七八倍，虽然有机农业投入较大，但整体利润偏高，有利于左右江革命老区贫困山区脱贫。

3. 发展循环农业

发展循环农业是生态经济发展的重要一环。左右江革命老区发展循环农业要注意六个重点环节。第一，要突出“绿色”。发展绿色食品、无公害食品和有机食品，要注意保护水土，节约资源。第二，要保护耕地，注重节能节水节肥。推广秸秆返田与保护性耕作技术，实现种地与养地有机结合，推广喷灌、滴灌，发展节水农业。第三，项目带动，通过引进和培育项目来带动循环农业发展。第四，大力发展沼气相关的生态农业模式。结合农村改圈、改厕、改厨，把沼气在广大农村地区推广，特别是推广以“猪—沼—菜（粮—果—渔）”等为主要内容的生态模式。第五，注重规模化，建设循环产业园。现代农业都在朝着集约化、标准化、机械化、智能化转型，循环农业也要改变过去规模小、布局分散、物质能量循环利用率低等问题。在左右江革命老区自然条件较好的地区探索建设规模化的、高效的循环农业园区。第六，要正确引导，有序推动。建立多部门联动机制，强化多元扶持，加大政府投资力度，保证其持续发展。

总之，以农业清洁生产、有机物综合利用为核心，通过减少农药化肥使用，增加有机肥施用，构建绿色、有机生态农业体系是左右江革命老区农业发展的一个重要方向。

4. 推动土地流转

土地流转是指土地使用权流转，是指拥有土地承包经营权的农户，将土地经营权（使用权）转让给其他农户或经济组织，即保留承包权，转让使用权。农户可通过转包、转让、合作、入股、租赁、互换等方式出让经营权获取收益，同时需引导和鼓励农民将承包地向专业大户、合作社等流转，让土地流转成片，发展农业规模经营。为引导农村土地（指承包耕地）经营权有序流转、发展农业适度规模经营，2014 年 11 月，中共中央办公厅、国务院办公厅印发了《关于引导农村土地经营权有序流转发展农业适度规模经营的意见》。左右江革命老区生态农业的发展，也需要加强土地流转，加强土地整治，推进左右江特色农业适度规模化发展。如以合作社或家庭农场的形式对种养用地进行统一经营，统一管理，生产当地特色生态农产品，走出了一条具有特色的“生态扶贫、生态致富、生态宜居”新农村建设路子。[①]

（二）生态工业方面

1. 资源型特色优势产业绿色化

左右江革命老区资源型产业是当地的经济支柱，特别是矿产资源。矿产资源开发与加工，一般具有高污染、高能耗、高排放特征，给当地绿色发展造成了难度。而且当地要摆脱资源开发与利用来发展经济，这明显是不可能的事情。要发展经济，就必须合理开发和利用当地的资源。如何做到绿色发展，途径主要有两条。一是对资源进行深加工，延长产业链，提高产品附加值。产业链是在一

① 刘慕仁：《以绿色产业推进左右江革命老区发展》，《广西经济》2015 年第 5 期。

个包含价值链、企业链、供需链和空间链四个维度相互对接的均衡过程中形成的。其实质是不同产业的企业之间的相互关联，而这种产业关联的实质则是建立在各产业中的企业之间的供需关系上。产业链向上游延伸一般使得产业链进入基础产业环节和技术研发环节，向下游拓展则进入市场拓展环节。一个完整的产业链一般包括原材料加工、中间产品生产、制成品组装、销售、服务等多个环节。一般而言，资源开采与粗加工处于基础产业环节，能耗最高，对生态的破坏最大，污染也是最多。左右江革命老区矿产资源开发很多都是停留在产业链的原料开采与原料粗加工环节，如果延长产业链，使得产业朝着制成品组装、销售、服务等多个环节延伸，不仅经济利润得到了提升，污染程度也会一定程度的减少，而且有利于产业集群的形成。如在铝工业产业园区引进汽车铝轮毂、铝发动机缸盖、缸体、变速箱、轨道列车、航空、航天、船舶、建筑铝模板等企业，实现铝土矿—氧化铝—电解铝—铝加工—铝精深加工—铝产品销售全产业链协调发展。二是淘汰现有高污染、高能耗生产线，对现有生产流程进行绿色化升级改造。在强化资源利用集约、深入推进清洁生产、打造循环经济产业方面下功夫，特别是对铝加工、锰加工等矿产资源加工工业等坚持源头减量、过程控制、末端循环的理念，进行绿色转型与提质增效；在铝工业中启动实施重点氧化铝企业赤泥堆场生态修复工程，提高赤泥综合利用率等。

2. 发展战略性新兴产业

战略性新兴产业是以重大技术突破和重大发展需求为基础，对经济社会全局和长远发展具有重大引领带动作用，知识技术密集、物质资源消耗少、成长潜力大、综合效益好的产业。其本身就具有低碳、绿色的特征，其目的是实现经济、社会、科技等多方面的可持续发展，包括新一代信息技术、高端装备制造、新材料、生物、新能源汽车、新能源、节能环保、数字创意、相关服务业 9 大领域。

左右江革命老区的工业发展必须考虑长远，重视战略性新兴产业发展。按照资源优势和区位优势，可重点培育发展新材料产业、信息技术产业、新能源产业、节能环保产业、生物医药产业、先进装备制造产业等战略新兴产业。新材料方面，可依托左右江革命老区矿产资源优势，发展高纯、高强、高韧、耐高温的新材料；信息技术方面，可以利用贵州大数据产业优势，大力发展云计算、大数据产业，推动电子政务顶层设计和体系建设，建设数据开放和大数据创新中心，建设智慧城市。新能源方面，可以利用当地丰富的风能、太阳能、生物质能等开发光伏发电、风力发电、沼气生产与生物质能发电（如凌云生物质气化发电工程项目和百色华鑫生物质直燃发电项目）、地热水供暖和温泉旅游等；节能环保方面，可发展粉煤灰、固废回收、尾矿、稀有金属提取等综合利用产业、新能源汽车、节能产品制造等；生物医药可利用当地丰富的中草药资源，如田七、壮药、瑶药等发展生物制药产业；先进装备制造方面，可利用当地的原材料优势和承接国内外先进加工制造业转移优势，发展高端的交通运输设备、通用设备、电气设备、专用设备、器械器材等制造业。

3. 发展生态工业园区

生态工业园区是依据循环经济理论和工业生态学原理而设计成的一种新型工业组织形态，其遵从循环经济的减量化、再利用、再循环的 3R 原则。左右江革命老区需要按照资源分布不同与区位优势的差异，规划建设一批生态产业园，加快培育、引进和发展一批节能环保项目，建设提高资源循环利用和综合利用的新项目。要发展好生态工业园区需要做到以下三点。

首先，以园区内产业集聚集群集约发展为目标，促进园区发展。左右江革命老区资源分布集中，具备产业集聚集群集约发展的基础条件。《广西左右江革命老区工业和信息化发展“十三五”规划》提出“根据老区矿产资源、农林资源、产业园区分布状况，以及未来区内外交通规划和市场发展走向，重点建设‘三区二带四园’（三个金属产业集中区、二个农林产业经济带、四个合作产业园），打造布局合理、聚集发展、开放合作的园区体系”，左右江革命老区可根据“三区二带四园”的特点，重点打造各类特色的工业产业园。以政府为主导，建立健全联动推进机制，加强规划，从政策、财政、金融方面给予充分支持，创建科技创新平台，以符合生态产业链群的企业引进为重点引入优质项目，积极推动企业执法配套，促进延链补链工程的实施，建立良好的互动企业生态；同时充分发挥企业的作用，只有调动企业开展清洁生产、产业共生的积极性，才能逐步激发和内生出循环经济发展的自主型和灵活性，才有利于工业园区的长远发展。

其次，实施生态化改造，提升增强园区循环能力。实施生态化改造方面主要包括园区内生态景观绿化提升、污水处理、节能减排、清洁生产等，进一步加大生态工业园建设力度，真正做到通过物流或能流传递等方式将园区内的产业链上的不同企业完美对接。增强园区循环利用能力，主要包括改造生产流程、优化生产工艺与产业链，提高废旧资源及工业废渣、废水、废气再利用等。左右江革命老区生态园区要不断淘汰落后产能，抑制高耗能、高排放产业，积极培育节能产业和低碳技术产业等新兴产业和高新技术产业，加快发展绿色服务业，着力加强行业、企业间物质、能量、信息的交换利用和基础设施的集成与共享，培育多行业、多企业复合共生的产业集群，不断增强园区循环产业发展能力。

最后，加强制度建设与公众参与。为了使企业真正做到节能减排和重视生态，需要有相关的制度安排。如建立和完善左右江革命命老区生态工业园区建设绩效考评机制，建立和完善生态工业园内部企业的约束与监督机制等。在公众参与方面，可通过加大生态园区建设的相关知识的培训、指导和服务力度，宣讲生态工业园区的有关理论和实践操作知识，多渠道广泛宣传建设生态园区的意义和成就，开展形式多样的宣传教育活动，提高企业和公众对生态园区的认知率和参与度，营造良好的生态文化氛围等。

（三）生态服务业方面

生态服务业是生态循环经济的有机组成部分，包括绿色商业服务业、生态旅游业、现代物流业、绿色公共管理服务等部门等。左右江革命老区可利用自身山清水秀的自然条件、优良的空气质量、喀斯特地貌特色与红色资源优势大力发展生态旅游业、康养产业等。可利用贵阳大数据产业发展的契机，大力发展电子商务、大数据及运营服务产业、互联网金融等衍生业态，鼓励企业开展运营模式和商业模式创新，推动“互联网+”普惠金融发展，抢抓5G发展机遇，建设数字城市与智慧城市。

特别是康养产业方面，左右江革命老区具有独特优势。自2007年中国老年学和老年医学学会创造性地制定了一套认定长寿之乡的中国标准，以科学方法评估认定长寿之乡以来，截至2017年6月，我国已有77个长寿之乡，其中左右江革命老区有12个，分别是巴马、东兰、凌云、扶绥、凤山、天等、宜州、大化、马山、天峨、龙州、罗甸，约占全国总数的1/6，这12个长寿之乡里面位于广西境内的有11个。左右江革命老区“长寿之乡”比较集中的奥秘之一在于当地良好的水土和自然环境，包括森林覆盖率高、年降雨量丰富、年均气温适宜、土壤含有益长寿的矿物质等自然地理优势以及饮食习惯等。左右江革命老区可以根据各地实际优势条件，大力发展“康养+”产业（如“康养+医疗”“康养+农业”“康养+体育”“康养+森林疗养”“康养+文化”等），设立国家康养产业试验区，通过康养产业发展促进美丽老区建设。

文化创意产业是指依靠创意人的智慧、技能和天赋等，借助高科技对文化资源进行创造提升，通过知识产权的开发和运用，产生高附加值产品，具有创造财富和就业潜力的产业。文化产业发展的高端形态是创意产业，左右江革命老区非物质文化资源灿烂，可以老区自身文化底蕴为基础，引进人才与技术，发展文化创意产业。

三 健全政府目标责任体系，探索美丽左右江革命老区责任之美

左右江革命老区分属三省（区），在环境治理和生态文明建设上往往是各省（区）单打独斗，特别是在绿色发展的评价体系和政府目标责任体系方面，一般都是以省（区）、市（州）、县（市）建立起来的纵向体系，缺乏不同区域之间的横向制约与监督。

如何有效地建立起跨省（区）绿色发展评价体系和政府目标责任体系显得十分重要。不同区域协同目标的制定、分解与落实有助于明晰多元治理主体在生态环境治理过程中的责任，保证治理过程的统一性、整体性。

（一）推进一体化领导协调机制建设

左右江革命老区需要突破行政藩篱，创新多重府际关系融合的区域治理模式，建立跨区域生态协同治理平台，构筑一体化的环境管理行政模式与运行机制。为保证左右江革命老区目标责任体系的制定与落实，可考虑广西、贵州、云南联合设立相应的统筹管理机构——左右江革命老区自然资源与环境保护委员会。具体设想是由国家发展与改革委员会、自然资源部等中央有关部委联合广西、贵州、云南组建。该机构要能结合左右江流域资源分布特点、生态文明建设与经济发展情况，统筹左右江革命老区各市（州）生态保护问题，特别是左右江流域上下游的生态保护问题。在考虑各地区财力的基础上合理划分各省（区）、市（州）政府部门的责任，根据

共同制定的指标体系和环境保护法规监督各级政府生态治理行动效果。该组织还可以组织跨区域治理会议交流治理经验，提升整个流域跨区治理的组织化水平。也可以由三省（区）的人大、政府和环境部门共同牵头设立相应的生态建议与环境治理协调机构，成员可以从三个机构内划拨，或者重新选任。

（二）三省（区）共同制定生态文明建设的绿色发展评价指标体系和政府目标责任体系

广西、贵州、云南通过一体化统筹管理机构（或者通过召开环境部门负责人联席会议），推动生态文明建设相关标准的统一。可依据国家发展改革委、国家统计局、自然资源部、中共中央组织部制定的《绿色发展指标体系》相关指标，共同商讨统一确定《左右江革命老区绿色发展评价指标体系》的各个指标以及相关的评价标准（如一、二级指标名称、各指标权数等），成立统筹管理机构定期（如一年一次）对左右江革命老区各市（州）的绿色发展情况进行评价，并对评价结果进行排名和公布，其结果作为考核地方政府生态文明建设成效的主要依据。

虽然左右江革命老区各省（区）都制定了相应的责任体系，但是都是各省（区）的发展改革委、环境保护厅、统计局等会同有关部门共同制定的；虽然都根据国家生态文明建设考核责任体系进行了调整，但在具体责任体系的结构和评价体系上还存在极大的差异，不利于左右江革命老区生态文明建设。左右江革命老区生态文明建设的责任体系要相统一，就需要左右江革命老区统筹管理机构或者广西、贵州、云南联席会议共同商讨制定《左右江革命老区政府责任体系》，做到“多规合一”。

左右江革命老区跨区域生态环境治理不仅需要建立有效的沟通协调机制，而且在绩效考核机制方面要做到各区域协调统一，建立科学的左右江革命老区跨行政区生态环境治理绩效评估和问责制度，对治理结果进行科学奖惩。首先，广西、贵州、云南在生态文明建设政府责任体系中要达成整个责任体系结构、责任考核赋分、各级政府责任分担方面的一致性。其次，左右江革命老区内部各市（州）要采用统一的政府责任体系——《左右江革命老区生态文明建设考核目标体系》，只有这样，才能做到左右江革命老区各区域责任体系相统一。最后，广西、贵州、云南成立的统筹管理机构要根据《左右江革命老区生态文明建设目标责任体系》中各市（州）约束性目标的完成情况，对有关市（州）进行扣分或降档处理，其中考核结果作为人事任命和政绩考核的重要依据。

（三）共同打造生态治理共享体系

左右江革命老区跨区域生态环境治理的各行政区在具体目标方面存在一定的偏差、交叉或者冲突。如果缺乏统一的沟通协调机制，跨区域治理的效果就会大打折扣。左右江革命老区跨区域生态环境治理要进行整体性设计，这种整体设计甚至可以扩展到三省（区）之间、左右江以外的其他地区。

通过成立统筹管理机构，组建左右江革命老区环境污染防治联合执法机构，并制定环境治理区域联动检查执法制度，创新联合、跨域、交叉的执法机制。为了加强左右江革命老区生态文明建设与环境治理，可以考虑建立跨区域生态文明制度体系一体化信息交流共享平台。可充分利用大数据、5G技术、“互联网+”、物联网、云计算等新一代信息技术，建立立体化区域环境监控监测、预测预警和应急响应机制、污染监测信息共享和通报机制，以及生态系统保护修复和污染防治区域联动机制[①]，把生态环保与信息技术发展联系在一起，打造左右江革命老区生态文明建设与环境治理信息共享平台。据新华网报道，三江源国家公园于2018年6月启动重大

① 滕敏敏、韩传峰：《中国城市群区域环境治理模式构建》，《中国公共安全》（学术版）2015年第3期。

科技专项，将立足于已初步建成的生态监测预警系统，实施星空地一体化生态监测及数据平台建设，为国家公园管理与生态安全决策提供定量化、高精度的空间信息支持与精准化服务，促进区域内多种生态要素良性可持续发展。① 左右江革命老区今后也可以引进该技术进行星空地一体化生态监测及数据平台建设，通过该平台，为左右江革命老区提供生态数据汇集、共享、分析、展示等服务，为左右江革命老区生态文明建设与环境治理提供技术支撑与决策依据，有效促进左右江革命老区人与自然和谐发展。

（四）建设严格、统一的环境治理和责任追究制度

左右江革命老区各级行政管理部门应树立生态政绩观和生态效益观，以问题为导向，分层次分步骤整体推进该区域的环境保护和生态文明建设。一方面，三省（区）共同确立左右江革命老区内部各市（州）利益各方基于防治环境污染的行动原则，如预防原则、谨慎原则、治本原则、污染者负担原则、污染影响不扩散原则、重大技术措施补偿原则、可持续开发原则、环境污染不转嫁给其他环境介质原则等。② 另一方面，三省（区）对左右江革命老区的各市（州）经济发展和污染物控制总量计划进行统一协调，在协商一致的情况下由各省市共同执行维护。同时，三省（区）应在法律框架下通过相关法律程序，依照协商标准建立和调整适用左右江革命老区的环保法规制度，并予以严格执行。

此外，左右江革命老区需要成立联合共管的检查督导机构及考评工作机构，将生态文明建设按照统一的指标体系进行科学的考核，而且将指标纳入绩效考核中。左右江革命老区各行业各部门要统一协调好目标责任体制，避免出现相互冲突的情况；注重考核的

---

① 王大千：《星空地一体化生态监测数据平台为三江源保驾护航》，http：//www. xinhuanet. com/politics/2018 －06/10/c_1122963460. htm。

② 谭倩：《统筹长三角城市群生态共建环境共享》，《唯实》2017 年第 12 期。

常态化制度化，避免“运动式”和突击式考核，对于重点考核领域可实行一票否决制。推行生态环保党政同责和一岗双责。实行严格的责任追究制度，加大环境审计力度，依据统一编制的自然资源资产负债表对领导干部实行离任审计，建立生态环境终身追究制。①

四 以生态制度为抓手，探索美丽左右江革命老区制度之美

美丽左右江革命老区建设离不开制度保障，左右江革命老区各区域可在《左右江革命老区振兴规划（2015—2025 年）》的基础上，共同研究制订《左右江革命老区生态文明建设规划》《左右江革命老区生态文明制度建设规划》等，在制订规划时，要统揽全局，在生态制度制定和执行上，要考虑到统一环保目标、统一环保标准和一体化安全格局。建立左右江革命老区生态文明制度体系，相对于每一个市（州）来说，都是一项极其复杂的工作，何况对于一个覆盖 3 个省（区）所辖 8 个市（州）59 个县（市、区）的革命老区，里面牵涉到协调机制的问题，法规规章与规范性文件的统一问题，联合决策执法等问题，就更为复杂；特别是建立跨区域生态补偿制度问题，这既是一个重点，也是一个难点。

（一）完善合作协调机制与联席会议制度

2017 年 4 月，《广西贵州云南推进左右江革命老区振兴规划实施联席会议制度》颁布；2016 年和 2018 年，广西、贵州、云南推进左右江革命老区振兴规划实施联席会议召开；这说明左右江革命老区联席会议制度在逐步落实。

联席会议围绕基础设施、生态保护、开放合作等问题，每年召开主题会议，三省（区）轮流举办，解决经济带生态文明共建共享出现的分歧和重大问题，并对区域生态文明共建共享的发展规划、

① 左守秋、王伟：《京津冀生态文明建设区域合作研究》，《吉林广播电视大学学报》2017 年第 2 期。

重大改革、发展政策等方面内容和情况进行协同部署。但是就目前联席会议召开的实际情况来看，主要还是围绕跨省（区）重点项目建设协调合作、老区互联互通、交流协作等方面展开，生态文明建设尚未成为关注的重要议题之一。

左右江革命老区生态文明建设，牵涉到多地区、多部门联动协作等，需要建立完善生态协同治理机制来解决。此外，还牵涉到左右江革命老区在生态文明建设和环境保护方面与区域外的粤港澳地区建立跨省、跨区域领导间的高层对话机制等问题。

第一，需要不断完善联席会议制度与合作协调机制，特别是在联席会议所有议题中，把环境共治、生态文明建设等问题放在突出位置，共同开展以化工企业为重点的工业排污整治行动，共同开展左右江、红水河岸线资源保护与整合行动，共同开展黑臭水体治理行动，共同开展左右江革命老区沿江环湖生态修复行动，共同开展规范采砂、畜禽退养等整治行动；共同开展石漠化区域生态修复行动等。

第二，还可以专门建立左右江革命老区环境保护补偿与生态文明建设联席会议制度。其主要职责是制定并完善左右江革命老区生态保护补偿和环境治理政策法规；在左右江革命老区各市（州）统筹推进生态保护补偿各项工作任务；编制年度工作计划；指导左右江革命老区各市（州）加强生态保护补偿和环境治理机制建设，研究解决左右江革命老区生态保护补偿机制建设中遇到的各种重大问题；指导协调左右江革命老区跨省行政区域和省内跨行政区域的生态保护补偿与环境治理工作，组织开展工作任务督查和政策实施效果评估等；承办省委、省政府交办的其他事项。

（二）联合立法，共同制定相关法规、规章和规范性文件

联合制定相关法规、规章和规范性文件主要是为了增强地方性法规、规章和规范性文件间的协调性。首先，区域内的地方性法

规、规章和规范性文件在内容上的一致性或互补性。即对相同事项的规定，应具有一致性要求，至少不能相互矛盾与冲突；对于具有比较优势的领域，应考虑促进优势互补的目的，而不能是一种封锁式的各自为政的立法。其次，在协作方式上是一种紧密型的协作。地方联合制定地方性法规、规章和规范性文件不是仅仅停留在类似于信息交流等松散型的协作上，而是更加紧密的协作方式，是对某一事项采取共同的行动，形成一致的行为规则。①

广西、贵州、云南三省（区）各级立法部门对于环境保护与生态文明建设的相关法规、规章和规范性文件往往是单打独斗式的。因为牵涉到左右江革命老区的共同建设与治理问题，所以需要各省（区）共同协商制定、修订和完善左右江革命老区涉及水、大气、土壤、生态、危废管理、考核等的地方性法规、规章和规范性文件；并对那些不利于当前或今后生态文明建设的法规、规章和规范性文件及时清理废除，做到“多规统一”；左右江革命老区应加强各级人大、司法、社会等方面对生态文明建设的监督，激励和提高公众积极参与生态文明建设的积极性和责任感，监督有关部门依法行政。②

对于地方权力机关无法跨地区行使立法权，地方联合制定地方性法规无法实行多数决制度等制约因素，可通过联合起草、分别通过的模式，以及政府签订、权力机关批准的模式加以解决。③

（三）健全联合决策机制

因为左右江革命老区生态文明制度建设牵涉到广西、贵州、云南的省际合作，生态文明与环境保护在责任、绩效等方面的制度制

---

① 王春业：《区域合作背景下地方联合制定地方性法规初论》，《学习论坛》2012 年第 6 期。

② 谢华、黄舒城等：《广西生态文明和绿色发展制度建设探讨》，《南方农业》2018 年第 25 期。

③ 王春业：《区域合作背景下地方联合制定地方性法规初论》，《学习论坛》2012 年第 6 期。

定与执行需要共同协商，以避免出现内容冲突、程度差异大、“你有我无”等情况。左右江革命老区在生态文明建设和环境保护方面要强调党政同责和一岗双责，以制度强化观念，健全完善并严格落实适应绿色发展要求的党政领导干部政绩考核和生态环境损害责任追究制度。同时要推动形成左右江革命老区各区域党政领导、人大和政协推动、相关部门齐抓共管、社会公众广泛参与的工作格局，同时广西、贵州、云南要针对老区生态文明建设推进搭建各级政府、人大和政协、相关部门的沟通、交流、合作平台，建立左右江革命老区多方参与的政策制定机制，提升绿色决策水平，不断完善左右江革命老区绿色发展评价体系。

（四）统筹协调，构建多元化生态补偿机制

左右江革命老区各区域要制定环境损害赔偿制度、碳交易制度、公益林补偿制度、断面水环境生态补偿制度、湿地生态效益补偿制度等，不断健全生态制度体系。不断推进资源有偿使用和生态补偿、生态红线管理、建设项目环境监理制度、用水权初始分配制度和交易制度等。

《左右江革命老区振兴规划（2015—2025年）》提出“统筹考虑将符合条件的县（区、市）优先纳入国家级重点生态功能区；加大对珠江上游压咸补淡工程补偿力度；研究探索跨流域、跨省区横向水资源补偿试点，开展珠江上游生态保护价值评估；完善森林生态效益补偿制度；支持百色探索市场化生态补偿的有效方式”。左右江革命老区生态补偿机制有两个层面。一是老区内部覆盖的三省（区）所辖8个市（州）59个县（市、区），二是指含左右江革命老区在内的整个西江流域。生态补偿机制遵循“谁开发谁保护，谁破坏谁恢复，谁受益谁补偿”原则。左右江革命老区内部生态补偿机制可以通过广西、贵州、云南联席会议制定相关规则来统筹协调，以立法的形式，明确生态补偿实施的主体、客体；明确补偿资

金的具体来源渠道；明确制定生态补偿标准的具体方式方法；区分确定政府、企业、个人在生态补偿实施过程中的具体责任、权利和相关义务，为左右江革命老区区域生态补偿提供法律保障。对于整个西江流域的生态补偿机制，广西、贵州、云南应呼吁国家尽快建立西江流域跨省生态保护补偿机制，推动成立西江流域生态补偿协调机构，通过合理的生态保护补偿促进左右江革命老区的振兴发展。

1. 矿产资源利益补偿机制

矿产资源的开发、转化、利益的分配、开发后环境的治理和修复，以及资源枯竭后城市的后续发展等问题是一项系统工程，牵涉到各方利益的博弈。

从各方利益分配格局来看，矿产资源开发的收益本应由中央政府、资源所在地政府、开发企业、当地居民四方共享，进行合理的分配。但我国现行资源利益分配机制在实际操作中使得分配并不尽合理。主要体现在开发企业垄断矿产资源开发经营权而获得绝大部分利益，地方政府和当地居民所获利益更少，处于一种“丰裕中的贫困”困境，从而容易引发欠发达矿产资源富集区各利益主体间的矛盾与冲突。[①] 矿产资源开发带来的结果一般有三种：一是矿产资源开发地通过矿产资源的输出带动了地方经济的发展，增加了政府的收益，形成短暂的繁荣，但同时也导致了当地生态环境的恶化和人民贫困的加剧；二是初次分配不合理，矿产资源地居民的利益未予以考虑，而且资源税收及补偿费用按照国家、省、市、县“四级分配法”，把乡镇和村委会排除在外，导致乡、村基层贫困。三是在资源开发转化过程中会导致个别利益集团暴富，加剧贫富悬殊。[②]

① 庞娟：《利益相关者视角下欠发达资源富集区资源开发补偿机制的重构》，《经济与社会发展》2012 年第 6 期。

② 韩雄：《资源开发利益补偿机制初探》，《中共山西省委党校学报》2013 年第 4 期。

左右江革命老区属于桂西资源富集区，百色、河池、崇左都是重要的有色金属矿产区。资源型城市一般经济发展粗放，存在产业单一、水土流失、污染物增多、环境破坏严重等问题，也面临利益分配及资源枯竭后的后续发展问题，需要树立全新的资源观，提前谋划，加快实施产业的转型升级。建立生态补偿机制是资源型城市发展的关键，其目的是通过加大国家或受益地区对资源所在地政府和居民的补偿力度来弥补资源地由于资源开发而蒙受的损失。具体措施如下。

第一，明确补偿的主体和范围，加大补偿力度。补偿主体是指矿产资源开发及转化的受益者，包括开发企业（最大受益者）、国家和受益区政府。补偿范围包括对当地居民因环境破坏和征地的补偿、对生产生活影响的补偿、未来发展权益补偿、道德补偿（失地农民其他补偿）等。通过转移支付、项目支持等措施，对矿产资源输出地的环境保护和生态建设给予合理补偿，并提高补偿费率。按照《矿产资源补偿费征收管理规定》，从价法计征资源补偿费，费率大体为矿产品销售收入的1%—4%（按矿种），平均为1.18%。目前该费率偏低，需要进一步提高。同时应该适当扩大该费用在地方的分割比例，并明确拿出一部分费用用于矿区环境治理和生态修复。

第二，转移支付与税费措施。国家和省级政府要不断加大矿产资源开发区的财政转移支付力度，通过加大转移支付来加强当地的环境治理和提升产业升级。在税费方面，调整补偿费收入在中央与地方的比例，同时要充分利用资源税返还给地方的财政资金，建立和完善一套矿产资源开发和环境保护补偿机制，作为农民利益和生态环境的补偿。同时，不断加大资源开发企业反哺资源所在地力度，并利用其资金来加大资源地小城镇建设，使资源地失地农民能够真正安居乐业。

第三，产业措施。完善资源城市的产业关联配套机制。建设一批节能高效的工业项目，升级改造传统项目，使铝、锰、石油、煤炭资源转化成其他高附加值的工业产品向外输出，并由此带动相关产业的发展，为避免陷入“资源陷阱”做准备。规划建设物流加工园区，实现资源就地转化，延伸资源加工产业链条，支持地方下游和辅助产业的配套发展。①

2. 水电开发利益共享机制

左右江革命老区水利资源丰富，水电站建设比较密集，是国家西电东送的主要基地。主要的电站有天生桥一级水电站、天生桥二级水电站、龙滩水电站、百色水利枢纽、平班水电站、布鲁格水电站等。因水电站建设也产生了大量的移民问题。长期以来，对移民的补偿政策是“前期补偿，后期扶持”的政策。“前期补偿”标准是被征收土地被征前 3 年平均产值标准补偿 16 年，“后期扶持”为每人每月 600 元，扶持 20 年。② 由于补偿和扶持标准较低，移民生活水平也普遍较低。

2018 年 3 月，国家发改委发布《关于建立健全水电开发利益共享机制的意见（征求意见稿）》，主要内容包括完善移民补偿补助政策、拓宽移民资产收益渠道、推进库区产业发展升级、加快库区能源产业扶持政策落地等。该意见的基本原则是“政府引导、市场调剂；统筹协调、倾斜移民；利益共享、多方共赢；创新探索、稳步推进”，强调“让企业成为水电开发利益共享的原动力……使移民在依法获得补偿补助基础上，更多地分享电站建设效益，……实现移民长久获益、库区持续发展、电站合理收益有保障的互利共赢格局”；提出到“2020 年，水电移民安置和补偿政策基本完善，水

---

① 王承武、蒲春玲：《新疆能源矿产资源开发利益共享机制研究》，《经济地理》2011 年第 7 期。

② 周叮波、胡优玄：《滇黔桂民族地区水电工程移民发展实证研究》，广西人民出版社 2014 年版，第 111 页。

电开发利益共享机制建立健全，水电开发保障政策措施逐步落实，新建电站在改革探索的基础上全面推行”。

左右江革命老区虽然水能资源丰富，但是部分地方自然环境比较恶劣，整体经济比较落后，特别是一些边远山区的农民。在对水利移民进行永久征收耕地时，需要提早启动对应的利益补偿机制。一方面，参照被征收土地每年收益逐年补偿失地农民的土地收入；另一方面对农民被征耕地外的其他项目进行一次性补偿，使失地农民所获得的总的补偿基本等同于或者高于原耕作收入的总和。其中，其他补偿项目包括临时房屋补助费、搬迁道路修建费、不可搬迁附属设备补助费、搬迁保险费、文教等相关费用。同时，要把移民补偿额度和水电收益相结合。政府也要出台相关政策，保证在移民子女上学、就医、技能培训以及就业岗位提供方面给予政策安排，把移民安置与移民脱贫相结合，彻底解决其后顾之忧。同时，还要考虑安置地的环境容量，要把移民与推进工业化、信息化、城镇化、农业现代化相结合，寓移民扶贫工作于产业发展、新农村建设、新型城镇化发展之中。

五　以生态安全为抓手，探索美丽左右江革命老区安全之美

在2018年5月18—19日召开的全国生态环境保护大会上，习近平总书记强调要加快建立健全“以生态系统良性循环和环境风险有效防控为重点的生态安全体系”。左右江革命老区生态安全面临的突出问题包括：生态破坏、水土流失、石漠化、土壤衰退、植被退化、生物多样性降低、物种入侵、环境污染、自然灾害、结构受损、功能减退等，必须尊重自然、顺应自然、保护自然，筑牢左右江革命老区生态安全屏障，实现左右江革命老区经济效益、社会效益、生态效益相统一。

（一）联合制定生态安全的相关法规、规章

左右江革命老区的生态安全离不开法规和规章的约束。第一，

广西、贵州、云南可联合制定针对左右江革命老区生态安全的地方性法规，左右江革命老区所辖的8个市（州）可依据地方性法规联合制定相应的规章等。第二，左右右江革命老区要严格执行生态环境保护的各种法律和法规，包括制定最严密的生态环境执法体制，制定和完善左右江革命老区节能减排标准体系，制定和完善工矿业污染、民生污染、本地污染与外来污染的合作处理办法等，严格执行相关法律法规，强化生态环境权益保障，以“法”维护生态安全。

（二）完善左右江革命老区区域联防联控机制

左右江革命老区各市（州）山水相连、命运与共。一旦出现环境安全事故，影响波及面广，危害极大，需要共同建立和完善区域联防联控机制。

第一，要加强污染防控。在跨市江河流域污染防控方面，左右江革命老区各市（州）、县（市）要加大跨市江河流域污染防控力度，将左右江流域水污染防控作为左右江革命老区各环保部门加强联防联控的支撑点，建立污染防控长效机制；建立上下游涉水新项目环境影响评价会商机制，根据左右江流域环境容量和区域总量控制目标，优化区域经济发展布局，避免对下游饮用水水源地、自然保护区等敏感区域造成负面影响。要通过召开左右江革命老区各市（州）环保部门联防联控联席会议等形式，就左江和右江流域生态环境保护联防联控、污染纠纷调解处理等合作达成共识，协同推进左右江流域生态的保护与修复工作。

第二，加强信息共享。一方面需要建设电子化的信息共享平台，各市（州）要加强跨市江河流域沿岸企业信息共享和监测数据信息共享，加快落实左江和右江流域沿江涉水排污企业分布电子档案的建设，制定落实左江和右江上游、下游定期相互通报水质监测数据制度[①]等。

第三，强化联防联控。在跨界突发环境事件联防联控方面，左右江革命老区各市（州）要制定落实建立环境应急联动机制，协同应急应对跨市突发环境事件。一旦发生可能影响跨流域的突发环境事件，左右江上、下游环保部门通力协作，联防联控。各区域联合建立环境污染损害鉴定评估机制，强化生态环境监管能力建设等。[②]

第三节　美丽左右江革命老区与美丽乡村建设

一　美丽乡村建设的主要模式

自2013年中央一号文件提出“美丽乡村”的奋斗目标后，学者们就美丽乡村的建设模式开展了深入研究，研究的视角也多种多样。有从产业角度去分析的，如中国人民大学农业与农村发展学院孔祥智教授等总结了建设生态宜居美丽乡村的五大模式，分别是：非农产业带动型、农产品加工业带动型、农业旅游业融合带动型、一二三产业融合带动型、种植结构优化带动型生态宜居美丽乡村建设模式。[③] 有从空间结构组成视角的，如郭静把宜城市美丽乡村建设概括为“N+1+1”建设模式，其中“N”，就是建设N个环境宜居村，第一个“1”，就是建设1个生态集聚区；第二个“1”，就是建设1个特色示范村。[④] 有从典型案例概括美丽乡村建设模式的，如吴理财、吴孔凡对浙江省安吉县、永嘉县和江苏省南京市高

---

① 《南宁、百色、崇左三市协同推进左右江流域生态环境保护工作》，《左江日报》2018年5月20日第1版。

② 谢华、黄舒城等：《广西生态文明和绿色发展制度建设探讨》，《南方农业》2018年第25期，第102—105页。

③ 孔祥智、卢洋啸：《建设生态宜居美丽乡村的五大模式及对策建议——来自5省20村调研的启示》，《经济纵横》2019年第1期。

④ 郭静：《推行“N+1+1”模式建设美丽宜居乡村》，《政策》2018年第11期。

淳区、江宁区四地美丽乡村建设的实地考察，深入分析和探讨四种模式的特色、共同经验和存在的普遍性问题。认为四种模式共有的经验在于：政府主导、社会参与，规划引领、项目推进，产业支撑、乡村经营。[①] 此外，还有很多学者从政企合作、组织方式等视角分析美丽乡村的建设模式。

2014 年 2 月，在第二届中国美丽乡村·万峰林峰会上，中国农业部正式对外发布美丽乡村建设十大模式，分别为产业发展型（如江苏省张家港市南丰镇永联村）、生态保护型（如浙江省安吉县山川乡高家堂村）、城郊集约型（如上海市松江区泖港镇）、社会综治型（如吉林省松原市宁江区弓棚子镇广发村）、文化传承型（如河南省洛阳市孟津县平乐镇平乐村）、渔业开发型（如广东省广州市南沙区横沥镇冯马三村）、草原牧场型（如内蒙古锡林郭勒盟西乌珠穆沁旗浩勒图高勒镇脑干哈达嘎查）、环境整治型（如广西壮族自治区恭城瑶族自治县莲花镇红岩村）、休闲旅游型（如江西省婺源县江湾镇）、高效农业型（如福建省漳州市平和县三坪村）。[②] 每种美丽乡村建设模式，分别代表了某一类型乡村在各自的自然资源禀赋、社会经济发展水平、产业发展特点以及民俗文化传承等条件下建设美丽乡村的成功路径和有益启示。

二　左右江革命老区美丽乡村发展模式选择

左右江革命老区，是一个“老、少、边、山、穷、库”地区。农村地区大部分以山区为主，地理条件比较恶劣，基础设施十分落后，老百姓生活普遍困难，政府财力有限；也有部分农村地区，处于河谷平原地带，土地肥沃，农业相对发达。左右江革命老区作为

① 吴理财、吴孔凡：《美丽乡村建设四种模式及比较——基于安吉、永嘉、高淳、江宁四地的调查》，《华中农业大学学报》（社会科学版）2014 年第 1 期。

② 中国新闻网：《中国农业部发布美丽乡村建设十大模式》，http：//www.chinanews.com/cj/2014/02－24/5874338.shtml。

少数民族聚居区，民族风情十分浓郁；此外，作为革命老区，不少村庄还有很多革命遗迹以及流传的红色革命故事。

左右江革命老区美丽乡村建设模式与当地的自然资源禀赋、社会经济发展水平、产业发展特点以及民俗文化传承等紧密相关，丰富的红色资源是左右江革命老区各市（州）共有的特征，也是最大的特色，广大乡村尤其如此。此外，作为民族聚居区，民族性也是左右江老区的特色之一。可以按照农业部发布的美丽乡村建设十大模式进行组合，构建左右江革命老区美丽乡村新模式。左右江革命老区作为民族文化、红色文化集中区，文化传承是美丽乡村建设的重要内容，因此，文化传承可作为左右江革命老区美丽乡村建设的共有模式。各乡村具体的发展模式需要扬长避短，突出特色，将生态文明理念、特色文化融入美丽乡村建设中，既节约资源，保护环境，又发展经济，让老百姓富裕幸福的同时，更注重农村和农业的可持续发展。

根据自然地理条件差异，可以采用不同的组合类型。有些乡村山清水秀，旅游资源丰富，交通等基础设施便利，可以采用“文化传承+休闲旅游”模式；有的乡村石漠化突出，自然生态极其脆弱，可以采用“文化传承+环境整治”模式；有的乡村自然条件优越，土壤肥沃、平整，河湖分布比较密集，可以采用“文化传承+高效农业”模式；有的乡村紧挨城市或者边贸口岸，交通便利，可以“文化传承+产业发展”模式；还有的乡村是属于国家自然保护区，可以采用“文化传承+生态保护”模式。左右江革命老区乡村面积广大，乡村在自然地理条件也差别很大，但概括起来也是以上面提到的五种类型为主，“文化传承+休闲旅游”模式“文化传承+高效农业”这两种尤其在左右江革命老区适用面广。

总之，美丽乡村的建设只能依据当地的实际情况有针对性地进行规划设计，不能完全机械地套入某一个固定的模式中。整体而

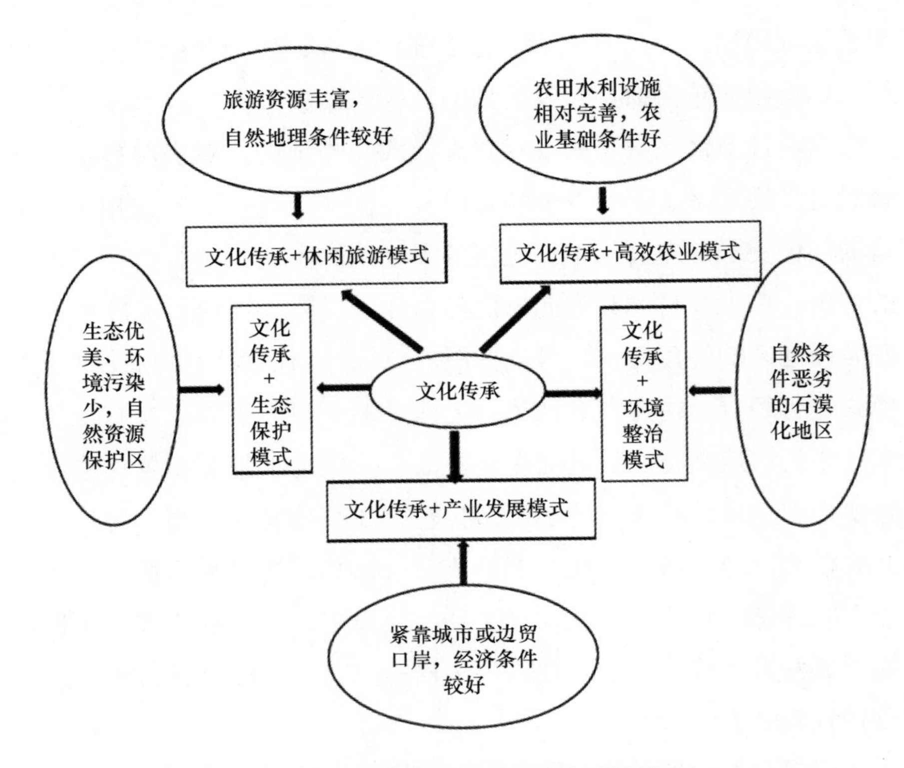

图9—3　左右江革命老区美丽乡村建设模式

资料来源：笔者自制。

言，“美丽乡村是规划科学、布局合理、环境优美的秀美山村，是户户能生产、户户能经营、人人有事干、个个能挣钱的富裕之村，是传承历史、延续文脉、特色鲜明的魅力之村，是功能完善、服务优良、保障坚实的幸福之村，是创新创造、管理民主体制优越的活力之村，……其特征可以概括为‘四美’（科学规划布局美、村容整洁环境美，创业增收生活美，乡风文明身心美）和‘三宜’（宜居、宜业、宜游）”①。左右江革命老区的美丽乡村的打造也应建立在“四美”“三宜”的基础上，在全面打造的同时突出自己的特色。

① 唐珂、闵庆文、窦鹏辉主编：《美丽乡村建设理论与实践》，中国环境出版社2015年版。

三　左右江革命老区美丽乡村建设的路径

（一）各模式共有路径

1. 开展“美丽左右江革命老区”教育与文化宣传，提高当地政府和农民对生态文明建设的认识

生态的破坏，环境的污染与人的生态保护意识密切相关，美丽左右江革命老区建设需要政府和百姓提高思想认识。

首先，作为基层政府部门，特别是乡村一级干部，应该改变传统的政绩观，树立“绿色”政绩观，使乡、村两级领导干部成为农村生态文明建设的先行者和推动者。地方政府和基层党组织同时也应该通过举办培训班、专题报告会、系列报道等多种形式向老百姓加大宣传力度，同时开展环保相关知识的教育，教育的形式应该多样，寓教于乐，让农民看得懂、易接受，让广大农民能够真正意识到生态文明建设的重要性、必要性，从而把保护环境化为自觉行为。左右江革命老区的广大党员干部要进村入户宣传，深入发动群众，示范带动，紧紧依靠村党组织和村民委员会，广泛组织群众参与建设“美丽左右江革命老区”的宏伟蓝图。

其次，开展“美丽左右江革命老区”教育，从娃娃抓起。以“美丽左右江革命老区”为主题，编成乡土教材，让生态文明走进学校课堂；以专家讲座、先进事迹报告等形式，使学生强化生态文明意识和获取相关的知识；组织学生开展生态文明实践第二课堂（如植树造林、垃圾分类、环境调研等），通过第二课堂实践来达到宣传和教育的效果。

最后，在充分利用各种户外公益广告、电视、报纸等传统媒体进行宣传报道的同时，加强网络媒体的宣传，特别是移动客户端来进行宣传，让老百姓真正感受到重视生态和保护环境的重要性。

2. 注重农村卫生，注重村容村貌，科学有效地处理好生活垃圾和生产垃圾

农村卫生和村容村貌越来越受到各级政府的重视，为改善左右江革命老区的村容村貌，提升农村卫生条件，左右江革命老区各级政府需要达成共识，在老区各乡镇广泛开展“美丽老区·清洁乡村”活动。第一，开展农村改水、改厨、改厕等工作，同时加大植树造林和种草等环境美化工作。第二，清扫各类垃圾，特别是水塘、河流、水井等处的漂浮垃圾；在农村安放垃圾桶、建造垃圾池，及时清运和处理垃圾；安排专人清扫处理垃圾；可回收废旧及时回收，避免随意丢弃。第三，规范禽畜养殖。根据环境资源和土地承载能力，划定畜禽禁养区、限养区和适宜发展区；采用过程控制与末端治理相结合的方式，控制畜禽粪污排放量，合理利用粪污，把资源化利用作为解决散养畜禽污染问题的优先选择。第四，控制农村农药、化肥、除草剂等过量使用；防止田间焚烧秸秆，推广秸秆、地膜的回收和综合加工利用。第五，推广清洁能源，如沼气、太阳能等，推进“秸秆太阳能沼气循环利用示范工程”。第六，加强农村基础设施建设，特别是道路硬化、自来水供给、污水处理、河道治理、垃圾收集处理、路灯亮化、电网改造、有线电视等。第七，加强农村卫生培训与宣传，提高百姓卫生意识，扩大活动影响力，逐步改变农民卫生习惯。

为了改善全区乡村群众生活生产条件、创造良好人居环境，2013 年 4 月至 2014 年 12 月，广西壮族自治区党委、自治区政府开展了“美丽广西·清洁乡村”活动，主要任务是“清洁家园、清洁水源、清洁田园”。一是清扫垃圾，清除杂物，清洁房屋，开展乡村垃圾分类、收集、转运和处理工作，整治农村环境卫生。二是清淤治理乡村水井、水塘、小河流、排水沟、下水道，清理水面漂

浮垃圾，处理厕所、畜禽场（圈、栏）污水排放。三是清收和处理各种农业生产废弃物，控制农药、化肥等过量使用，大力推广农业清洁生产实用技术，防治农业面源污染。[①] 此外，广西壮族自治区党委宣传部、自治区乡村办还举办摄影展来宣传和促进“美丽广西·清洁乡村”活动。

3. 注重文化传承，宣传特色文化

左右江革命老区红色资源丰富，民族文化多样。在美丽乡村建设中，一定要突出红色文化和民族文化传承与发展。

（1）红色文化传承方面

左右江革命老区的红色文化遗产数量多、类型多、范围广，做好红色文化遗产保护与利用工作是左右江革命老区美丽乡村建设的重要内容。乡村红色文化遗产包括物质形态和非物质形态。物质形态主要包括革命遗址、博物馆、纪念馆、展览馆、烈士公墓、烈士故居等物质载体。非物质形态主要包括革命英雄事迹、战斗故事、革命文献、革命歌谣以及所承载的革命精神等。这些都是革命先烈给我们留下的极为宝贵的精神财富，具有重要的文化价值、教育价值和经济价值。左右江革命老区美丽乡村中促进红色文化传承可从以下六个方面着手。

第一，加强立法，明确职责。保护好红色革命遗址是开发红色资源的前提。左右江革命老区有不少红色资源散布在偏远乡村，由于当地政府和群众保护意识不足，加上财力有限，很多红色资源有灭失的危险。因此，需要制定相关法规、规章等对相关文物或遗产进行保护，明确政府各部门的管理职责，对于破坏乡村红色文化遗产的行为给予处罚。

第二，加大红色资源研究力度。要重视红色资源的研究工作，

---

① 广西新闻网：《广西将用两年“清洁乡村”打造“美丽广西”方案》，http：//news.gxnews.com.cn/staticpages/20130422/newgx51746fdb－7415346.shtml。

可充分整合利用百色学院等各地方高校、各市（州）党校、干部学院等师资力量，建立研究基地，成立科研团队，进行课题攻关，围绕百色起义相关历史开展深入研究，进行集体挖掘打磨，提炼理论精髓，提升内容的政治站位，形成表达更为精准的文字材料。

第三，加大宣传。大部分红色文化遗址一般位于乡村地区，特别是地处偏僻的农村。由于当地交通闭塞，很少为外人所知，需要各地有关部门加大宣传力度，拓宽宣传渠道，采取多种形式对这些红色文化遗址进行推广宣传。包括利用报纸杂志、广播电视、网络等媒介，搭建左右江革命老区乡村红色文化遗址宣传平台。要开展乡村红色文化知识宣传教育和培训活动，提高民众对乡村红色文化的认识，可组织红色文化进校园活动，对红色文化的宣传从娃娃抓起。各地相关部门还要重点策划宣传乡村红色文化遗址的主题活动，加大对革命人物和历史事件的宣传力度，如利用老红军家属讲祖辈红军战斗故事等。在偏僻农村的红色文化资源，可组织当地的党员干部、中小学生进行革命教育，以此提高左右江革命老区乡村红色文化遗址和革命人物的知名度。

第四，重视红色旅游开发。由于乡村红色旅游分布比较分散，加上基础设施较差，可考虑与周边其他类型的旅游资源整合开发，打造绿色旅游、民族文化旅游等与红色旅游的有机结合，实现优势互补，增强乡村红色文化遗产的吸引力和竞争力。

第五，集中整理好乡村红色资源。对左右江革命老区红色资源进行系统的摸底与清点，可根据左右江革命老区红色文化的不同价值和类型，进行统一的分级和分类管理，按照其经济社会价值功能的差异来规划出不同的开发利用模式，保障红色资源能够得到科学合理的开发与利用。同时根据摸底情况，将分散的红色遗址、遗迹按照百色起义的历史发展脉络来整合，编制左右江革命老区红色文化遗产保护、开发、利用规划，有选择性地进行重点开发利用。对尚未成为文物保护单位、不可移动文物和相关遗物，文物行政部门要依法予以登记和保护，并及时进行必要的修缮，有条件的要积极做好文物保护单位申报工作。

第六，多举措加大投资。由于地方政府财政困难，严重阻碍了乡村红色文化遗产保护与传承，因此需要不断扩大融资途径，争取上级政府财力支持，多元化投资开发乡村红色文化遗产。一是争取各级政府财力支持，建立对乡村红色文化遗产的专项保护与开发基金；二是大力引进外资，通过转让经营权等方式吸引外资；三是吸收民间投资，可以尝试将一些红色遗址出售或租赁给个人或者公司，规定其保护的义务，给予其在一定范围内的使用权利，实现乡村红色文化遗产投资主体多元化等。[①]

（2）注重民族文化传承

左右江革命老区作为少数民族聚居区，在美丽乡村建设过程中要凸显民族特色。乡村民族特色主要体现在建筑风格、风俗习惯、语言服饰、民族活动等方面。

一般而言，乡村也是民族建筑保存最好的地方，在乡村住宅建设中，对于民族建筑，不能一拆了事。有些古老民族村落，不但浓缩了民族的建筑文化、历史文化等，而且对民族非遗文化进行活态展示，具有极高的历史文化价值和旅游价值。如云南省文山州丘北县东北面的石别村，就因为壮族干栏式建筑保存相对完好，加上一些民族活动的表演，吸引了不少游客（见图9—4）。

---

① 王浩：《常州市乡村红色文化遗产保护与利用探讨——以美丽乡村建设为背景》，《重庆科技学院学报》（社会科学版）2016年第12期。

图9—4 石别村村民参加民族活动

资料来源：熊平祥、杨雪梅等：《探访最美壮族古村落石别村》，http：//www. yn-ws. gov. cn/info/1395/174510. htm。

（二）文化传承+休闲旅游模式发展路径

1. 合理规划，通过农业美化乡村，发展观光农业旅游

对于农业基础条件较好的乡村，要充分挖掘农作物其他方面的价值。农作物除了提供农产品，还具有一定的观赏价值和净化空气的功能，即具有农产品本身的利用价值外，还有其观赏价值和环保价值。农作物的观赏价值除了本身所具有的特质，还有农作物与农作物的搭配与协调、农作物与周围的山水等自然景观的搭配与协调以及农作物与人造景观的搭配与协调等。观光农业是利用农村的美好自然风光以及农作物本身的观赏价值、食用价值等相结合而产生的一种新型的农业，是指为能满足人们精神和物质享受而开辟的可吸引游客前来开展观（赏）、品（尝）、娱（乐）、劳（作）等活动的农业；观光农业以农业为基础，以旅游为手段，以城市为市

场，以参与为特点，以文化为内涵。观光农业一般以农业园区为主，分为科技型农业园区、生态型农业园区和农家乐型农业园区。其中科技型农业园区主要突出农业科技因素，展示不同的奇特农产品和农业新技术等；生态型农业园区主要是展示良好的农业生态环境，利用生态来拉动旅游；农家乐型农业园区主要面向城市提供回归自然的休闲娱乐场所，价值在于其旅游、休闲、娱乐、度假等多元化功能组合。①

左右江革命老区具有发展观光农业的特殊优势。主要体现在以下三个方面。

第一，左右江革命老区观光农业旅游资源丰富、类型多样。从地形来看，以喀斯特地貌为主，喀斯特地貌的奇峰异洞，本身就是很好的旅游资源，极具有观赏价值。左右江革命老区山地、丘陵众多，峰回路转，美轮美奂，加上河流较多，构成了一幅幅美丽的田园山水风景画。加上农作物规模化种植，为观光农业旅游提供了条件。从气候、水土等因素看，左右江革命老区地形复杂，气候多样，物产丰富，水果有芒果、圣女果、龙眼、香蕉、刺梨、椪柑、火龙果、葡萄、杨桃、大青枣等，在全国都鼎鼎有名，还有蔬菜、三七、茶叶、八角等经济作物，完全符合观光农业观（赏）、品（尝）、娱（乐）、劳（作）的要求。

第二，随着左右江革命老区城市化进程的加快，城市生活节奏也在不断加快，加上双休日及节假日的加长（如广西三月三假期）和收入的增加，使老区城市的人口期待找一个风景优美、节奏慢、空气清新的地方放松自己紧张的心情，开始向往乡村，寻找具有休闲娱乐与参与性的观光农业地点旅游。

第三，观光农业及科技型农业园区多位于城市近郊，这是因为

① 张泽丰：《美丽中国视阈下的西部农业发展研究——以左右江革命老区为例》，《决策与信息》2016 年第 10 期。

城市经济实力雄厚，农业科研院所以及院校众多，科技力量强，为观光农业旅游的发展提供了坚强稳定的科技实力。此外，城市人口集中，经济水平较高，有较稳定的客源消费市场，从而加速对观光农业旅游的人流与物流运转。左右江革命老区城市周边都有优越的自然地理条件，如百色市周边就有“赛江南”之称的右江河谷，而且有百色学院等高校支撑。

西部地区虽然经济欠发达，但是农业的发展还是有较好的条件的。农业发展一定要在合理规划的基础上讲求规模化，通过规模化种植、规模化生产和规模化经营来加强管理、降低成本和节约能源，通过规模化种植来达到环境美化的作用，通过规模化来发展旅游。这样既达到农业产业化和市场化，从而实现农业现代化，又达到美化农村、增加旅游收入的作用。

2. 建设田园综合体

田园综合体是集现代农业、休闲旅游、田园社区为一体的乡村综合发展模式，是集循环农业、创意农业、农事体验于一体，一二三产业融合发展的农业综合开发模式，也就是说，田园综合体就是“农业 + 文旅 + 社区”的综合发展模式，是在原有的生态农业和休闲旅游的基础上的延伸和发展，其目的是通过旅游助力农业发展、促进三产融合。2017 年 2 月 5 日，中央一号文件提出“支持有条件的乡村建设以农民合作社为主要载体、让农民充分参与和受益，集循环农业、创意农业、农事体验于一体的田园综合体，通过农业综合开发、农村综合改革转移支付等渠道开展试点示范”，“田园综合体”第一次作为乡村新型产业发展的亮点措施被写进中央一号文件。

建设田园综合体，要强调主导农业产业发展、生态环境建设、乡村田园社区建设以及农村集体经济、村民的共同参与和就业增收的一体化规划，要充分利用有利的地理条件打造规模化的现代农业区，同时还要结合现代农业区，规划建设农民住房、农民娱乐和民俗活动场所，以及农村道路以及绿化等，打造休闲旅游、田园社区。

广西、云南、贵州十分重视田园综合体建设。2017 年，广西南宁美丽南方田园综合体、云南保山隆阳区田园综合体入选国家级田园综合体试点，贵州首个田园综合体——“中国·贵州—世界花都”田园综合体项目启动。2017 年 12 月，广西郑州自治区《广西田园综合体创建方案》印发，计划从 2018 年起，组织每个设区市和自治区农垦局申报田园综合体项目 1—2 个，并从中择优选 5 个项目作为自治区级田园综合体试点项目，引领带动全区田园综合体的创建。目前左右江革命老区已启动或者正在启动一系列“田园综合体”项目，主要有田阳“壮乡印象·现代农业特色”田园综合体、百色“鹿场”田园综合体、兴义“山地烟叶绿色”田园综合体、文山“普者黑生态”田园综合体、义龙新区楼纳田园综合体、广南“高原特色”田园综合体、南丹“绿稻花海”田园综合体、崇左江州“山水甜园”田园综合体、凌云“农业综合开发自治区级”田园综合体、龙州“山水弄岗”田园综合体等。

左右江革命老区具有建设田园综合体的条件。就立项条件来说，左右江革命老区自然条件较好的地区（比如右江河谷一带），在功能定位、基础条件、生态环境、政策措施、投融资机制、带动作用、运行管理等方面都具有优势。左右江革命老区位于北回归线以南，属于亚热带季风气候，年均气温为 21.6℃—22.1℃，年均降雨量在 1200 毫米左右，农业条件整体上比较优越，特别是地势平坦的左右江河谷一带的盆地和丘陵地区，土地十分肥沃，具有优越的农业发展优势条件[①]，有利于建设田园综合体。因此，对于左右江革命老区条件比较优越的乡村，可在广西、贵州、云南的共同努力下，争取打造一批各具特色的样板“田园综合体”，带动左右江

① 张泽丰：《美丽中国视阈下的西部农业发展研究——以左右江革命老区为例》《决策与信息》2016 年第 10 期。

革命老区生态农业发展，促进美丽乡村建设。

（三）文化传承+高效农业模式发展路径

1. 讲求节能与环保，发展循环农业，发展低碳农业

农业污染具有位置、途径、数量不确定，随机性大，发布范围广，防治难度大等特点，特别是水体污染、土壤污染，危害面广、危害时间长，修复难度极大。预防农业污染必须推行农业的清洁生产，从源头抓起，严格控制整个农业生产过程。农业粗放式发展，既浪费了大量的能源，也污染了环境，绝不能粗放式发展，走先污染后治理的路子。目前，我国正处在传统农业向现代农业转变的关键时期，西部地区由于生态脆弱，更应该如此。

循环农业是充分运用可持续发展思想、循环经济理论与生态工程学方法，结合生态经济学、生态学、生态技术学等学科的原理与基本规律，使农业生态系统物质和能量多级循环利用，从而最大限度的控制外部有害物质的投入和农业废弃物的产生，从而保护了生态和自然环境。循环农业技术是不断发展的，它的不断推广和应用一定程度上也给当地带来了知名度，能够吸引游客和相关的科技爱好者前来参观考察，从而为当地带来一定的旅游收入。

循环农业是低碳农业的一种。低碳农业要求打造农业经济系统和生态系统耦合的基础，从依靠非再生能源（如化石能源）向依靠可再生能源（太阳能、风能、水能等）方向转变，追求低耗、低排、低污和碳汇。以低碳为核心理念的现代循环农业，强调农业生产过程的优化集成与合理循环，其高效种养模式应具有立体结构、生态功能、市场属性与综合效益。①

生态农业模式主要有时空结构型、食物链型和系统调节控制型三种类型。

---

① 翁伯琦、张伟利：《低碳经济发展与现代循环农业》，《中国科学报》2014 年 6 月 20 日第 7 版。

时空结构型是按照生物群落生长的时空特点来合理配置农业资源和组织农业生产，在时间上多序列、空间上多层次的三维结构。如“立体农业”中的农田立体间套模式、果林地立体间套模式、山地立体式、水域立体养殖模式、农户庭院立体种养模式等。通过时空错开（如通过直立作物与匍匐作物、深根作物与浅根作物、高秆作物与矮秆作物、豆科作物与禾本科作物的间混套种），达到充分利用空间，又能争取时间，可实现多层次收获作物的目的。

食物链型主要是指一个生态系统中的多种生物是食物链的上下游关系，它们通过一条条食物链密切地联系在一起，通过食物链来维持生态平衡。如“湖北天门市石河镇有一片沼泽荒芜湖，利用已的有 84 万株池杉林和 1.5 万株水杉的材林基地，建立起了一个北港湖人工生态农业基地。该生态农业基地实行林、鱼、虾、鸟共生，即在林间开槽，筑堤灌水，水中长树，水上养鸭，水下养鱼，鱼粪肥树，树叶肥水，树荫栖鸟，鸟粪喂鱼”等。[1]

系统调节控制型是指按照自然规律办事，合理施用化肥、农药等，使得资源利用和保护相结合，促进系统良性循环。

在具体的西部地区实践当中，往往是这几种模式的综合利用，突出表现为两种类型——农村家庭型循环经济模式（以沼气为纽带的循环农业模式）和生态农业园模式。

（1）农村家庭型循环经济模式（以沼气为纽带的循环农业模式）

家庭型循环经济模式是区域生态农业模式中以家庭沼气为纽带的一种模式，把种植业、养殖业和家庭的能源需求以及肥料的供应相结合，是充分循环利用有机废弃物的一种家庭农业经济方式。主要流程是：人畜粪便和作物秸秆可以制沼气，沼液和作物秸秆可以

---

① 张伟东、王雪峰：《几种典型生态农业模式的优点及实现途径》，《中国生态学报》2007 年第 6 期。

做肥料使得农作物渐少农药使用。作物秸秆又是沼气原料，从而实现循环利用。此外，绿色有机农作物可以养鸡、牛、羊以及作为人类的食物。沼液也可以养鱼。这些都为生态旅游、农家乐提供了食材。沼气发电还可以节省电能，打造绿色环保住宅。这对于节约家庭支出，增加农民收入和实现农村废弃物的高效利用具有重要的现实意义。

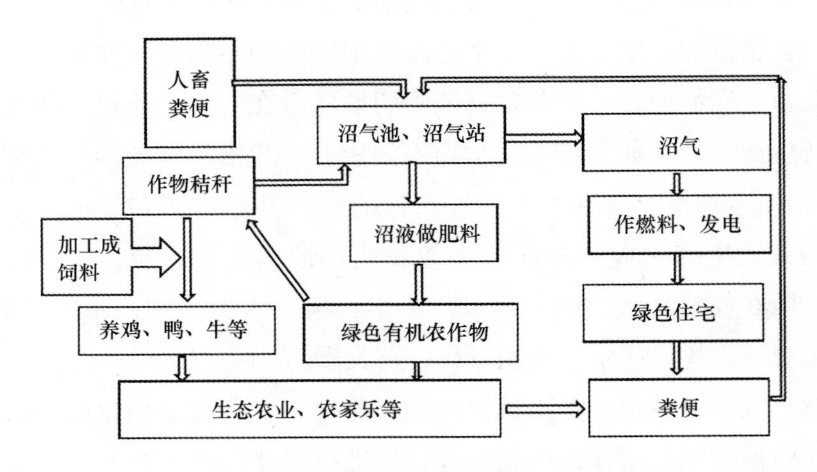

图 9—5 沼气为纽带的循环农业模式

（2）生态农业园模式

生态农业园模式是在一个园区内利用农业不同的生产模式之间的链接关系来实现对能量与物质的闭合循环利用。①

生态农业园的模式可以分为高科技生态农业观光园、精品型农业生态园、生态农庄、生态观光村等。

高科技生态农业观光园主要是通过种植农业科技产品，推广新型农业技术等，如工厂化育苗、无土栽培、转基因作物繁育、克隆

① 张立华：《西部地区生态循环农业发展路径选择与支持体系创新》，《经济问题探索》2011 年第 3 期。

生物、航天育种。它采用的是农业 + 高科技 + 展示 + 推广的模式。

精品型农业生态园主要是通过生态关系，将不同的农业产业、不同的生产模式、不同的品种和技术有机组合起来，形成综合观光生态农业区。它是采用农业 + 特色产业生产模式。

生态农庄是指充分利用优越的自然地理条件，使得生产、娱乐、饮食、住宿、观光等融为一体，它采用是“农庄 + 度假”模式。

生态观光村是指具有一般生态村的特点和功能，如生态循环农业、统一规划、绿化、沼气、太阳能、卫生管理等，还具有较强的社会影响力，能够带来较为稳定的观光客源。

2. 发展特色农业，申请特色地理标志保护产品，提高农民收入

特色农业就是充分利用当地独特的农业资源（特别是特殊的自然地理条件环境），开发地方特有的名优农产品，从而转化为特色商品的现代农业。特色农业的关键在“特”，要求做到“人无我有”“人有我优”，特色农业追求最大的经济效益、最优的生态效益和社会效益以及最大的产品市场竞争力，是提高农产品市场竞争力，调整农业产业结构，增加农民收入的有效途径。此外，对当地的特色农产品申请注册地理标志商标保护是特色农业发展的一种有效途径。持有注册地理标志商标的农产品，往往更容易被外界所认识到其独特的品质，更易被市场接受，既宣扬了产品本身，同时又宣扬了产品所在地，地理标志产品市场价格也比普通商品更高，从而成为提高农民收入、富裕地方的主要途径，也为农村的生态文明建设提供了一定的经费支持。

（四）文化传承 + 生态保护模式发展路径

“文化传承 + 生态保护”模式主要面向生态环境好以及自然资源保护区等农村地区。该模式一定要把生态保护放在第一位，切实保护好良好的生态环境，特别是保护好珍稀动植物资源。如广西崇

左白头叶猴国家级自然保护区、广西岑王老山国家级自然保护区、云南文山国家级自然保护区、贵州茂兰自然保护区等。

自然保护区优良的生态环境是美丽乡村建设的一个重要的有力支撑，但是考虑到生态保护的需要，保护区周边的地块（特别是林地）可能被划入自然保护区后而禁止砍伐，有些地块也会限制耕种，会使得当地村民的生产、生活陷入困境，而且我国自然保护区和贫困地区高度重叠。所以，这种模式下的美丽乡村建设有其特殊性。

第一，充分发挥保护区的各种功能，促进美丽乡村建设。保护区具有生态、教育、科研、经济和文化等功能，在美丽乡村建设过程中，如何发挥这些功能是美丽乡村建设的关键。[①] 在生态功能上，保护区往往能够提供干净水源、清新的空气，也能够提供旅游资源，在美丽乡村建设中，可以利用这些资源，开发产品或者发展旅游等。教育功能方面，保护区可以充分利用各级“某某基地”等的科研和资源优势，或者组织“爱鸟周”“野生动物保护月”等活动对学生和群众广泛开展生态教育，促进当地生态意识的提高。科技功能方面，可以考虑和相关科研院所、高校建立联系，吸引专家和师生前来调研和考察或实习。保护区也可以通过和科研院所、高校等开展科研合作，协作开展课题研究。研究成果有些可以转化为生产力服务于当地农民，指导农业生产。经济功能方面，可充分利用保护区生态环保的特征，调整农村产业结构。发展特色经济、景观经济、生态旅游等，也可以开发绿色、有机农产品，发展新兴生物产业。让保护区的“绿色商标”为农业生产服务。文化功能方面，可以利用保护区的生态属性大力宣传生态文化，不断挖掘其文化内涵，同时把生态文化和当地的民族文化结合起来，促进当地的美丽

---

① 郑群瑞：《森林生态系统类型自然保护区对新农村建设作用的探讨》，《林业经济问题》2007 年第 5 期。

乡村文化建设。

第二，加强规划，加强宣传。保护区周边的农村地区要利用保护区本身的优势资源来加强规划建设。把乡村特色和保护区特色相统一、相协调。如某保护区主要是保护哪些动物或植物，可以把该动物或植物的文化挖掘出来体现在美丽乡村的建设中，成为美丽乡村的一个关键符号。同时要通过报刊、网络、电视等媒体加强宣传。通过宣传，一方面让人们了解相关保护区的意义所在，强化人民保护意识，减少偷猎盗猎、盗砍盗伐的可能；另一方面，提高了美丽乡村建设的知名度，提高了乡村农产品知名度，为乡村旅游和乡村农业产业经济发展打下基础。

第三，重视制度建设。在自然保护区会有非常严格的法规和规章，村规村约可以参考这些规章进行制定，而且要严格执行，成为约束村民行为的基本规范。

（五）文化传承＋产业发展模式发展路径

“文化传承＋产业发展模式”主要面向城市周边以及靠近边贸口岸的农村地区。这些地区因为紧靠经济条件较好的城市和边境口岸，有大量的农产品需求，当地可以根据需求利用自然条件优势提供对应的农产品。

对于城市周边的农村而言，产业发展方面，可以适当缩减粮食种植面积，着力为城市人口提供鲜活农产品，如畜禽肉类、鲜蛋、奶品、水产、蔬菜等，实行农林牧副渔综合经营。规划方面，要制定一个切实可行的生态建设规划，要以实现城乡生态系统良性循环为目标，以生态效益为中心，对乡村山水田林路进行科学规划和综合治理，其生态建设规划要与城市总体规划、城市功能区、城市防洪、水资源保护、城市垃圾处理、城市园林绿化、城市文化特色相适应，做到开发与治理，利用与保护，绿化与美化相统一。此外，要考虑到城市周边乡村也是城市人口旅游休闲之地，在农业产业发展上要充分考虑到其旅游休闲功能，达到农业生态化，造林园林化，服务设施功能化。依托农村优良土地资源，面向城市市场，大力发展庭园、果园、生态风景区。

对于边贸口岸周边的乡村，需要紧紧围绕口岸经济、文化旅游发展做文章。首先，要做好边贸乡村建设的整体规划。在规划中要突出生态优先促进美丽乡村建设，以边贸特色文化保护推进乡村文化发展，真正让沿边乡村成为安居乐业的美丽家园。其次，要重视边贸项目建设。建议相关部门在政策、基础配套、资金等方面给予支持，不断提升互市点（区）的乡村基础设施建设，扩大货场规模，提升仓储装卸能力，提高信息化水平。大力发展边贸产业，特别是发展贸易加工型、劳动密集型、特色资源加工型、保税加工型、国际产能合作型等口岸加工型产业和商贸物流、跨境电商以及配套的现代服务业。最后，大力发展乡村旅游，把乡村旅游与边贸口岸发展相结合。打造成“宜居、宜业、宜游”的特色边贸乡村示范点。

（六）文化传承＋环境整治模式发展路径

“文化传承＋环境整治模式”主要面向自然条件比较恶劣的农村地区，如石漠化地区、大石山区等。首先，该区域主要以环境保护为主要目的，不断通过造林育林、退耕还林等解决水土流失问题；要严格规章制度建设，禁止滥砍滥伐。其次，对于产业发展，因为石漠化地区土壤破碎化比较严重，可以通过加强土地流转，实现规模化农产品生产；改变传统粮食种植为主的生产方式，因地制宜，探索中草药、特色水果、有机农业等回报率较高的农业生产；可以利用当地的气候、自然条件优势，发展休闲避暑旅游、度假旅游等。最后，充分挖掘当地特色旅游资源，特别是民族文化资源，通过民族风情旅游等来吸引游客。

第四节　美丽左右江革命老区与美丽城镇建设

一　美丽城镇建设的主要模式

（一）主要模式介绍

从国际来看，城镇化模式主要有集中型城镇化和扩散型城镇化两种。集中型城镇化主要发生在20世纪前期（也就是城镇化初期），表现在城镇凭借自己的集聚能力，不断把更多的人口、劳动力、资金、技术等吸引到自己的躯体中来。扩散型城镇化主要发生在20世纪后期（也就是城镇化的后期），主要表现为三种形式。一是随着城市规模的不断扩大形成所谓"市郊化"，或者形成以中心城镇为核心的所谓"卫星城镇化"。二是大城市的企业和劳动力没有向周围扩散，但却以技术和资金扩散的形式带动了周围中小城镇经济的发展。三是交通技术的发展，带动了铁路或高速公路沿线经济的发展，形成"发展走廊"。

我国东南地区城镇化有苏南模式、温州模式和珠江模式三种模式，分别以私营经济、个体经济和外向型经济为特征。西部欠发达地区城镇化模式有资源开发型模式、旅游开发型模式、边贸带动型模式。资源开发型模式依赖于西部地区的自然资源如矿产和燃料资源、水资源、土地资源、动植物资源等。旅游开发型模式依赖于西部地区自然景观、文化历史、民族宗教等旅游资源。边贸带动型模式依赖于西部地区边境线漫长，与多国接壤等优势，吸引外地客商从事边贸，推动边境小城镇的形成、建设和发展。①

（二）模式选择——绿色城镇体系模式

左右江革命老区美丽城镇是一种建立在绿色经济发展基础上的

---

① 柴生祥、李含琳：《西部民族地区城镇化模式与应用对策》，甘肃人民出版社2016年版。

资源开发型模式、旅游开发型模式和边贸带动型模式，生态环保绿色发展是其共有的特征。《左右江革命老区振兴规划（2015—2025年）》提出“坚持走新型城镇化发展道路，提升区域中心城市辐射带动功能，培育特色城镇，优化城市空间和管理格局，形成布局合理、功能完善、集约高效、和谐宜居的特色城镇体系”。《国家新型城镇化规划（2014—2020年）》明确指出要加快绿色城市建设，将生态文明理念全面融入城市发展。2015年中共中央国务院《关于加快推进生态文明建设的意见》再次明确提出要大力推进绿色城镇化。①

左右江革命老区是喀斯特地貌地区。大石山区面积广大，地理条件比较恶劣，但又是资源富集区，特别是矿产资源比较丰富。另外，该区域又是民族地区、边疆地区，旅游资源比较丰富，因此，该区域绿色城镇化存在一定的特殊性。左右江革命老区绿色城镇发展需要充分考虑当地环境、资源、文化等实际情况，扬长避短，将生态文明理念融入城镇建设，节约资源、保护环境，让老百姓富裕的同时，更注重城镇的可持续发展。

根据左右江革命老区的资源、地理条件、文化等方面的特点，可建设左右江革命老区绿色城镇体系。该体系是以绿色制度为保障，以绿色产业为内核，以喀斯特地貌、民族性、边疆性、特色资源（红色资源、矿产资源、自然资源等）为特色，“以人为本”是绿色城镇建设的本质所在。根据左右江革命老区不同区域的优势差异，分为资源开发型、旅游开发型、边贸带动型三类。

二　左右江革命老区绿色城镇建设的路径

左右江革命老区绿色城镇体系建设是一项系统工程，需要从思

---

① 辜胜阻、李行等：《新时代推进绿色城镇化发展的战略思考》，《北京工商大学学报》（社会科学版）2018年第4期。

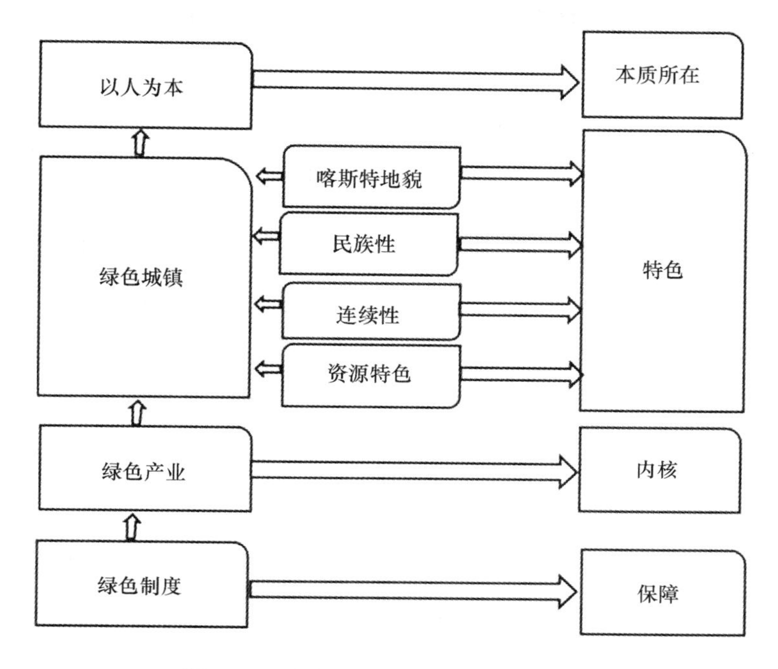

图9—6　左右江革命老区绿色城镇体系

资料来源：笔者自制。

想认识、行为习惯、规划设计、城镇选址、特色打造、脱贫、制度建设等方面整体推进，推动绿色城镇化发展取得实质成效。

（一）提高思想认识，自觉养成绿色生活习惯

思路决定出路，观念决定未来。左右江革命老区绿色城镇发展离不开思想认识的提高。群众生态与环保自觉意识的养成是发展绿色城镇的根本之路。这里所讲的提高思想认识，主要是指在“绿色”上的认识，涉及社会生产方式、生活方式、价值观念在“绿色”“环保”方面的转变与创新；涉及生态平衡以及人与自然的和谐，涉及经济效益与环境效益相协调。

前面已经详细地阐述了左右江革命老区各民族传统文化当中有“万物崇拜”理念和对自然生态的保护的优良传统，但在“循环经济”“低碳经济”“生态平衡”“环境效益”“可持续发展”等方

面，很大一部分当地老百姓可能因为认识不到位，或者出于自身眼前利益考虑等因素，对绿色城镇建设持否定态度，甚至阻碍绿色城镇建设。地方政府只有通过媒体广泛宣传、深入开展群众教育、倡导绿色生活等多种方式，引起当地老百姓重视，绿色城镇的发展才会稳定和持久。

绿色生活方式的养成是绿色城镇建设的一个重要内容，让绿色生产、绿色消费、绿色出行、绿色居住等内化为人们的自觉行动，体现在工作、生活、学习、娱乐等方方面面。如自觉爱护公共设施，注意环境卫生，不随地吐痰，不抽烟，不乱扔垃圾，注重垃圾分类，养成良好的卫生习惯；少开燃油汽车与摩托车，多骑自行车，多坐公交车，注重健康低碳出行；多种草植树，注重环境美化；重视沼气等清洁能源，发展生态农业，重视节能灯具、绿色建筑，拒绝一次性物品等，注重低碳生活。这些生活习惯的养成不是一蹴而就的，需要加强宣传教育和引导，是一个长时期过程。

（二）重视绿色规划，构建科学的城镇空间格局以及选择适度的城镇规模

建设绿色城镇，要求做到生产、生活、生态相统一，打造“集约高效的生产空间”“宜居适度的生活空间”“山清水秀的生态空间”。绿色城镇建设离不开科学的规划，高度重视规划设计，遵循规划先行的原则是建好绿色城镇的第一步。规划时要少占耕地，少破坏原有的自然生态景观。尽量利用原有建筑和原有风貌，避免大拆大建或者推倒重来，可考虑在新建的同时对原有破损老旧建筑进行修缮改造，建造过程中要注重新老建筑风格的统一与协调，新老建筑与当地的自然景观相协调，新建筑与当地文化相统一。对于有历史文化价值的老建筑，作为绿色城镇文化传承的一个重要载体，需要保持原样，甚至需要保护起来。

产业规划上，务必改变传统“高能耗、高物耗、高污染、高排

放”的产业，大力推动绿色、有机、低碳、环保、高效产业发展。建立差别化的产业准入机制，对“高耗能”“高排放”“高污染”产业提高环境准入门槛，同时通过制定优惠政策等措施引进和扶持节能、环保、低碳产业发展。对于自然条件优越、基础设施比较完善、城镇化程度较高、紧靠大中城市、经济基础较好的城镇，可考虑培育和发展战略性新兴产业，同时提升原有节能环保装备档次并提升绿色产业服务水平，使绿色产业向更高层次发展。

绿色小镇在规划中应积极应用绿色能源（特别是太阳能、水能等），稳步推进现有建筑绿色化改造，积极推广新建绿色建筑，推进绿色交通运输体系发展，加快交通、建筑、能源三个“硬件”领域绿色升级。①

总之，绿色城镇规划务必构建好“天蓝、地绿、水清”的城乡生态，凸显人与自然的和谐，注重生态的、自然的美，让居民或者外地游客能够真正感受回归大自然的愉悦。其中，绿色生态是底色，绿色产业是内核，绿色文化是灵魂。打造绿色城镇需要规划建设好绿色农业产业园区，生产加工绿色无污染农产品，自然环境优越的城镇可以发展观光农业、休闲农业等。打造绿色城镇还可以大胆地把大自然引入城镇，形成“城中有田，田中有城”“城中有森林，森林有城镇”的现代生态田园城镇。

规模控制方面，左右江革命老区大部分地区具有山地多、平地少，自然环境恶劣、地广人稀的特点，加之生产能力较为落后，旅游吸引力有限，决定了在人口聚集的规模上表现为以小城镇为主，以后随着人口增加再进行适度的扩展。②

---

①　辜胜阻、李行等：《新时代推进绿色城镇化发展的战略思考》，《北京工商大学学报》（社会科学版）2018 年第 4 期。

②　张泽丰、龙腾飞：《广西边远民族地区绿色城镇发展路径研究——以百色市为例》，《广西经济管理干部学院学报》2016 年第 4 期。

（三）选择绿色城镇的合适地点——产业聚集点

城镇化问题的关键是人的城镇化和农民市民化，这要求城镇有较强的人口吸纳能力。而吸纳人口一个关键的因素是能够提供大量的就业岗位。但如果一个城镇缺乏一系列产业做支撑，缺乏一定数量的就业岗位，那么就会出现留不住人的情况，本地人口也会外出务工，最终会导致产生“空壳城镇”。因此，只有拥有自己的产业，才能给周边以及外地人提供足够多的就业机会，才能吸引大量的农民工进城务工甚至购房置业，城镇规模才有可能发展。因此，城镇的选址首先要考虑到产业的发展。

美丽城镇的选址还与以下几点息息相关，当然这些因素都与产业发展密不可分。

一是资源（特别是矿产资源）。有资源的地方，就会有开发利用资源的配套产业，资源开采也需要大量的劳动力。左右江革命老区是资源富集区，有较大储量的铝、锰、煤、石油等矿产资源。可以考虑选择自然环境条件较好的资源富集区周边作为绿色城镇规划的选址。

二是旅游。丰富的旅游资源能够吸引大量的外地人口前来旅游观光，形成大量的流动人口，也带动了与旅游相关的第三产业发展。此外，旅游资源的开发本身也是提升美丽城镇的重要内容。

三是边贸。边境口岸有边民互市、保税仓库、加工贸易、货物进出口等跨境经济合作与交流，与边贸密切联系的工业园区、物流园区，容易形成产业集聚，从而产生大量的就业岗位，吸引农民工就业。左右江革命老区是边疆地区，具有发展边贸城镇的优势和条件。如崇左凭祥、百色靖西等市。

四是政府机关。政府机关对城镇选址和城镇的发展有着很大的影响力。机关本身有大量的工作人员，而且群众需要找机关办事，在这种行政事务的影响下，也会提升当地的基础设施条件。另外，政府所在地选址也是通过精挑细选的，往往具备城镇建设的基本条件，这就会在政府机构周边形成一定数量人口的聚集。而且，政府机关所在地能够吸引一定的产业资源，创造一定的就业岗位，从而带动人口增加，形成小城镇。

（四）突出特色，要做到“一城一韵”

绿色城镇建设也不是千篇一律的，要结合地区差异，体现自己的特色，尽量避免同一模式的复制。世界上有不少著名的绿色城市，但是体现的绿色各异。如：芝加哥的氢气燃料、风力发电；阿姆斯特丹的环保交通工具；库里提巴独到的公交系统；加德满都的屋顶绿化和建筑限高；弗赖堡的太阳能发电；伦敦的征收车辆“环保税”；雷克雅未克的氢燃料巴士、地热；波特兰的绿色建筑、绿色交通等。左右江革命老区可借鉴西方国家绿色城镇化先进经验，同时充分凝练地方特色（特别是民族特色、产业特色），在突出个性的基础上精心规划设计，做到“一城一韵”。在绿色城镇化开发过程中要保护好民族特色建筑，“越是民族性地方性的就越是世界性”。对于壮族爱护生态、崇拜树木的文化传统，在规划建设时要予以考虑，充分融入绿色城镇化发展当中。

（五）实行移民脱贫和绿色城镇建设同步化

左右江革命老区也是贫困地区，很多当地老百姓生活在交通不便的大石山区、高寒山区，易地搬迁是这些老百姓解决贫困问题的主要方式。但是，老百姓从深山移民出来后，面临后续生存的问题。如果缺乏相应的后续就业，移民难免为今后的生活担忧，也给脱贫攻坚带来难度。因此，在安置时要充分考虑移民的就业问题和后续发展问题。可选择直接把移民集中安置在条件相对较好的城镇和产业园区等，把扶贫和城镇化相结合，同时对移民进行培训，提高其在新环境生存的技能；在培训的过程中，要就绿色城镇的理念、思想、要求等进行培训和宣传，实现移民脱贫和绿色城镇建设同步化。

（六）强化制度保障与加强生态政绩考核

绿色城镇的发展需要以制度为保障。国务院发展研究中心和世界银行共同发布的《中国：推进高效、包容和可持续的新型城镇化》指出，实现绿色城镇化最重要的任务是加强绿色治理，形成一套能够进行有效环境管理的制度与工具，采取跨越行政边界的绿色治理手段，将绿色治理原则融入各部门政策，推动城市基础设施领域绿色化改革。[①] 左右江革命老区绿色城镇建设亟须建立一系列包括资源节约、环境保护、个人行为约束等方面的制度，健全城镇环境监督体系。要强化政府生态政绩考核的绿色导向，抛弃片面追求GDP的政绩观。此外，要大力推动城镇化相关的户籍制度改革、土地制度改革、城乡福利制度改革，降低老百姓城镇化门槛。

第五节　美丽左右江革命老区建设的合作机制

一　美丽左右江革命老区合作机制建立的必要性与难点

（一）必要性

1. 解决区域公共问题的客观需要

在区域经济发展进程中，部分地方政府往往只顾及自身利益，在区域公共事务中采取“不作为”态度，存在“搭便车”的心理，不想付出治理成本，却希望坐享治理成绩[②]，造成了区域经济问题持续滋生的恶性循环。目前左右江革命老区的区域公共问题主要体现在跨行政区的流域治理、石漠化治理、环境保护、资源能源开发、公共突发事件应对等方面。由于缺乏跨区域（尤其是跨省）问题处理法理与制度层面的支持，左右江革命老区各地方政府在面对

① 国务院发展研究中心和世界银行联合课题组：《中国：推进高效、包容、可持续的新型城镇化》，http：//finance. people. com. cn/n/2014/0404/c383324 –24830197. html。

② 刘书明：《关中—天水经济区政府合作机制研究：基于区域经济协调发展的视角》，中国社会科学出版社2014年版，第151页。

此类公共事务时，就会表现为经常性的“缺位”或偶然的“越位”，致使区域内公共问题得不到有效解决，不利于区域公共秩序的维护，良好的公共服务便无从谈起。加上左右江革命老区本身各地方政府财力有限，单一的地方政府按照行政区划分而治之的办法已经不能适应现实需要，需要重新建立。

2. 提供区域公共物品的必然需求

广义上的区域公共物品可分为制度类区域公共物品和基础设施类区域公共物品。制度类区域公共物品指与全国法律、中央政策相一致的地方性法规、政策、合作机制以及保证这些法律、政策得以执行的各种措施。基础设施类区域公共物品是指大型的服务于区域整体的对区域经济发展起重要影响的基础设施，如城市群内的交通干线、大型港口、机场、防洪设施等。[①] 通过对区域公共物品一体化的管理，为各生产要素的私有流动和经济资源的有效配置提供保障。[②] 区域公共物品的成本分摊和利益共享很难实现均等化，直接影响各区域参与区域公共物品提供的积极性，需要各区域政府协商主导才能实现区域公共物品管理的一体化。

左右江革命老区不仅跨市，还跨省，其区域公共物品的管理主要是各地方分散管理为主，影响了区域公共物品整体效益的发挥。

3. 协调地方政府利益的真实需要

各地方政府作为独立的利益主体，是各区域的利益代表者和利益维护者，在区域合作中，往往倾向于维护和扩大自身利益，围绕政策、资源及公共物品等展开竞争，导致经济、政治、文化等生产要素在各区域间的自由流动受阻，资源浪费严重，合作目标难以实现，最终可能影响到自身的利益。

---

① 董礼胜：《中国公共物品供给》，中国社会科学出版社 2007 年版，第 63 页。

② 刘书明：《关中—天水经济区政府合作机制研究：基于区域经济协调发展的视角》，中国社会科学出版社 2014 年版，第 152 页。

4. 加强信息沟通的主要途径

良好的信息沟通和交流能够最大限度地减少信息不对称，是化解矛盾、提高政府和各部门工作效率的有效方式。但是在实践中，地方政府官员往往存在很强的地方保护主义倾向，会封锁对自己有利的信息，并且出台地方保护政策和优惠政策，运用行政性力量干扰市场经济所要求的信息的自由流动，形成一种与区域经济一体化相悖的“行政区经济”现象①。最终导致地方政府企业化、企业竞争寻租化、要素市场分割化、经济形态同构化、资源配置等级化、领域效应内部化等。②

解决这种信息不畅问题的有效方式是加强政府合作，建立一体化信息共享平台，及时发布信息和共享各种信息资源，为左右江革命老区各省（区）之间、各市（州）之间为整个合作区域实现集体行动提供可能。

5. 提升区域整体竞争力和推进区域合作纵深发展的现实选择

第一，左右江革命老区城市发展水平相近，核心城市对区域经济发展的影响力十分有限。左右江革命老区的五个地级市（州）发展的差距很小（见表9—2）。例如，百色市在经济规模、产业结构、对外辐射效应等方面均不占优势。又如，2017 年 GDP 最高的百色市为 1361.76 亿元，其次的黔西南为 1067 亿元，相差不到 300 亿元，人均地区生产总值几乎一致。按产业结构来说，百色市第三产业比重偏小，工业主要集中在铝产业，单一性比较明显。按照《左右江革命老区振兴规划（2010—2025 年）》，百色市被规划为左右江革命老区的核心城市，但就经济上看，其核心地位难以确立。只有建立科学有效的合作机制，科学定位、错位发展才能有效地促

① 冯海芬：《府际合作：陕甘宁革命老区振兴的必由之路》，《天水行政学院学报》2013 年第 2 期。

② 王健等：《“复合行政”——解决当代中国区域经济一体化与行政区划冲突的新思路》，《中国行政管理》2004 年第 4 期。

进左右江革命老区的发展，尤其是核心城市百色市的发展。

表9—2　　2017年左右江革命老区部分经济指标

指标		百色市	河池市	崇左市	文山州	黔西南州
地区生产总值（亿元）		1361.76	734.60	907.62	809.11	1067.60
人均地区生产总值（元）		37479	20921	43678	22299	37471
公共财政预算收入（亿元）		82.50	36.22	34.00	56.88	114.3809
城镇居民人均可支配收入（元）		29126	25647	28813	27995	27758.09
工业总产值（规模以上，亿元）		1787.26	406.61	938.86	352.10	812.44
社会消费品零售总额（亿元）		277.35	301.20	146.09	363.40	243.70
进出口总额（人民币，万元）		1884397	195498	13388082	5.36（亿美元）	0.55（亿美元）
一二三产业比重（%）	第一产业	13.9	21.6	20.0	20.2	19.1
	第二产业	58.0	31.5	44.0	36.0	31.9
	第三产业	28.1	46.9	36.0	43.8	49.0

资料来源：《广西统计年鉴》《贵州统计年鉴》《云南统计年鉴》。

第二，左右江革命老区各市（州）资源禀赋比较接近，容易造成恶性竞争。尽管高速公路、水路、铁路网络在左右江革命老区的布局有力地促进了区域一体化发展进程，但分属不同的行政区，老区经济一体化的发展往往受到各行政区相互制约的影响，甚至在产业布局、生产要素配置、资源利用等方面都存在各自为政、恶性竞争、重复建设等现象。

由于区域资源禀赋接近，又同处西部欠发达地区，左右江革命老区内部产业低端同构竞争比较明显。比如河池市的巴马发展康养长寿旅游，百色市、文山州等其他市（州）也都纷纷提出自己的大健康产业发展战略，发展康养长寿旅游产业；三七产业是文山州的支柱产业，但百色市启动“田七回家工程”，把恢复和发展田七种植作为促进农民增收的重要产业来加以推进；等等。

（二）难点

首先，左右江革命老区的各市（州）以及周边地区，区位优势趋同，文化相近，资源优势也类似，而且左右江革命老区各市的经济发展水平都较低，工业化程度也较低，环境保护和生态恢复的难度都偏大。各级地方政府在建设当中难免会存在地方保护主义的冲动。如何在自然、地理条件趋同的现状下更加有效地加强合作来建设美丽左右江革命老区，是摆在左右江革命老区各级政府面前的一个难题。

其次，在《左右江革命老区振兴规划（2015—2025年）》中，百色市被定位为“左右江革命老区的核心”。2016年9月，百色提出打造“三中心两区一市”[①]，意味着美丽左右江革命老区建设中，百色市是建设的重点。如果中央财政支持不多，百色市本身经济发展实力有限，真正要发挥核心城市的功能，难度很大。

最后，左右江革命老区范围包括广西、云南、贵州的8市59县，涉及2300万人口，合作机制的协调牵涉到跨省，增加了协调的难度。

二　美丽左右江革命老区合作机制建立路径

美丽左右江革命老区建设要坚决摒弃“各自为战”的做法，牢固树立“一盘棋”的思想，构建各区域的合作机制，搭建各种平台，完善各种制度。其中既需要争取国家层面的支持，也需要省市两级的政府合作。

（一）争取国家层面的支持

因为牵涉到广西、云南、贵州，美丽左右江革命老区建设需要

---

① “三中心两区一市”指的是区域性现代生态农业中心、区域性铝制造业中心、区域性休闲旅游健康养生中心、右江河谷城乡一体化示范区、全国政策性金融扶贫实验示范区、面向东盟开放门户城市。

从国家层面引导政府合作与利益协调，建立科学合理的协调机制，解决美丽左右江革命老区建设发展规划与国家发展规划相关文件的衔接问题等；需要从国家层面引导美丽左右江革命老区建设政府合作与利益协调制度化。为此，国务院有关部门要加强对美丽左右江革命老区建设宏观层面的支持、引导和协调，扮演好区域合作中重大事务的调控人角色、管制人角色、公益人角色、仲裁人角色、守夜人角色。可考虑由国家发展和改革委员会牵头，科学技术部、工业和信息化部、财政部、自然资源部、生态环境部、住房和城乡建设部等部门以及广西、贵州、云南联合组成左右江及珠江源头生态治理省部级联席会议。国家发展和改革委员会西部开发司的主要职责是“组织拟订推进西部大开发的战略、规划和重大政策，协调西部地区经济社会发展重大问题；参与或组织编制并协调实施西部地区区域发展规划，协调落实西部大开发重大政策”等。西部开发司要及时跟踪了解《左右江革命老区振兴规划（2015—2025年）》的实施进展情况，做好督促者角色，并及时协调解决一些重大问题。

（二）省（区）级政府层面的合作

1. 平台建设——建立行政首长联席会议制度

建立行政首长联席会议制度有以下几个方面的好处：第一，因为行政首长联席会议是政府主要负责人以联席会议的形式商讨确定重大问题，不需要组建新的组织机构，只需要与组织联席会议的相关费用即可，成本较低。第二，举办地点可以采取轮流的原则确定，各方都可以在联席会议上平等进行协商，符合公平民主原则而且形式灵活。第三，都是各市主要行政领导参加，并且签订相关协议，有利于协议的落实。[①]

左右江革命老区已于2017年4月建立滇黔桂联席会议制度，

---

① 刘书明：《关中—天水经济区政府合作机制研究：基于区域经济协调发展的视角》，中国社会科学出版社2014年版，第160页。

联席会议由总召集人、召集人，秘书长、副秘书长以及下设的广西议事组、贵州议事组、云南议事组组成。总召集人为各省（区）省长（区主席），召集人为各省（区）分管副省长（区副主席）。通过行政首长联席会议制度来商讨如何加强生态文明建设与环境建设合作，实现美丽左右江革命老区建设发展。各市级政府在三省（区）行政首长联席会议的统一协调下制定各市的相应的实施规划。在制定规划时，要在各市科学定位的基础上，错位发展；在遇到矛盾时，尽量把各市的利益争端放在同一层次上进行协调解决。

2. 平台建设——建立跨区域协调组织机构

建立跨区域的协调管理机构的好处有：第一，协调管理机构的领导班子可以由三省（区）的相关负责人组成，在处理合作事宜时能够尽量做到公平公正。第二，组建专门的跨区域协调组织机构有利于常态化管理。第三，便于对相关协议的执行情况进行督促。

对于左右江革命老区建立跨区域的协调管理机构，机构领导班子可以由三省（区）的相关负责人组成，同时聘请国家层面的相关机构进行指导。其职责主要是革命老区内部事务的协商、决策及领导；同时可根据美丽左右江革命老区建设的任务设置必要的职能部门，其人员可由三省（区）相关部门抽调组成，分工负责，分类处理。

3. 平台建设——成立美丽左右江老区协作专家委员会，成立美丽老区建设协作研究中心

组织成立环境治理协作方面的专家群体，成立相应的专家委员会，成立美丽老区研究中心。就左右江革命老区建设中遇到的各种合作问题开展科学研究，为美丽老区生态文明建设协作出谋划策。

4. 建立一体化的污染联合监测、防治等机制

为了更好地推进美丽老区建设合作，针对各行政区域在生态红线、区域管控要求、准入等方面存在的方案不统一、不对接、不协调情况，可考虑在环境监测上打造“一张网”，实现全天候、全过

程、自动化、信息化、智能化信息共享，并在此基础上构建生态环境一体化综合决策系统。特别是为了保护左右江流域水质安全，广西、贵州、云南利用“一张网”，共同建立跨省（区）水质及污染联合检测机制、水污染联合治理机制、水污染纠纷处理机制、水污染应急联动合作机制等。除了水污染治理，也可以在石漠化治理、生态事故应急处理等方面建立相关联合防治机制。

环境治理离不开框架协议的约束。左右江革命老区各市（州）需共同制定《关于一体化生态环境综合治理工作合作框架协议》，在规划契合、合作机制、共建共保、环境标准、信息共享、联动执法、预警联动、共治共保等方面加强合作。

此外，左右江革命老区各区域要加强生态建设一体化规划建设，各省（区）、市（州）可跨行政区域合作，建设左右江革命老区生态绿色一体化发展示范区。

5. 加强法规建设

广西、贵州、云南可联合制定《左右江流域水污染及生态保护条例》《左右江流域管理条例》等，确保左右江革命老区各级政府在河流污染治理方面有法可依，有规可循。同时各级地方政府以及相关部门要严格执行相应的条例，并制定相应的具体方案。也可以制定与之相配套的规章、办法等。从法规上保障美丽左右江革命老区的生态文明建设。

（三）市（州）级层面的合作

1. 举办美丽左右江革命老区建设论坛和市长论坛

合作论坛和市长论坛是地方政府合作的主要方式之一。论坛最大的好处是参与各方能够围绕论坛主题结合自身实际发表看法、介绍经验等，能够使参与各方在相互交流、讨论中进行比较和借鉴，从而达到相互提升的目的。不足之处是参与者人数偏多，所形成的决议权威性也不是很高。

2. 举办美丽左右江革命老区建设政协联席会议

中国人民政治协商会议是中国人民爱国统一战线的组织，是中国共产党领导的多党合作和政治协商的重要机构，是我国政治生活中发扬社会主义民主的重要形式。政协工作在区域经济发展与生态文明建设上发挥了重要作用。一方面，政协有人才的优势，政协委员不论是专业结构，还是学识大部分都具有极大优势。另一方面，在中国共产党领导下，各政党、各人民团体、多少数民族和社会各界的代表，以中国人民政治协商会议为组织形式就国家的大政方针和群众生活的重要问题进行民主协商，并通过建议和批评发挥参政议政、民主监督的作用。左右江革命老区各市（州）政协建立联席会议制度，通过各市（州）政协与各县（市、区）召开政协主席联席会议，围绕左右江革命老区在经济建设、生态文明建设和环境保护方面的大事、要事联合开展相关的提案工作，共同呼吁三省（区）乃至国家层面不断加强对左右江革命老区发展的支持力度，提升左右江革命老区各市（州）合作的深度和广度，促进老区经济社会发展，促进老区生态文明建设。

2014—2018 年，左右江革命老区市（州）政协主席工作联席会议已经连续举行 5 次，也取得了巨大的成果。

（四）其他合作

1. 建立利益共享与责任共担机制

美丽左右江革命老区建设进程中，原来在行政关系上的所属关系与利益分配格局不可避免地要受到冲击，会出现不同城市或地区之间获利不均，甚至会损害到某些城市经济发展方面的利益的情况，由此产生一系列的矛盾和摩擦，阻碍了美丽左右江革命老区建设的进程。因此，必须建立起美丽左右江革命老区建设利益共享与责任共担机制来解决这个问题。这种利益共享与责任共担机制要求各方就“共享”与“共担”的手段、对象、内容、标准、实施方式以及利益补偿资金渠道等方面进行合理的制度安排，其中包括建立生态补偿机制的制度安排，完善以过程补偿为核心的生态补偿制度。

此外，需要切实加强对左右江革命老区政府官员的大局观念教育，在区域合作中促使政府职能转变，促使各级地方政府间的博弈由个体理性向集体理性转变。

2. 强化一体化建设

左右江革命老区各区域虽然跨三省（区），但山水相连，人文相近，经济相融。过去，因为革命斗争，老区各地人民群众紧密团结，共同浴血奋战；今天，在新时代中国特色社会主义建设的伟大征程上，美丽老区的建设不是各区域的单打独斗，而是需要统一规划，协同促进，一体化建设，共同发展。针对左右江革命老区建设经济落后、自然环境恶劣的现状，要充分利用老区各区域相对优势加快实施左右江革命老区一体化发展。在招商引资上实行“统一宣传、统一招商标准、统一优惠政策”的三统一政策；在左右江革命老区建设上实行“统一规划、统一管理、统一建设、分级实施”，不断完善各市在交通、能源、信息、生态、环保等方面的合作，从而促进左右江革命老区一体化建设。

参考文献

一　著作类

习近平：《在庆祝改革开放40周年大会上的讲话（2018年12月18日）》，人民出版社2018年版。

习近平：《之江新语》，浙江人民出版社2015年版。

胡锦涛：《在“三个代表”重要思想理论研讨会上的讲话》，人民出版社2003年版。

胡锦涛：《胡锦涛文选》（第2卷），人民出版社2016年版。

胡锦涛：《科学发展观重要论述摘编》，中央文献出版社2008年版。

《马克思恩格斯全集》（第20卷），人民出版社1971年版。

《马克思恩格斯选集》（第1卷），人民出版社2012年版。

恩格斯：《自然辩证法》，《马克思恩格斯选集》（第4卷），人民出版社1995年版。

《十八大报告辅导读本》，人民出版社2012年版。

《十七大报告辅导读本》，人民出版社2007年版。

柴生祥、李含琳：《西部民族地区城镇化模式与应用对策》，甘肃人民出版社2016年版。

常杰、葛滢等：《生态文明中的生态原理》，浙江大学出版社2017年版。

《辞源》（修订本），商务印书馆1998年版。

董礼胜:《中国公共物品供给》,中国社会科学出版社 2007 年版。
《改革开放与中国城市发展》(下卷),人民出版社 2018 年版。
耿宝江:《休闲农业开发与管理》,西南财经大学出版社 2015 版。
《关于全面深化农村改革加快推进农业现代化的若干意见》,人民出版社 2014 年版。
《河南程氏外书》(卷三),《二程集》,中华书局 2004 年版。
黄承梁:《生态文明简明知识读本》,中国环境科学出版社 2010 年版。
姜春云主编:《偿还生态欠债——人与自然和谐探索》,新华出版社 2007 年版。
李党生:《环境保护概论》,中国环境科学出版社 2007 年版。
刘书明:《关中—天水经济区政府合作机制研究:基于区域经济协调发展的视角》,中国社会科学出版社 2014 年版。
[美] 劳爱乐、耿勇:《工业生态学和生态工业园》,化学工业出版社 2003 年版。
钱穆:《中国文化特质》,生活·读书·新知三联书店 1988 年版。
秦书生:《社会主义生态文明建设研究》,东北大学出版社 2015 年版。
秦书生:《生态文明论》,东北大学出版社 2013 年版。
任仲文编:《深入学习习近平总书记重要讲话精神:人民日报重要文章选》,人民日报出版社 2014 年版。
宋涛、郭迷:《城市可持续发展与中国绿色城镇化发展战略》,经济日报出版社 2015 年版。
汤伟:《中国特色社会主义生态文明道路研究》,天津人民出版社 2015 年版。
唐凯兴等:《壮族伦理思想研究》,人民出版社 2016 年版。
唐珂、闵庆文等:《美丽乡村建设理论与实践》,中国环境出版社

2015 年版。
王春益主编：《生态文明与美丽中国梦》，社会科学文献出版社 2014 年版。
王能应主编：《低碳理论》，人民出版社 2016 年版。
杨小波、吴庆书等：《城市生态学》，科学出版社 2000 年版。
叶文虎、甘晖：《文明的演化——基于三种生产四种关系框架的迈向生态文明时代的理论、案例和预见研究》（第一卷），科学出版社 2015 版。
余谋昌：《生态文明论》，中央编译出版社 2010 年版。
张岱年主编：《中华思想大辞典》，吉林人民出版社 1991 年版。
张敏：《论生态文明的当代价值》，中国致公出版社 2011 年版。
张平、康健：《生态文明视域下的湖南城市发展战略研究》，浙江工商大学出版社 2013 年版。
张清宇、秦玉才等：《西部地区生态文明指标体系研究》，浙江大学出版社 2011 年版。
赵建军：《如何实现美丽中国梦生态文明开启新时代》，知识产权出版社 2013 年版。
《中共中央关于乡村振兴战略的意见》，人民出版社 2018 年版。
中共中央文献研究室编：《习近平关于社会主义生态文明建设论述摘编》，中央文献出版社 2017 年版。
中共中央组织部党员教育中心编：《美丽中国——生态文明建设五讲》，人民出版社 2013 年版。
周叮波、胡优玄：《滇黔桂民族地区水电工程移民发展实证研究》，广西人民出版社 2014 年。

二 期刊类

白光润：《论生态文化与生态文明》，《人文地理》2003 年第 2 期。

蔡刚刚、李丽等：《广西矿区重金属污染现状与治理对策》，《矿产与地质》2015 年第 4 期。
蔡书凯、胡应得：《美丽中国视阈下的生态城市建设研究》，《当代经济管理》2014 年第 3 期。
曹天生：《论中国政党制度的生态文明建设》，《江苏工业学院学报》2009 年第 1 期。
陈桂秋：《城镇化过程中的广西壮族生态文化地方感研究》，《广西社会科学》2014 年第 2 期。
陈静：《“天人合一”思想与生态文明建设》，《唐山学院学报》2018 年第 5 期。
陈俊：《习近平新时代生态文明思想的理论特征》，《广西社会科学》2018 年第 5 期。
陈瑞清：《建设社会主义生态文明，实现可持续发展》，《内蒙古统战理论研究》2007 年第 4 期。
陈月英：《可持续发展理论综述》，《长春师范学院学报》2000 年第 5 期。
邓博：《实现美丽中国梦的法治路径》，《生态经济》2015 年第 5 期。
方立天：《中国佛教哲学的现代价值》，《中国人民大学学报》2002 年第 4 期。
方世南：《习近平生态文明制度建设观研究》，《唯实》2019 年第 3 期。
冯东亮：《马克思生态思想对美丽中国建设的启示》，《赤峰学院学报》（哲学社会科学版）2018 年第 12 期。
冯海芬：《府际合作：陕甘宁革命老区振兴的必由之路》，《天水行政学院学报》2013 年第 2 期。
付莉萍：《云南特色小镇发展与民族文化传承互动关系研究——基

于丽江市民族文化特色小镇发展的实证》，《四川民族学院学报》2017 年第 4 期。
傅晓华：《论可持续发展系统的演化——从原始文明到生态文明的系统学思考》，《系统辩证学学报》2005 年第 3 期。
高世楫：《建设美丽中国，在实现中国梦的进程中推动构建人类命运共同体》，《中国国家博物馆馆刊》2018 年第 12 期。
耿国彪：《人类只有一个地球》，《绿色中国》2014 年第 9 期。
辜胜阻、李行等：《新时代推进绿色城镇化发展的战略思考》，《北京工商大学学报》（社会科学版）2018 年第 4 期。
关锐捷：《美丽乡村建设应注重“五生”实现“五美”》，《毛泽东邓小平理论研究》2016 年第 4 期。
关琰珠、郑建华等：《生态文明指标体系研究》，《中国发展》2007 年第 2 期。
郭辰、黄付平等：《广西生态工业园区发展对策研究》，《生产力研究》2017 年第 5 期。
郭静：《推行“N+1+1”模式建设美丽宜居乡村》，《政策》2018 年第 11 期。
韩雄：《资源开发利益补偿机制初探》，《中共山西省委党校学报》2013 年第 4 期。
韩旭：《让红色文化传承与绿色经济发展有效融合》，《人民论坛》2018 年第 29 期。
韩振峰：《科学发展观内涵的十次重要拓展》，《理论探索》2012 年第 3 期。
韩振峰：《十七大以来科学发展观研究新进展综述》，《探索》2012 年第 5 期。
何成军、李晓琴等：《乡村振兴战略下美丽乡村建设与乡村旅游耦合发展机制研究》，《四川师范大学学报》（社会科学版）2019 年第 2 期。

黄金贤：《美丽中国与国土空间用途管制》，《中国地质大学学报》（社会科学版）2018 年第 6 期。

纪志耿：《当前美丽宜居乡村建设应坚持的“六个取向”》，《农村经济》2017 年第 5 期。

蒋颖：《原始文明中的自然中心生态伦理研究——以梭罗和克罗农对印第安人的研究为例》，《昆明理工大学学报》（社会科学版）2016 年第 1 期。

金冬霞、宋秀杰：《生态农业建设综述》，《农业生态环境》1990 年第 4 期。

孔祥智、卢洋啸：《建设生态宜居美丽乡村的五大模式及对策建议——来自 5 省 20 村调研的启示》，《经济纵横》2019 年第 1 期。

孔祥智、卢洋啸：《建设生态宜居美丽乡村的五大模式及对策建议——来自 5 省 20 村调研的启示》，《经济纵横》2019 年第 1 期。

雷学军：《大气碳资源及 CO_2 当量物质综合开发利用技术研究》，《中国能源》2015 年第 5 期。

李慧伟：《北洋政府时期湖南自然灾害与社会变迁》，《湖南工程学院学报》2008 年第 3 期。

李梦娜：《循环经济理论研究》，《山西农经》2018 年第 21 期。

李鸣：《“美丽广西”管理机制研究》，《改革与开放》2016 年第 9 期。

李树：《生态工业：我国工业发展的必然选择》，《经济问题》1998 年第 4 期。

李文砚：《“美丽中国”背景下的高校思想政治教育价值取向》，《池州学院学报》2014 年第 1 期。

李象钦、唐赛春等:《广西中越边境的外来入侵植物》,《生物安全学报》2019 年第 2 期。

李晓兰、魏丽莹:《美丽中国建设的法治路径研究》,《牡丹江师范学院学报》(哲学社会科学版) 2018 年第 6 期。

李永华:《论生态正义的理论维度》,《中央财经大学学报》2012 年第 8 期。

李友邦等:《广西野生动物非法利用和走私的种类初步调查》,《野生动物》2010 年第 5 期。

李垣:《红色文化传承与绿色生态发展——“红绿交融”的社会主义生态文明建设》,《延安大学学报》(社会科学版) 2018 年 5 期。

李祖扬、邢子政:《从原始文明到生态文明——关于人与自然关系的回顾和反思》,《南开学报》1999 第 3 期。

梁庭望:《水稻人工栽培的发明与稻作文化》,《广西民族研究》2004 年第 4 期。

梁庭望:《壮族原生型民间宗教结构及其特点》,《广西民族研究》2009 年第 1 期。

林坚、李军洋:《“两山”理论的哲学思考和实践探索》,《前线》2019 年第 9 期。

林勇山、晏婷:《从源头加强矿产资源开采中生态环境保护》,《世界有色金属》2018 年 11 月下旬。

凌春辉:《论〈麽经布洛陀〉的壮族生态伦理意蕴》,《广西民族大学学报》(哲学社会科学版) 2010 年第 3 期。

刘慕仁:《以绿色产业推进左右江革命老区发展》,《广西经济》2015 年第 5 期。

刘亚萍、金建湘等:《壮族森林生态文化在发展当地旅游业中的传承与创新》,《林业经济》2010 年第 3 期。

刘燕、蔡德所：《广西西部地区石漠化现状及治理对策》，《中国水土保持》2012 年第 3 期。

刘於清：《“美丽中国”的价值维度及实现路径》，《桂海论丛》2014 年第 1 期。

陆学、陈兴鹏：《循环经济理论研究综述》，《中国人口·资源与环境》2014 年第 24 期。

罗慧等：《可持续发展理论综述》，《西北农林科技大学学报》（社会科学版）2004 年第 1 期。

马传栋：《论生态工业》，《经济研究》1991 年第 3 期。

马洪波：《西方经济理论中可持续发展思想的演进及启示》，《攀登》2007 年第 6 期。

马洪波、张壮：《从“绿化祖国”到“美丽中国”的嬗变——改革开放 40 年中国生态文明建设回顾与展望》，《社会治理》2018 年第 12 期。

马先标：《美丽中国的含义及其建设问题探讨》，《环境与可持续发展》2018 年第 6 期。

毛智勇、樊宾：《红色文化与鄱阳湖生态经济区建设》，《鄱阳湖学刊》2012 年第 1 期。

闵家胤：《生态文明：可持续进化的必由之路》，《未来与发展》1999 年第 3 期。

庞娟：《利益相关者视角下欠发达资源富集区资源开发补偿机制的重构》，《经济与社会发展》2012 年第 6 期。

庞庆明、程恩富：《论中国特色社会主义生态制度的特征与体系》，《管理学刊》2016 年第 2 期。

齐岳、赵晨辉等：《生态文明评价指标体系构建与实证》，《统计与决策》2018 年第 24 期。

钱明辉、钱朝琼等：《略论统一战线在美丽云南建设中的独特优势和作用》，《云南社会主义学院学报》2014 年第 4 期。
钱穆：《中国文化对人类未来可有的贡献》，《中国文化》2019 年第 4 期。
曲磊、刘冠宏等：《生物物种减少原因分析及对策探讨》，《天津科技》2015 年第 6 期。
容丽、杨龙：《贵州的生物多样性与喀斯特环境》，《贵州师范大学学报》（自然科学版）2004 年第 4 期。
沈满洪：《生态文明制度的构建和优化选择》，《环境经济》2012 年第 12 期。
石山：《生态农业与农业生态工程》，《农业现代化研究》1986 第 1 期。
《世界自然基金会发布报告：全球十大河流面临最严重干涸危险》，《节能与环保》2007 年第 4 期。
宋颖：《新常态下中国生态文明建设的路径与对策分析》，《生态经济》2018 年第 12 期。
孙丽霞：《谈“美丽中国”建设的内涵和实现途径》，《商业经济》2013 年第 10 期。
孙民：《唯物史观视域中的“美丽中国”建设》，《信阳师范学院学报》（哲学社会科学版）2019 年第 2 期。
覃彩銮：《骆越干栏文化研究——骆越文化研究系列之二》，《广西师范学院学报》（哲学社会科学版）2017 年第 3 期。
谭倩：《统筹长三角城市群生态共建环境共享》，《唯实》2017 年第 12 期。
汤嘉琛：《农业污染超工业，美丽中国怎么建》，《经济研究参考》2015 年第 36 期。
唐叶萍、郭大俊：《实现生态文明的路径思考》，《求索》2008 年第 6 期。

滕敏敏、韩传峰：《中国城市群区域环境治理模式构建》，《中国公共安全》（学术版）2015 年第 3 期。

田光进、刘纪远等：《基于遥感与 GIS 的中国农村居民点规模分布特征》，《遥感学报》2002 年第 7 期。

田启波：《生态文明的四重维度》，《学术研究》2016 年第 5 期。

田玉川：《传统经济和循环经济的理论研究》，《山西农经》2019 年第 1 期。

田韫智：《美丽乡村建设背景下乡村景观规划分析》，《中国农业资源与区划》2016 年第 9 期。

王爱兰：《加快我国生态城市建设的思考》，《城市》2008 年第 4 期。

王承武、蒲春玲：《新疆能源矿产资源开发利益共享机制研究》，《经济地理》2011 年第 7 期。

王春业：《区域合作背景下地方联合制定地方性法规初论》，《学习论坛》2012 年第 6 期。

王浩：《常州市乡村红色文化遗产保护与利用探讨——以美丽乡村建设为背景》，《重庆科技学院学报》（社会科学版）2016 年第 12 期。

王健等：《“复合行政”——解决当代中国区域经济一体化与行政区划冲突的新思路》，《中国行政管理》2004 年第 4 期。

王丽莎：《建设美丽中国的理论渊源探究》，《山西高等学校社会科学学报》2018 年第 2 期。

王明富、赵时俊：《“那文化”：稻作民族历史文化的印记》，《文山师范高等专科学校学报》2009 年第 2 期。

王仕静、刘建军：《黔西南州喀斯特旅游发展对策分析》，《兴义民族师范学院学报》2016 年第 6 期。

王晓雁：《论丹东地区“红色文化”资源的开发与生态文明建设》，

《企业与科技发展》2018 年第 9 期。
王妍:《东地中海自然灾害与乡村社会经济变迁(10—11 世纪中叶)》,《内蒙古大学学报》(哲学社会科学版)2016 年第 3 期。
王永莉:《试论西南民族地区的生态文化与生态环境保护》,《西南民族大学学报》(人文社科版)2006 年第 2 期。
韦波等:《打造"文山三七"千亿产业的思考》,《文山学院学报》2017 年 12 月第 6 期。
炜熠:《科学发展观的基本内涵》, 《政工研究动态》2007 年第 15 期。
魏彩霞:《改革开放以来我国生态文明制度建设历程及重要意义》,《经济研究导刊》2019 年第 6 期。
魏华、卢黎歌:《习近平生态文明思想的内涵、特征与时代价值》,《西安交通大学学报》(社会科学版)2019 年第 3 期。
吴理财、吴孔凡:《美丽乡村建设四种模式及比较——基于安吉、永嘉、高淳、江宁四地的调查》,《华中农业大学学报》(社会科学版)2014 年第 1 期。
伍瑛:《生态文明的内涵与特征》,《生态经济》2000 年第 2 期。
夏光:《建立系统完整的生态文明制度体系——关于中国共产党十八届三中全会加强生态文明建设的思考》,《环境与可持续发展》2014 年第 2 期。
肖笃宁、陈文波等:《论生态安全的基本概念和研究内容》,《应用生态学报》2002 年 3 月第 3 期。
谢多勇:《〈布洛陀经诗〉中的稻作文化》,《宁夏师范学院学报》(社会科学)2017 年第 4 期。
谢华、黄舒城等:《广西生态文明和绿色发展制度建设探讨》,《南方农业》2018 年第 25 期。
熊吉陵:《建设"美丽中国"的主战场在乡村》,《陕西行政学院学报》2016 年第 3 期。
许瑛：《“美丽中国”的内涵、制约因素及实现途径》，《理论界》2013 年第 1 期。
薛晓源：《生态风险、生态启蒙与生态理性——关于生态文明研究的战略思考》，《马克思主义与现实》2009 年第 1 期。
杨立新：《论生态文化建设》，《湖北社会科学》2008 年第 1 期。
杨文革：《浅谈以生态文明托起美丽中国》，《经济研究导刊》2013 年第 24 期。
叶宏、林凤婷：《文山“那文化”与壮族生态文明》，《红河学院学报》2014 年第 3 期。
庾新顺：《左右江革命老区振兴发展的若干思考》，《传承》2016 年第 12 期。
苑秀芹：《生态文明与美丽中国梦》，《人民论坛》2014 年第 11 期。
岳云强、祝杨军：《论生态文明实现的思想教化路径》，《前沿》2008 年第 12 期。
曾贤刚、秦颖：《“两山论”的发展模式及实践路径》，《教学与研究》2018 年第 10 期。
翟鹏玉：《“那”生态文化资本的历史运演及其对中国—东盟文化交流的作用》，《贵州民族研究》2005 年第 6 期。
张菁：《广西壮族自治区岩溶地区石漠化综合治理规划》，《草业科学》2008 年第 9 期。
张黎丽、田伟利等：《西部生态文明指标体系中 SO_2 排放强度的研究》，《西南农业大学学报》（社会科学版）2010 年 12 期。
张立华：《西部地区生态循环农业发展路径选择与支持体系创新》，《经济问题探索》2011 年第 3 期。
张桥飞、秦迪：《我国生态文明建设的路径探析》，《当代生态农业》2006 年 Z1 期。

张伟东、王雪峰:《几种典型生态农业模式的优点及实现途径》,《中国生态学报》2007 年第 6 期。
张馨文:《美丽乡村建设视角下乡村景观规划研究》,《大众文艺》2019 年第 2 期。
张艳军、陈敏等:《论人类活动、生态环境与自然灾害的关系》,《中国环境管理》2003 年第 2 期。
张泽丰、龙腾飞:《广西边远民族地区绿色城镇发展路径研究——以百色市为例》,《广西经济管理干部学院学报》2016 年第 4 期。
张泽丰:《美丽中国视阈下的西部农业发展研究——以左右江革命老区为例》,《决策与信息》2016 第 10 期。
张祖新、江家骅:《生态工业初探》,《生态经济》1986 年第 4 期。
赵红艳、何林:《"两山论"对马克思主义自然观的理论创新及实践意义》,《黑龙江社会科学》2018 年第 6 期。
赵婧:《敬天、知命、畏天命——孔子"天命观"详析》,《信阳师范学院学报》(哲学社会科学版)2017 年第 1 期。
郑群瑞:《森林生态系统类型自然保护区对新农村建设作用的探讨》,《林业经济问题》2007 年第 5 期。
郑四华、郭灵:《生态工业的基础理论及问题研究综述》,《企业经济》2010 年第 2 期。
周生贤:《建设美丽中国走向社会主义生态文明新时代》,《环境保护》2012 年第 23 期。
诸大建、黄晓芬:《循环经济的对象—主体—政策模型研究》,《南开学报》2005 年第 4 期。
祝孟叶:《基于国家治理角度的生态文明审计制度建设研究》,《市场研究》2019 年第 2 期。
左守秋、王伟:《京津冀生态文明建设区域合作研究》,《吉林广播电视大学学报》2017 年第 2 期。

赵成:《生态文明的兴起及其对生态环境观的变革——对生态文明观的马克思主义分析》,博士学位论文,中国人民大学,2006年。

三 报刊网络类

习近平:《决胜全面建成小康社会 夺取新时代中国特色社会主义伟大胜利——在中国共产党第十九次全国代表大会上的报告》,《人民日报》2017年10月28日第1版。

胡锦涛:《坚定不移沿着中国特色社会主义道路前进 为全面建成小康社会而奋斗——在中国共产党第十八次全国代表大会上的报告》,《人民日报》2012年11月18日第1版。

李克强:《政府工作报告——2016年3月5日在第十二届全国人民代表大会第四次会议上》,《人民日报》2016年3月18日第1版。

陈健鹏、韦永祥等:《完善生态文明建设政府目标责任体系》,《学习时报》2018年12月5日第4版。

陈瑾:《重视生态文明建设中的伦理维度》,《中国社会科学报》2015年5月25日第A06版。

陈进玉:《城镇化添彩美丽中国》,《人民日报》(海外版)2012年12月25日第1版。

崔树芝:《习近平"两山论"的自然观》,《中国环境报》2019年9月3日第3版。

韩振峰:《把握科学发展观的十个基本点》,《中国教育报》2008年11月11日第8版。

何芬:《崇左市畜禽粪污资源化利用率达80.35%》,《左江日报》2018年11月25日第1版。

《华南环保督查中心约谈百色市政府》,《中国环境报》2015年9月2日第1版。

江枫：《人类如何面对第六次物种大灭绝——读伊丽莎白·科尔伯特的〈大灭绝时代〉》，《中国绿色时报》2015 年 9 月 4 日第 4 版。

姜春云：《跨入生态文明新时代》，《光明日报》2008 年 7 月 17 日第 7 版。

李斌：《深化产权制度改革促进生态文明建设》，《人民日报》2019 年 4 月 22 日第 9 版。

刘昆：《“那”些地名，“那”些文化》，《光明日报》2015 年 4 月 16 日第 11 版。

马飚等：《让左右江革命老区尽快振兴发展》，《人民政协报》2014 年 9 月 5 日第 4 版。

《南宁、百色、崇左三市协同推进左右江流域生态环境保护工作》，《左江日报》2018 年 5 月 20 日第 1 版。

潘刚卡：《百色部分地区遭受洪涝灾害》，《右江日报》2015 年 5 月 24 日第 A01 版。

权晟：《大气魄大担当大作为——河池全力推进项目建设引领经济高质量发展》，《河池日报》2019 年 7 月 15 日第 2 版。

隋建光：《抓好五个“关键”积极推进工业园区建设》，《中国信息报》2012 年 9 月 13 日第 3 版。

孙秀艳：《建美丽中国靠制度先行》，《人民日报》2012 年 11 月 26 日第 17 版。

陶国富：《重视生态伦理建设》，《人民日报》2006 年 4 月 14 日第 15 版。

王永昌：《绿水青山何以就是金山银山——深入学习习近平同志大力推进生态文明建设的重要论述》，《光明日报》2016 年 11 月 12 日第 8 版。

王卓：《喀斯特景观：大自然赋予河池的宝藏》，《河池日报》2018

年6月28日第6版。

温家宝：《提高认识，统一思想，牢固树立和认真落实科学发展观》，《人民日报》2004年3月1日第1版。

翁伯琦、张伟利：《低碳经济发展与现代循环农业》，《中国科学报》2014年6月20日第7版。

习近平：《坚决打好污染防治攻坚战，推动生态文明建设迈上新台阶》，《人民日报》2018年5月20日1版。

杨波：《横县唱响“好一朵茉莉花”》，《广西日报》2018年9月4日第9版。

叶乐峰：《没有乡村的美 就没有真正的中国美——部分地区农村环境综合整治见闻》，《光明日报》2015年8月5日第5版。

《云南生物多样性居全国之首》，《都市时报》（数字版）2018年5月23日第A4版。

张昌山、周琼：《弘扬民族生态文化　推进生态文明建设》，《云南日报》2017年3月17日第12版。

张海梅：《建设美丽中国必须加强生态文明制度建设》，《南方日报》2018年3月5日第2版。

张青兰：《习近平生态文明思想的重大理论贡献》，《中国社会科学报》2019年5月6日第8版。

《中共中央国务院印发〈生态文明体制改革整体方案〉》，《经济日报》2015年9月22日第2版。

百色市农业局《百色市农业局2018年度工作绩效展示》，http：//www.gxny.gov.cn/baise/xxgk/201812/t20181225_538857.html。

百色政府网：《百色市人民政府关于印发百色市现代生态农业（种植业）发展“十三五”规划文本的通知——百政发〔2017〕26号》，http：//www.baise.gov.cn/www/zww/html/2017 - 11/

201711232025369104. html。
常力强：《“三链融合”引领园区创新——广西百色国家农业科技园区赋能现代农业纪实》，http：//www. gxny. gov. cn/xwdt/gxlb/gx/201812/t20181218_537983. html。
陈坤、覃思捷：《外来有害物多　广西维护生态安全系统工程任重道远》，http：//news. gxnews. com. cn/staticpages/20050224/newgx421d9d24－327455. shtml。
陈文玲：《美丽乡村与乡村振兴战略之间的关系》，http：//www. findbest. cn/Item/1368. aspx。
崔晓利：《中国能源大数据报告（2019）——我国能源发展概述》，http：//www. escn. com. cn/news/show－733894. html。
发改委资源节约和环境保护司：《关于印发〈绿色产业指导目录（2019 年版）〉的通知》，http：//hzs. ndrc. gov. cn/newzwxx/201903/t20190305_930020. html。
方世南：《生态安全是国家安全体系重要基石》，http：//www. cssn. cn/index/index _ focus/201808/t20180809 _ 4536933 _2. shtml。
冯丽妃：《城市与农村建成区总面积已占国土面积 1/48》，http：//news. sciencenet. cn/htmlnews/2019/5/425875. shtm。
龚文颖：《隆安“那文化”入选中国重要农业文化遗产》，http：//gx. wenming. cn/whcl/201510/t20151027_2933519. htm。
广西崇左白头叶猴国家级自然保护区：《中国濒危野生动物——白头叶猴》，http：//www. gxcznews. com. cn/UCM/wwwroot/czbtyh/kpxj/btyh/452076. shtml。
广西林业局：《积极发展农村能源 改善农村人居环境》，http：//www. gxly. cn/News/Content/08D66BDB0E0A5E94A054F4D2E5208800。
广西新闻网：《广西将用两年“清洁乡村”打造“美丽广西”方

案》，http：//news. gxnews. com. cn/staticpages/20130422/newgx51746fdb－7415346. shtml。

广西壮族自治区发展和改革委员会：《广西壮族自治区发展和改革委员会等4部门关于印发〈广西绿色发展指标体系〉〈广西生态文明建设考核目标体系〉的通知》，http：//www. gxdrc. gov. cn/sites_34015/zyjyhhbc/wjgg/201803/t20180323_758331. html。

广西壮族自治区环保厅网站：《自治区生态环境厅关于印发2019年广西壮族自治区重点排污单位名录的通知》，http：//www. gx-epb. gov. cn/xxgkml/ztfl/hjjgxxgk/zlkz/gjzdjkqymd/。

《广西壮族自治区矿产资源总体规划（2016—2020年）》，https：//wen-ku. baidu. com/view/2f8ef0ced5d8d15abe23482fb4daa58da0111c8b. html。

广西壮族自治区农业厅办公室：《自治区农业厅办公室关于印发〈广西推进水肥一体化实施方案（2016—2020年）〉的通知（桂农业办发〔2016〕44号）》，http：//nynct. gxzf. gov. cn/xxgk/jcxxgk/wjzl/gnybf/t496266. html。

广西壮族自治区人民政府网：《广西壮族自治区人民政府办公厅关于印发广西贯彻落实左右江革命老区振兴规划实施方案的通知（桂政办发〔2015〕90号）》，http：//www. gxzf. gov. cn/zwgk/zf-gb/2015nzfgb/d23q/zzqrmzfbgtwj/20160105－482659. shtml。

广西壮族自治区生态环境厅网站：《生态环境损害赔偿制度改革实施方案配套文件解读》，http：//sthjt. gxzf. gov. cn/xxgkml/ztfl/zcfg/zcjd/201909/t20190909_200014165. html。

贵州省政府网：《省人民政府办公厅关于印发贵州省打好农业面源污染防治攻坚战实施方案的通知》，http：//www. guizhou. gov. cn/jdhywdfl/qfbf/201709/t20170929_1069517. html。

国务院发展研究中心和世界银行联合课题组：《中国：推进高效、包容、可持续的新型城镇化》，http：//finance. people. com. cn/

n/2014/0404/c383324 -24830197. html。
河池政府网：《自然资源》，http：//www. hechi. gov. cn/zjhc/zrdl/20181008 -1162636. shtml。
黎炳锋：《百色市生态文明建设取得阶段性成果》，http：//www. gx-news. com. cn/staticpages/20170410/newgx58eaf717 -16088432. shtml。
李晓鹏：《新型城镇化战略下的“美丽城市”建设路径》，http：//www. cusdn. org. cn/news_detail. php？id =264173。
马爱平：《农科园区之光——农高区成立 20 周年系列报道》，ht-tp：//www. stdaily. com/zhuanti01/guihua/2018 - 02/01/content _632254. shtml。
黔西南人民政府网：《黔西南州外来林业有害生物调查工作全面完成》，http：//www. qxn. gov. cn/ViewGovPublic/QxnGov. NYJ. In-fo/141251. html。
黔西南州人民政府网：《国家滇桂黔石漠化连片特困区调研组来我州调研指导》，http：//www. qxn. gov. cn/OrgArtView/zwzys/zwzys. Info/48220. html。
黔西南州政府网：《资源开发》，http：//www. qxn. gov. cn/View/Article. 1. 1/110298. html。
曲靖市政府网：《滇黔桂三省（区）环保部门召开万峰湖生态环境保护工作座谈会》，http：//www. qj. gov. cn/html/2015/hbj_0205/22133. html。
曲靖市政府网：《曲靖市、黔西南州、百色市人民政府签署万峰湖生态环境保护综合治理战略合作协议》，http：//www. qj. gov. cn/html/2015/hbj_0205/22134. html。
人民网：《2014 年中国国土资源公报》，http：//politics. peo-ple. com. cn/n/2015/0422/c1001 -26887069. html。
人民网：《“美丽中国”省区建设水平（2016）研究报告（简本）》，ht-

tp：//media. people. com. cn/n1/2016/1226/c40628 – 28976798. html。
王大千：《星空地一体化生态监测数据平台为三江源保驾护航》，http：//www. xinhuanet. com/politics/2018 – 06/10/c_1122963460. htm。
文山州政府网：《文山州 2018 年云南省重点排污单位名录》，http：//www. ynws. gov. cn/info/2443/213461. htm。
新疆维吾尔自治区发展与改革委员会：《2010—2016 年我国单位 GDP 能耗情况》，http：//www. xjdrc. gov. cn/info/11504/14497. htm。
学习中国：《习近平要求构建这样的生态文明体系》，http：//www. chinanews. com/gn/2018/05 – 24/8521408. shtml。
云南省生态环境厅：《云环发〔2019〕3 号关于印发〈云南省生态工业示范园区创建办法〉的通知》，http：//sthjt. yn. gov. cn/hjbz/dfbz/201901/t20190123_187581. html。
云南网：《2018 年罗平菜花节接待游客 400 余万人　旅游综合收入 26 亿余元》，http：//special. yunnan. cn/feature11/html/2018 – 04/26/content_5180014. htm。
张云飞：《科学把握“两山论”的丰富内涵和多重要求》，http：//theory. gmw. cn/2019 – 06/26/content_32950646. htm。
中国产业信息网：《2017 年中国三七药材销售情况及市场前景分析》，http：//www. chyxx. com/industry/201707/538624. html。
中国环境网：《广西坚持绿色发展 发展生态经济》，http：//www. cfej. net/city/zxzx/201812/t20181206_677510. shtml。
中国科学院城市环境研究所：《城市与城市化》，http：//www. iue. cas. cn/kpjy/kpwz/200905/t20090531_1875262. html。
中国青年网：《广西一村庄约三成成年男子为光棍》，http：//d. youth. cn/shrgch/201506/t20150625_6786739. htm。
中国水网：《2018 年贵州省重点排污单位名录》，http：//www. h2ochina. com/news/view？id = 270778&page = 8。

中国文明网：《六大转型推进新型城镇化建设》，http：//yz. wenming. cn/wmft/201106/t20110629_62451. html。

中国文明网：《新时代要大力弘扬红色文化》，http：//www. wenming. cn/ll_pd/whjs/201905/t20190510_5108351. shtml。

中国新闻网：《习近平：让绿水青山充分发挥经济社会效益》，http：//www. chinanews. com/gn/2014/03 –07/5926223. shtml。

中国新闻网：《中国农业部发布美丽乡村建设十大模式》，http：//www. chinanews. com/cj/2014/02 –24/5874338. shtml。

中国选矿技术网：《广西壮族自治区百色市矿产资源简介》，https：//www. mining120. com/tech/show – htm – itemid –28386. html。

中国哲学书电子化计划网站：《逸周书 · 大聚解》，https：//ctext. org/lost – book – of – zhou/da – ju/zh。

中华人民共和国国家发展和改革委员会：《国家发展改革委关于印发左右江革命老区振兴规划的通知》，http：//zfxxgk. ndrc. gov. cn/web/iteminfo. jsp？ id =310。

中华人民共和国国务院新闻办公室：《贵州省生态文明建设促进条例》，http：//www. scio. gov. cn/xwfbh/xwbfbh/wqfbh/33978/34753/xgzc34759/Document/1482627/1482627. htm。

中华人民共和国自然资源部：《关于设立左右江革命老区矿产资源勘查专项基金的建议复文摘要》http：//g. mnr. gov. cn/201701/t20170123_1430195. html。

Grossman G. , Krueger A. , “Economic growth and the environment”, *Quarterly Journal of Economics*, No. 2. 1995.

后　记

本书是在本人 2013 年立项的广西社会科学规划项目“生态文明视域下建设美丽左右江革命老区对策研究”结题报告的基础上修改而成的。本人是“百色学院马克思主义理论一流学科（培育）”研究人员，该书的出版得到该项目的资助。

左右江革命老区是中国共产党在土地革命战争时期最早创建的革命根据地之一。长期以来，老区人民为中国革命、民族解放、边疆稳定作出了巨大牺牲和重要贡献，但受历史及自然、地理等多方面因素影响，左右江革命老区在发展中仍然存在许多特殊困难。2015 年 2 月，国务院批复，同意实施《左右江革命老区振兴规划（2015—2025 年）》，给左右江革命老区的发展带来了历史性发展机遇。

生态文明视域下建设美丽左右江革命老区是左右江革命老区建设的重要内容之一，也是老区人民的共同愿望。正如文中所指出的“左右江革命老区各区域虽然跨三省（区），但山水相连，人文相近，经济相融。过去，因为革命斗争，老区各地人民群众紧密团结，共同浴血奋战；今天，在新时代中国特色社会主义建设的伟大征程上，美丽老区的建设不是各区域的单打独斗，而是需要统一规划，协同促进，一体化建设，共同发展”。本书结合左右江革命老区的实际，深入分析美丽老区建设的现状、问题，并提出了相关的对策建议。相信本书对政府部门和相关领域的研究者具有一定的参考价值。

任何一项研究成果都离不开良师益友的帮助和指导，本书也不例外。感谢我的导师——广西大学张协奎教授的鼓励和指导，正因为有您的指导和鼓励，才给了我不断写下去的勇气和决心。感谢百色学院政治与公共事务管理学院韩继伟教授在本书撰写中提出的宝贵意见和给予的鼓励。感谢百色学院图书馆的老师们和百色市图书馆的工作人员在查阅资料时给予我的支持和帮助！感谢在调研中给予支持的相关部门！

由于受到资料收集和学识的限制，加上写作水平有限，本书难免存在许多疏漏和不妥之处，敬请专家读者批评指正。

张泽丰

2019 年 10 月 6 日